Materialkundlich-Technische Reihe **14**

Metallographie

Grundlagen und Anwendung

Georg Salbert
fortgeführt von
Karl Maile und Rudi Scheck

3. vollständig überarbeitete Auflage

Mit 212 teilweise farbigen Abbildungen und 26 Tabellen

Borntraeger 2022

Maile, K. & Scheck, R.: Metallographie – Grundlagen und Anwendung

Karl Maile
war stellvertretender Direktor der Materialprüfungsanstalt Stuttgart mit über 40jähriger Erfahrung in der Bearbeitung von Forschungsprojekten, in Material- und Werkstoffprüfung, Bauteilbewertung und -berechnung sowie Schadensanalyse. Langjährige Tätigkeiten als Gutachter und Leiter von internationalen/nationalen Fachkonferenzen sowie Fortbildungsveranstaltungen.

Rudi Scheck
Ausbildung als Werkstoffprüfer, über 40 Jahre Erfahrung als Metallograph, 20 Jahre Leitung der Metallographie an einem bekannten Institut der Materialprüfung, Veröffentlichungen zu metallographischen und werkstofftechnischen Themen, Preisträger DGM „Best Paper Award 2016“ und Metallographiepreis 2021, Mitarbeit in verschiedenen metallographischen Arbeitskreisen. Leitung der Fortbildungsveranstaltung „Metallographische Untersuchungsmethoden“ an der TAE Esslingen
(https://www.metallografiekurs-tae.de/)

Anschrift der Autoren:

Materialprüfungsanstalt Universität Stuttgart
Pfaffenwaldring 32a
70569 Stuttgart

karl.maile@mpa.uni-stuttgart.de; rudi.scheck@mpa.uni-stuttgart.de

3. vollständig überarbeitete Auflage (Borntraeger 2022)
2. durchgesehene und korrigierte Auflage (Borntraeger 2015)
1. Auflage (Borntraeger 2010)

Gerne nehmen wir Hinweise zum Inhalt und Bemerkungen zu diesem Buch entgegen:
editors@schweizerbart.de

ISBN 978-3-443-23021-0
Informationen zu diesem Titel: www.borntraeger-cramer.de/9783443230210

Verlag: Gebr. Borntrager Verlagsbuchhandlung
Johannesstraße 3A, 70176 Stuttgart, Germany
mail@borntraeger-cramer.de, www.borntraeger-cramer.de

∞ Gedruckt auf alterungsbeständigem Papier nach ISO 9706-1994
Printed in Germany by Gulde Druck GmbH, Tübingen

Vorwort zur 3. vollständig überarbeiteten Auflage

Der Vorteil von Metallographie besteht darin, dass das Grundwissen und die Erkenntnisse über wesentliche metallographische und werkstoffkundliche Zusammenhänge unabhängig von der Zeit ihre Gültigkeit bewahren. Aus diesem Grund haben wir uns in der Überarbeitung auf weitere, in der Technik eingeführte metallische Werkstoffe, wie Nickellegierungen, mehrphasige Stähle sowie auf die Erweiterung und Vervollständigung neuer metallographischer Präparationsverfahren, wie das Vibrationspolieren konzentriert. Mit in die Überarbeitung einbezogen wurden neue und bestehende Herstellungs- und Bearbeitungsverfahren. Dies bezieht sich auf die additive Fertigung, die bei bekannten Werkstoffen abweichende von den bei konventionellen Herstellungsverfahren metallographische Erscheinungsbilder erzeugt. Auch das Kapitel Schweißen wurde – seiner technischen Bedeutung entsprechend – im Hinblick auf die metallographische Bewertung neu gestaltet. Dem wichtigen Aspekt der Qualitätssicherung in metallographischen Labors wurde über die Einfügung von Hinweisen zu Fehlerquellen bis hin zur Aufführung praktischer Tipps bei spezifischen metallographischen Arbeiten Rechnung getragen.

Alle Normen und Bezüge zu Normen in Form von Werkstoffbezeichnungen wurden aktualisiert und der Stand der Normung mit der Jahreszahl angegeben.

Bei den metallographischen Bildern wurde teilweise neues verbessertes Bildmaterial eingesetzt. Der Materialprüfungsanstalt Universität Stuttgart, den Wieland Werken Ulm sowie Frau G. Ketzer Raichle vom Institut für Materialforschung (IMFAA) an der Hochschule Aalen sei an dieser Stelle für die Bereitstellung von Bildern gedankt.

Der Stil und die Gliederung wurden weitgehend beibehalten. Zur Vertiefung der Inhalte sind zusätzliche Zusammenfassungen nach jedem Abschnitt eingefügt, sodass der Leser einen schnellen Überblick über die wichtigsten Inhalte und Zusammenhänge erhält.

Mit der Überarbeitung wurde das vorliegende Werk dem aktuellen Stand der Technik und des Wissens sowohl hinsichtlich der vorgestellten Werkstoffe als auch hinsichtlich der dafür einzusetzenden metallographischen Methoden angepasst.

Stuttgart, Mai 2022, Karl Maile und Rudi Scheck

Vorwort zur 1. Auflage

Die Metallographie als wichtiger Teilbereich der Werkstofftechnik nimmt unverändert auch heute noch einen bedeutsamen Stellenwert sowohl in der Ausbildung von Werkstofffachleuten als auch in der Praxis der Werkstoffherstellung, -verarbeitung und -prüfung ein.

Obwohl den angehenden und praktizierenden Metallographen und Werkstoffingenieuren bereits einige wertvolle Fachbücher zur Verfügung stehen, wird mit dieser Ausarbeitung versucht, die vorhandene Fachliteratur zu erweitern, und zwar mit der Absicht, eine Zusammenfassung mit durchschaubarem Umfang zu erstellen, die die wesentlichen Aspekte und Zusammenhänge der Metallographie, die das Grundwissen eines Werkstofffachmanns ausmachen, erläutert, ohne dabei die weniger wichtigen Details dieser umfangreichen Materie übermäßig zu behandeln.

Dieses Buch baut auf dem Skript des Autors „Metallographisches Praktikum" für Studenten des Fachbereiches Werkstofftechnik der Universität des Saarlandes auf und umfasst ähnlich wie das Skript die Kapitel: Schliffherstellung, makroskopische Schliffuntersuchungen, Gefüge unlegierter Eisen-Kohlenstoff-Werkstoffe sowie Gefüge ausgewählter Nichteisenmetalle. Der ursprüngliche Skriptinhalt wurde jedoch weitgehend überarbeitet und um wichtige Einzelheiten ergänzt. Auch die Sachverhalte der einzelnen Kapitel werden in dieser Neufassung ausführlicher erläutert, wobei auch hier die Gefüge unlegierter Eisenwerkstoffe schwerpunktmäßig behandelt wurden.

Jedes Kapitel dieses Buches schließt mit einem praktischen Teil, in dem Übungen vorgeschlagen werden, die die theoretischen Grundlagen festigen und gleichzeitig die praktischen Erfahrungen bei der Deutung von Gefügebildern sowie die manuellen Fertigkeiten bei der Schliffpräparation verbessern sollen.

Am Ende des Buches wurden einige Literaturquellen angegeben, die eine Vertiefung der behandelten Themen ermöglichen.

Der im vorliegenden Buch behandelte Stoff dient der Vorbereitung von Werkstofffachkräften auf eine selbstständige Tätigkeit im Metallographielabor wie auch einem besseren Verständnis von Zusammenhängen zwischen den betrachteten Gefügebildern und den technologischen Parametern der Behandlung des untersuchten Schliffmaterials.

Das Buch ist vornehmlich für angehende Werkstoffprüfer, Metallographen und Studenten der Werkstoffwissenschaft gedacht. Es kann ebenfalls als Handhabe für Studierende des allgemeinen Maschinenbaus und der Fertigungstechnik sowie für angehende Gewerbestudienräte und nicht zuletzt als Nachschlagewerk für praktizierende Werkstofffachleute genutzt werden.

An dieser Stelle möchte ich allen, die mir bei der Herausgabe des Buches behilflich waren, herzlich danken. Ein ganz besonderer Dank gebührt dem bereits verstorbenen Herrn Prof. Dr. J. Breme, dem ehemaligen Leiter des Institutes Metallische Werkstoffe der Universität des Saarlandes, für seine uneingeschränkte Unterstützung meiner Arbeit, vor allem für die Ermöglichung von Untersuchungen am Rasterelektronenmikroskop wie auch für das Überlassen einiger Gefügebilder von Titanlegierungen. Herrn Dr. F. Aubertin vom selben Institut möchte ich danken für die Erstellung einiger rasterelektronenmikroskopischer Aufnahmen und die Durchführung von Röntgenmikroanalysen. Des Weiteren gilt mein Dank allen, die mir bei der Beschaffung geeigneten Schliffmaterials behilflich waren sowie den Studenten, die die Computer-Zeichnungen zum Grundlagenteil des ersten Kapitels erstellt haben. Nicht zuletzt möchte ich Frau Gudrun Müller sowie meiner Tochter Dr. Bernadette Weisgerber für die aufwendige Textkorrektur herzlich danken.

Saarwellingen, im Dezember 2009 Georg Joachim Salbert

Inhalt

1 Die Schliffherstellung

1.1 Begriffe: Schliff, Gefüge

Als **Schliff** bezeichnet man eine entsprechend behandelte Materialprobe, die für eine eindeutige Gefügeuntersuchung bzw. Untersuchung der Struktur des Bauteils (z.B. Risse, Anordnung Schweißgut) geeignet ist.

Das **Gefüge** ist der innere Aufbau metallischer Werkstoffe. Er ist festgelegt durch die Art der beteiligten Atome und ihrer dreidimensionalen Anordnung im Nano-, Mikro- und Makrobereich. Oft wird als Gefüge nur das zweidimensionale Bild (Kornbild) bezeichnet, wie es sich in einem Anschliff darstellt und Informationen über die Art, Größe, Form und Anordnung der Körner (Kristallite) sowie der Poren, Risse und Fremdeinschlüsse vermittelt. Metallische Werkstoffe sind kristallin aufgebaut: die Körner stellen Kristallite mit unterschiedlicher Orientierung im Raum dar, die sich durch Korngrenzen voneinander abtrennen. Kristallite mit einheitlicher Struktur (chemischer Zusammensetzung) stellen eine **Phase** dar, die i. Allg. besondere metallographische Namen tragen, wie z.B. Ferrit (α-Mischkristall) oder Zementit (Fe_3C).

Im Schliff kann bei der lichtoptischen Betrachtung das metallographische Gefüge bestehend aus unterschiedlichen Phasen (verschiedenartige chemisch homogene Mischkristalle in unterschiedlicher Korngröße und -form; chemische Verbindungen aus Metallen/Metallen oder Metall/Nichtmetall), die sich durch Korngrenzen voneinander abgrenzen, betrachtet werden. Darüber hinaus können aber auch Oxide und Sulfide bei ausreichender Größe sowie Fehlstellen wie Risse, Poren, Lunker etc. beurteilt werden. Die Ausbildung von Phasen lässt sich in den werkstoffspezifischen Phasendiagrammen beurteilen.

1.2 Ablauf

Der Ablauf der metallographischen Untersuchung teilt sich in folgende Arbeitsschritte auf:

Nach der Einlieferung der Untersuchungsteile und Erteilung des Auftrags mit Festlegung des Untersuchungszieles und -umfanges (Abb. 1.1) wird eine Ablaufplanung erstellt. Sie enthält die Vorgehensweise bei der Probennahme und Schliffherstellung. In dieser Phase sollte auch überprüft werden, ob es sich

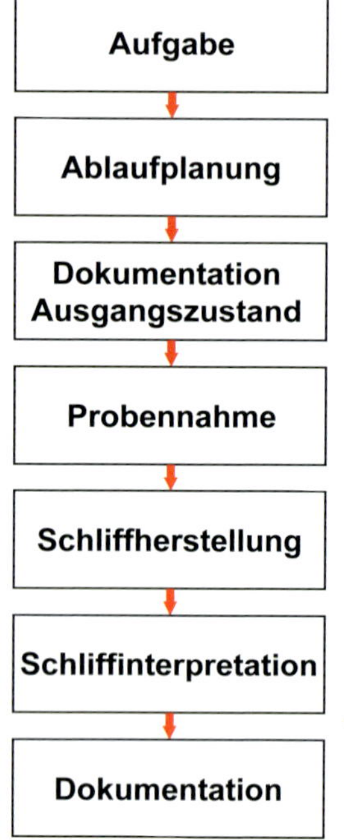

Abb. 1.1: Ablauf einer metallographischen Untersuchung.

bei dem zur Untersuchung eingelieferten Stück um die richtige Probe handelt. Eine makroskopische Untersuchung dient dazu festzustellen, ob an der Oberfläche Besonderheiten vorliegen, die ggf. in die spätere Schliffebene einzubeziehen sind. Vor dem Zerlegen erfolgt eine (fotografische) Dokumentation der Untersuchungsteile. Der Zerlegeplan ist Teil der Gesamtdokumentation. Die Dokumentation ist wichtig, um die Rückverfolgbarkeit der späteren Ergebnisse sicherzustellen. Die sorgfältige Schliffherstellung ist eine wesentliche Voraussetzung für die spätere Interpretation der Befunde. Bereits in dieser Phase sind werkstoffbezogene Besonderheiten zu berücksichtigen.

1.3 Die Schliffpräparation

Die Schliffherstellung besteht aus folgenden Arbeitsschritten:

- Probenahme und Einbetten
- Schleifen der ausgewählten Schliffoberfläche
- Polieren der geschliffenen Oberfläche und ggf. deren Betrachtung
- Ätzen der polierten Schliffoberfläche

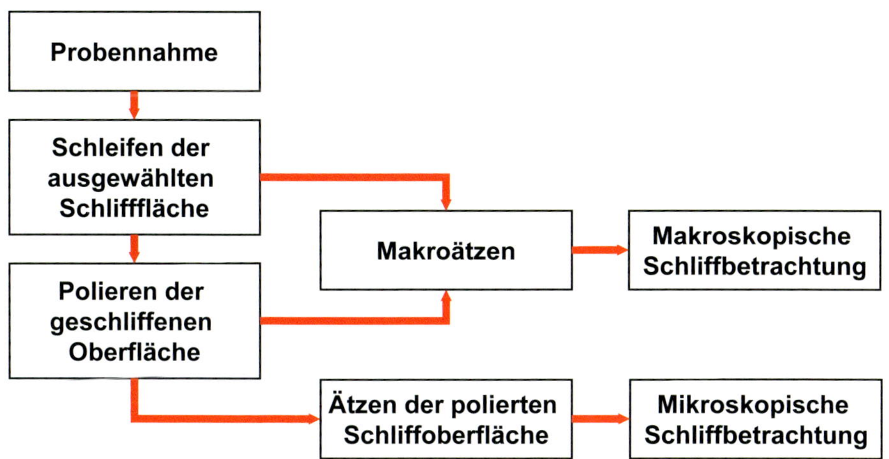

Abb. 1.2: Ablauf der Schliffherstellung und Auswertungsmöglichkeiten.

Nach erfolgreichem Abschluss dieser Präparationsschritte kann die mikroskopische Schliffbetrachtung stattfinden (Abb. 1.2). Nicht alle Schliffe werden so weit präpariert, dass eine mikroskopische Gefügeuntersuchung erfolgen kann. In manchen Fällen reicht eine Makroätzung im geschliffenen bzw. halbpolierten Zustand, um die gewünschten Untersuchungen vornehmen zu können, wie z.B. die Darstellung einer Gefügemakrostruktur sowie die Ausbildung einer Schweißnaht, siehe Abschnitt 5.

1.3.1 Probennahme und Kennzeichnung

Für mikroskopische Untersuchungen sind Proben einer bestimmten Größe geeignet. Die optimalen Schliffmaße liegen zwischen ca. 1 cm und 5 cm Kantenlänge. Ist das zu untersuchende Materialstück zu groß, so werden mit Hilfe einer Trennschleifmaschine oder Säge – je nach Werkstoffhärte – Stücke entsprechender Größe herausgetrennt.

Während des Trennvorganges und auch während der folgenden Präparationsstufen muss eine ausreichende **Kühlung** der Probe gewährleistet sein, damit die Probentemperatur einen zugelassenen Höchstwert nicht überschreitet.

Beim Trennen (Sägen) wird Probenmaterial zerspant – eine entsprechende Zugabe (= Abstand zur späteren Schliffebene) ist erforderlich und muss bei der Festlegung der Schnitt- bzw. Trennebene berücksichtigt werden. Der Anpressdruck ist so gering wie möglich zu halten, um die dadurch erzeugte lokale Verformung zu begrenzen.

Die Anfertigung eines **Zerlegeplanes** (Abb. 1.3) ermöglicht die spätere Zuordnung der Schliffebenen zum Bauteil. Damit wird auch eine Probenverwechslung bei gleichzeitiger Entnahme mehrerer Proben verhindert. Die Trennebenen sind dauerhaft auf dem Bauteil anzubringen. Das Bauteil ist vor dem Zerlegen mit der Kennzeichnung zu dokumentieren – damit wie bereits erwähnt eine Rekonstruktion des Entnahmeortes und der Orientierung der Proben zum Bauteil möglich ist. Die Kennzeichnung kann mit einem (wasserfesten) Filzstift oder Klebeetiketten oder dauerhaft mit einer Anreißnadel, Gravierstift, Elektroschreiber oder Schlagbuchstaben erfolgen, sofern dabei die Probe nicht beschädigt wird. Die entnommenen Proben sind ebenfalls zu kennzeichnen. Der Zerlegeplan sollte alle Schliffebenen enthalten (mit deren Bezeichnung) und muss ggf. bei Anfertigung weiterer Schliffe im Zuge der Untersuchung aktualisiert werden.

Nach der Probennahme sollten die Proben gereinigt werden, z.B. im Ultraschallbad. Damit wird erreicht, dass Verschmutzungen die Schliffläche nicht beeinflussen und Spalte und Hohlräume von losen Partikeln gereinigt werden.

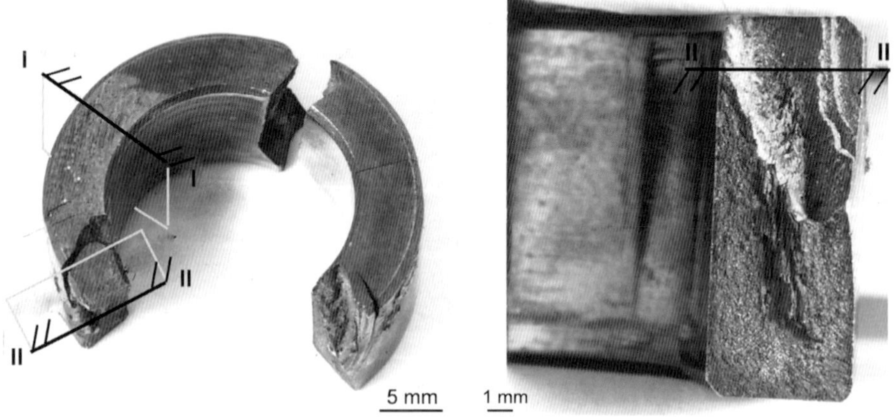

Abb. 1.3: Beispiel für die Dokumentation einer Probe und Kennzeichnung der Schliffe.

Wichtig ist allerdings, dass keine Reinigung erfolgen sollte, wenn Oberflächenbeläge untersucht werden, da diese durch die Reinigung beschädigt werden können oder wenn der Nachweis von chemischen Verbindungen über zusätzliche elektronenmikroskopische Untersuchungen erfolgen soll. Dies gilt auch für die Kühlung mit Flüssigkeiten während des Trennens.

Beim Trennen selbst sind folgende Vorgaben zu beachten:

- Trennfläche sollten möglichst plan sein
- Rautiefe möglichst klein
- Keine Verformungen in trennflächennahen Bereichen
- Kein bzw. geringer Temperatureintrag in die spätere Schliffläche
- Keine Verstärkung oder Neubildung von Materialfehlern (z.B. Risse)
- Wenig Materialverlust (Schnittbreite)
- Trennstelle genau positionieren – ein Abplatzen von vorhandenen, mit zu untersuchenden Schichten ist zu vermeiden

Nach dem Trennvorgang dürfen die Kanten des späteren Schliffs nicht entgratet werden. Alle anderen Kanten, die nicht für die Schliffpräparation vorgesehen sind, werden entgratet.

1.3.2 Einbetten

1.3.2.1 Allgemeines Vorgehen

Kleine Probenstücke wie Drähte, Nadeln, dünne Bleche, Späne usw., bei denen die Abmessungen deutlich unterhalb von 0,5 cm liegen, müssen zwecks bequemer Handhabung „vergrößert" werden. Dies geschieht beispielsweise durch **Einbetten** in Kunststoffmassen, z.B. in Acrylmassen, oder durch **Einklemmen** in einfache Klemmvorrichtungen – Abb. 1.4. Zudem bietet das Einbetten oder Einklemmen die Möglichkeit, mehrere Proben gleichzeitig zu bearbeiten.

Das Einbetten bzw. Einklemmen ist auch bei größeren Schliffen erforderlich, und zwar dann, wenn sich die spätere Betrachtung auf den Schliffrand beziehen soll, wie z.B. bei der Untersuchung von Diffusionszonen oder von galvanischen Überzügen. Schliffe, die ohne Einbettung oder Einklemmung hergestellt werden, weisen eine deutliche **Abrundung** der Randzonen auf, was ein unscharfes Gefügebild dieser Zone zur Folge hat. Durch die Einbettung oder Einklemmung wird die Abrundung in die Randzone der Einklemmvorrichtung verlagert, wodurch der Schliffrand eben und scharfkantig bleibt (Abb. 1.5).

Damit die Abtragung von Schliff und Einbett- bzw. Einklemmmaterial während des Schleifens möglichst gleichmäßig verläuft, muss die Härte der Einbettung bzw. Einklemmung der Schliffhärte angepasst sein. Durch Zugabe von Aluminiumoxid lässt sich die Härte von Kunststoffeinbettmassen anheben.

Um die Einbettmasse leitend für Strom zu machen, was z.B. für das spätere elektrolytische Polieren erforderlich ist, wird unter die Einbettmasse Silber- oder Kupferpulver gemischt.

Sehr vorteilhaft bei der Untersuchung dünner Randzonen ist der **Schräganschliff** (Abb. 1.6). Durch eine Abschrägung, deren Winkellage beliebig gewählt werden kann, wird die dünne Randzone zu einer größeren Fläche aus-

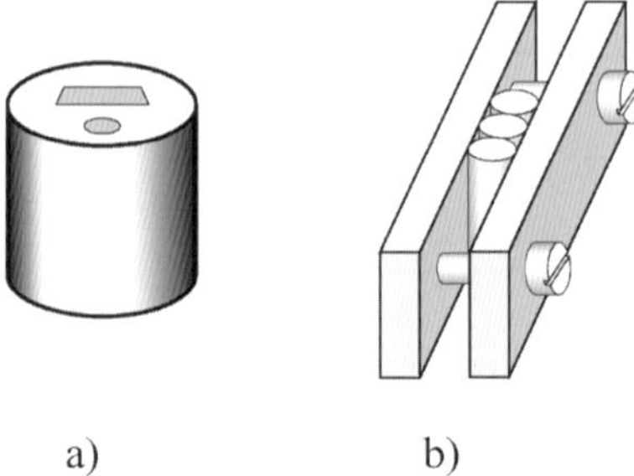

Abb. 1.4: a) eingebettete Schliffe, b) eingeklemmte Proben.

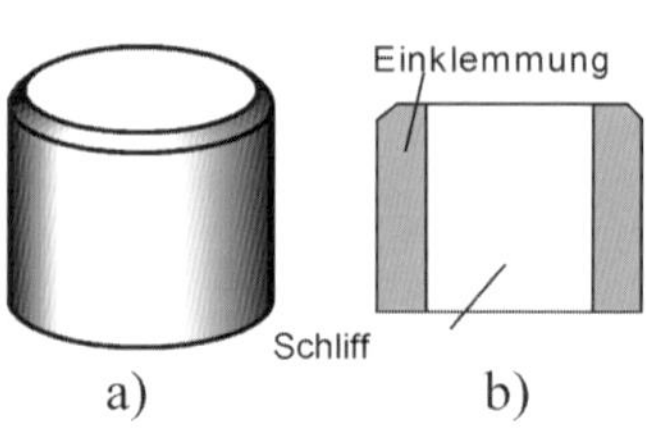

Abb. 1.5: a) Schliff mit abgerundeter Randzone, b) Verlagerung der Abrundung in die Kante der Einklemmung bzw. der Einbettmasse.

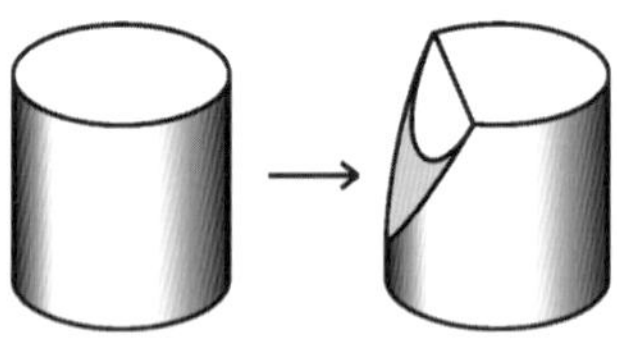

Abb. 1.6: Vergrößerung der Betrachtungsfläche dünner Randschichten durch einen Schräganschliff.

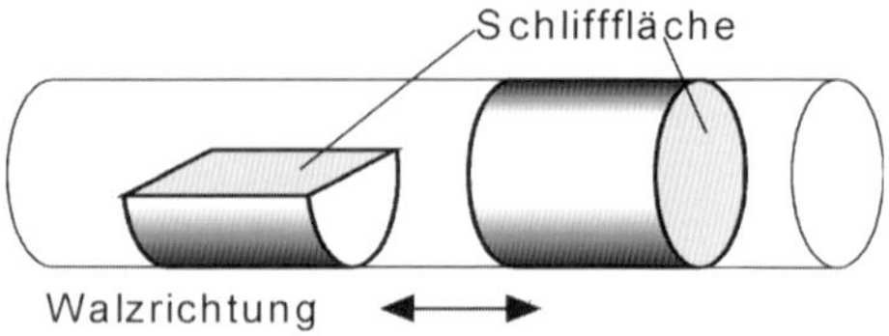

Abb. 1.7: Längsschliff (links) und Querschliff (rechts) eines gewalzten Stabes.

geweitet. Es ist zu beachten, dass ein Winkel von 11° eine 5fache Verzerrung der Schliffläche mit sich bringt.

Bei plastisch verformten Werkstücken kann die Schliffläche in Verformungsrichtung oder quer zur Verformungsrichtung gewählt werden. Im ersten Fall spricht man vom **Längsschliff**[1], im zweiten Fall hingegen vom **Querschliff** (Abb. 1.7). Entsprechend bezeichnet man einen zur Verformungsrichtung abgewinkelten Schliff als **Schrägschliff**.

Die Betrachtung eines Längsschliffes liefert z.B. Informationen über den Verformungsgrad der Körner und ihre Längsmaße, die Gleichmäßigkeit der Verformung, die Anordnung der Einschlüsse sowie über die Ausprägung der Zeiligkeit.

Der Querschliff wird gewählt, um die Quermaße der Körner zu bestimmen und die Phasen sowie Einschlüsse qualitativ auszuwerten.

Beim Einbetten in Kunststoffe können weitere Unterscheidungen getroffen werden, wie das Warm- bzw. Kalteinbetten. Bei der Auswahl des Einbettver-

1 Die Bezeichnung Längs- bzw. Querschliff muss sich nicht ausschließlich auf die Verformungsrichtung beziehen, sondern kann auch in Abhängigkeit von der Geometrie bzw. Bauteilgestaltung vorgenommen, wie z.B. quer zu einer Schweißnaht.

fahrens sind unterschiedliche Kriterien zu beachten, wie später ausgeführt wird. Grundsätzlich muss die Einbettmasse an die Probe angepasst werden: z.B. harte Proben können nicht in weiche Einbettmittel eingebettet werden, da sonst eine Kantenabrundung der Probe erfolgt.

1.3.2.2 Kalteinbetten

Nach dem Eingießen der Probe mit dem Kalteinbettmittel erfolgt eine nur geringe Temperaturentwicklung beim Aushärten der Gießmasse in der Form.

Kalteinbetten wird bei Proben angewendet, die nicht bzw. nur gering erwärmt werden dürfen, z.B. aushärtbare Al-Legierungen. Im Vergleich mit dem Warmeinbetten ist der Aufwand geringer.

Vor dem Einbetten ist die Probe mit Alkohol zu reinigen. Bei starker Verschmutzung ist die Probe im Ultraschallbad zu reinigen. Sie muss frei von Fetten und losen Teilen sein. Nach dem Reinigen muss die Probe sorgfältig unter dem Föhn getrocknet werden. Danach werden die Proben nur noch mit Handschuhen oder Pinzette angefasst.

Die Einbettform ist an die Größe der Schliffprobe anzupassen: ein Abstand von 5 mm zwischen Probe und Rand der fertigen Einbettung ist einzuhalten. Ein Abstand über 10 mm ist zu vermeiden. Die Menge an Kalteinbettmittel ist an die Probengröße bzw. das -volumen anzupassen. Die Arbeiten mit dem Kalteinbettmittel sind im Abzug und unter Verwendung von persönlichen Schutzmaßnahmen: Schutzbrille, Handschuhe, Schutzkleidung vorzunehmen. Die entsprechenden Sicherheitshinweise der Verpackung sind zu beachten. Die saubere, trockene Probe wird mit der späteren Schliffffläche nach unten eingelegt. Korrektes Gewicht bzw. Volumen der Komponenten entsprechend der Vorgaben des Herstellers abmessen. Die Komponenten sorgfältig vermischen, die Mischung über die Probe gießen und die gefüllte Einbettform zum Aushärten stehenlassen bzw. zur Vermeidung von Blasen oder Hohlraumbildung in einen Drucktopf stellen. Mischen und Aushärtezeit sind wichtige Parameter für die Qualität der Einbettung. Deswegen unbedingt die Vorgaben des Herstellers beachten. Nach dem Aushärten die Probe aus der Einbettform entnehmen. Sofern die Einbettform nicht beschädigt ist, kann sie für weitere Einbettvorgänge wiederverwendet werden. Nach dem Kantenabrunden der Kalteinbettmasse wird die Probe – wie bereits erwähnt – mit einem lösungsmittelbeständigen Stift oder mit einer Reißnadel bezeichnet.

Eine Alternative zu den herkömmlichen Kalteinbettverfahren stellt die Verwendung von UV-Einbettmitteln dar. Die Proben werden in UV-transparenten Einbettformen mit der Schliffffläche nach unten platziert und mit dem UV-Einbettmittel befüllt. Mit speziellen Geräten erfolgt in, im Vergleich zum herkömmlichen Kalteinbetten, relativ kurzer Zeit (rd. 60 s) unter UV-Einstrahlung die

Aushärtung. Ein weiterer Vorteil ist die transparente Einbettung. Die Erwärmung mit bis zu 90 °C liegt noch unter der Temperatur des Warmeinbettens.

1.3.2.3 Warmeinbetten

Die Proben müssen vor dem Einbetten gereinigt werden, um die Haftung des Einbettmittels zu verbessern. Am besten eignen sich dafür Aceton oder zumindest Ethanol. Auch die Reinigung in einem Ultraschallbad kann erforderlich sein. Anschließend müssen die Proben sorgfältig getrocknet werden. Gereinigte Proben werden nur mit Handschuhen oder Pinzette berührt. Der Durchmesser der Probe wird an den des Zylinders angepasst, wobei der Abstand zur Zylinderwand etwa 3–5 mm betragen sollte. Auch die Höhe der Probe wird angepasst, wobei die endgültige Höhe der Einbettung etwa 20 mm beträgt. Abschließend wird ein geeignetes Warmeinbettmittel (duroplastisches oder thermoplastisches Material) gewählt. Die Einbettmasse härtet unter Druck und Temperatur in einer Maschine aus. Die Probe wird deutlich bis zu ca.180 °C erwärmt und nach Möglichkeit unter Druck abgekühlt, um Schrumpfspannungen möglichst zu minimieren.

Tabelle 1.1: Vergleich Kalt- und Warmeinbetten.

Kalteinbetten	Warmeinbetten
- Spalt zwischen Probe und Einbettmasse - Poren, Einschnitte, Risse werden nicht ausgefüllt, schnell und einfach - Keine (geringe) Beeinträchtigung der Probe (Gefüge, Struktur)	- Auswirkung auf Probe (Gefüge, Struktur) möglich wegen Druck und hoher Temperatur - Aufwändiger, erfordert Gerät - Kein bzw. nur geringfügiger Spalt zwischen Probe und Einbettmasse - Poren, Einschnitte, Risse werden ausgefüllt - Bessere Randschicht und Schliffqualität

1.3.3 Schleifen der ausgewählten Schlifffläche

Nachdem die Schliffoberfläche festgelegt wurde, folgt die Glättung dieser Fläche durch Schleifen auf Schleifpapieren. Das Schleifen kann maschinell oder von Hand bei Anwendung nasser oder trockener Schleifpapiere geschehen. Aus Zeitgründen wird das maschinelle Schleifen bevorzugt. Hygienische Aspekte und die Gewährleistung der Schliffkühlung sprechen eindeutig für die Anwendung nasser Schleifpapiere, die während des Schleifens von einem leichten Wasserstrahl überspült werden.

Der Schleifvorgang beginnt mit einem grob arbeitenden Papier niedriger Körnung, wird auf Papieren zunehmender Körnung fortgesetzt und endet schließlich mit einem sehr fein arbeitenden Papier, z.B. der Körnung 1000 oder 1200. Bei Bedarf (z.B. bei Aluminium- oder Kupferlegierungen) kann der Schleifvorgang auf Papieren der Körnung 2400 bzw. 4000 abgeschlossen werden, die mittlerweile von Herstellerseite zur Verfügung stehen. Durch die Anwendung dieser feinkörnigen Schleifpapiere kann der dem Schleifen folgende Poliervorgang wesentlich verkürzt werden.

Die **Körnung** (Siebkörnungsnummer), die stets auf der Rückseite des Schleifpapiers als Zahl angegeben ist, bedeutet die Anzahl der Siebmaschen, die auf 1 Zoll Länge des Siebes entfallen, durch das das Schleifmittel vor dem Beschichten des Schleifpapiers gesiebt wurde.

Als Schleifpulver wird vornehmlich **Siliciumkarbid** (SiC), auch **Karborund** genannt, verwendet. Vereinzelt wird als Schleifpulver auch noch Aluminiumoxid (Korund) verwendet. In neuester Zeit kommen auch vermehrt Diamantschleiffolien zum Einsatz.

Der Aufwand, der beim Schleifen getätigt wird, wird von der Vorgabe, ob ein Makro- oder Mikroschliff herzustellen ist, bestimmt. Für die Beurteilung makroskopischer Größen, die im Mikroskop bis zu einer Vergrößerung von rd. 50fach erkennbar sind, wird ein Makroschliff mit geringerem Auswand angefertigt. Müssen mikroskopische Gefügebestandteile identifiziert werden, muss ein Mikroschliff mit höherem Aufwand beim Schleifen und Polieren hergestellt werden. Bei der Beurteilung von Randbereichen, Schichtdickenmessungen, Reinheitsgrad, Korngrößen oder vom vorhandenen Grundgefüge ist ein Mikroschliff erforderlich. Bei der Beurteilung von z.B. Härteverläufen, Ungänzen/Fehlern im 1/10 mm-Bereich, Schweißnahtgeometrien reicht ein Makroschliff aus.

Beim mikroskopischen Schliff ist in der Regel ein Planschleifen erforderlich. Wird eine bestimmte Ebene im Bauteil als Schliffebene vorgegeben, ist darauf zu achten, dass diese nicht weggeschliffen wird, wenn die Bearbeitungszugabe zu gering ist. Bei zu großer Zugabe wächst der Aufwand an Schleifarbeit.

Die Werkstoffeigenschaften der Probe, wie z.B. Härte und Verformbarkeit, wirken sich ebenfalls aus. Harte Werkstoffe (z.B. martensitische Werkstoffe) sind in Bezug auf Gefügeverformungen deutlich weniger empfindlich als weiche und verformungsanfällige, wie z.B. TiAl oder Nickelbasiswerkstoffe. Dies ist auch zu beachten, wenn anschließend Härteprüfungen gemacht werden.

Wenn in der Probe Härteunterschiede vorhanden sind, können sich Stufen ausbilden, die bei der Gefügeinterpretation zu falschen Schlüssen führen. Hierbei ist zu beachten, dass nicht zu lange geschliffen wird und die Schleifunterlage rechtzeitig gewechselt wird.

Auch die Geometrie der Probe, wenn z.B. starke Querschnittsänderungen vorliegen, ist beim Schleifen zu berücksichtigen.

Die Arbeitsschritte beim Schleifen lassen sich wie folgt zusammenfassen (Abb. 1.8):

- Planschleifen: Siliziumkarbid/Korund, Körnungen 60–120 bzw. Diamant (manuell), Körnungen 250–120 µm
- Feinschleifen: Siliziumkarbid/Korund, Körnungen 320–800 bzw. Diamant, Körnungen 75–25 µm
- Feinstschleifen: Siliziumkarbid Körnungen 1000–4000 bzw. Diamant, Körnungen 15–7 µm

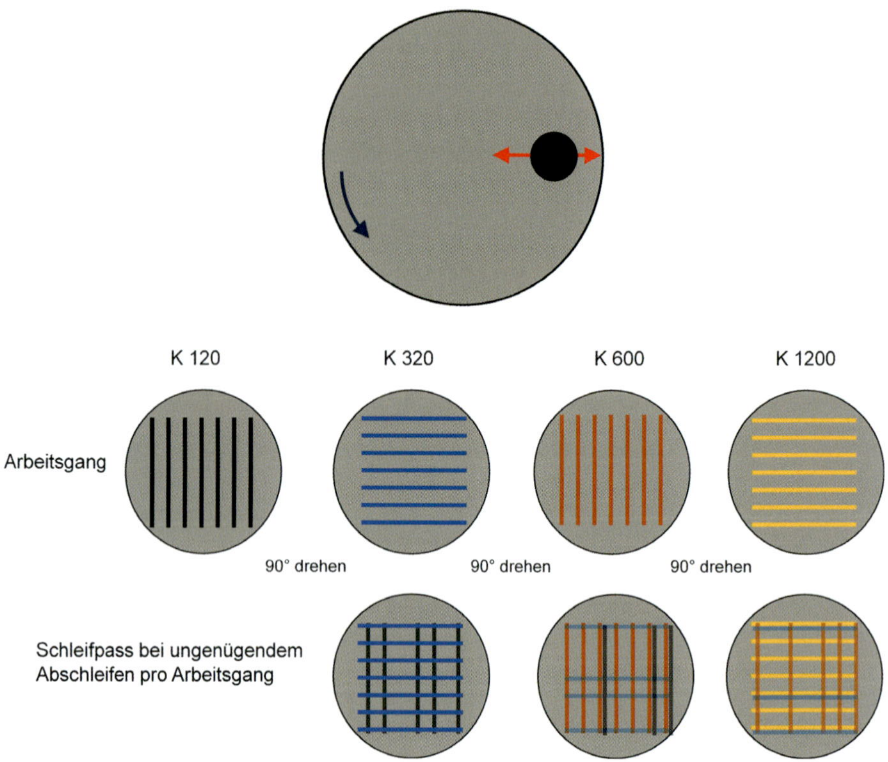

Abb. 1.8: Aufsetzen der Probe beim manuellen Schleifen und Schleiffolge (Bild oben) sowie in der Schlifffläche sich einstellender Schleifpass.

Beim maschinellen Schleifen darf dank der hohen Schnittgeschwindigkeit der Schleifpapiersatz auf folgende Körnungen reduziert werden: 220, 320, 500, 800, 1000, 1200.

Für makroskopische Zwecke genügt in der Regel ein grobes Schleifen bis zur Körnung 500.

Durch sorgfältiges **Spülen** von Schliff und Händen nach jeder Schleifstufe soll eine Übertragung von Resten des Schleifmittels des vorangegangenen Papiers auf das feinere Schleifpapier vermieden werden.

Das Schleifen für mikroskopische Zwecke muss in allen Schleifstufen sehr sorgfältig durchgeführt werden. Das Wechseln vom gröberen zum feineren Schleifpapier darf erst dann stattfinden, wenn alle Riefen des vorangegangenen Papiers beseitigt wurden. Damit eine einfache und wirksame Kontrolle des Verschwindens der Schleifriefen des vorangegangenen Papiers möglich ist, wird bei jedem Papierwechsel die Schleifrichtung um ca. 90° verändert.

Selbst bei größter Sorgfalt beim Schleifvorgang, und sogar dann, wenn der Schleifvorgang mit einem außergewöhnlich feinen Papier der Körnung 2400 oder gar 4000 enden würde, wäre der Schliff für mikroskopische Untersuchungen noch immer nicht geeignet. Für mikroskopische Zwecke ist ein weiteres Glätten der Schliffoberfläche, nämlich durch **Polieren**, erforderlich.

Vor Beginn des Polierens müssen etwaige Rückstände des Schleifmittels von Schliff und Hand durch ausgiebiges Spülen entfernt werden.

1.3.4 Polieren der geschliffenen Oberfläche

Das Polieren hat zunächst die Aufgabe, eine ebene und riefenfreie Schliffoberfläche zu erzeugen. Aus dieser Sicht betrachtet man einen Schliff dann als gut poliert, wenn bei einer **Dunkelfeldbeobachtung**[2] mit 500facher Vergrößerung keine Riefen mehr erkennbar sind.

Da beim Schleifen, vor allem in den ersten Schleifstufen, die Schleifkörner nicht nur ein feines Zerspanen verursachen, sondern gleichzeitig eine Verformung einer bis zu ca. 50 µm tiefen Oberflächenschicht hervorrufen, muss im Poliervorgang diese verformte Schicht, die sogenannte **Beilby-Schicht**, beseitigt werden (Abb. 1.9). Eine unzulängliche Beseitigung dieser Verformungsschicht hätte nämlich eine deutliche Störung des anschließend geätzten Gefügebildes zur Folge sowie eine Verfälschung bei evtl. Härteprüfungen, besonders bei Mikrohärteprüfungen. Abb. 1.10 lässt den Unterschied der Bildqualität eines nicht ausreichend und eines gut polierten Schliffes deutlich erkennen.

Eine vollständige Beseitigung der Verformungsschicht kann durch wiederholtes Zwischenätzen während des Poliervorganges oder durch Vibrationspolieren erreicht werden kann.

2 Dank einer speziellen Objektivkonstruktion und eines ringförmigen Lichtstrahls fällt das Licht nicht wie bei einer Hellfeldbetrachtung senkrecht auf die Schliffoberfläche, sondern schräg (Abb. 1.24b), wodurch etwaige Riefen, Kratzer und andere Oberflächenvertiefungen hell leuchtend und auffällig in einem dunklen Umfeld zum Vorschein kommen.

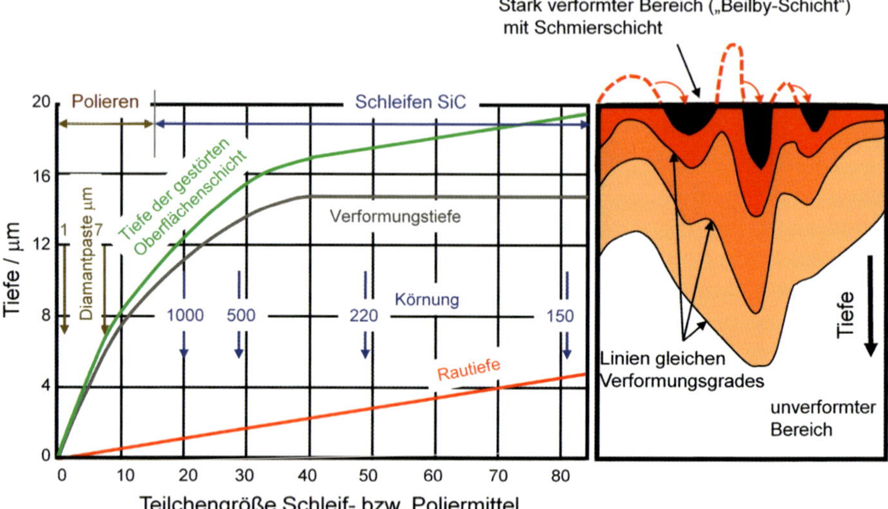

Abb. 1.9: Schematische Darstellung der Verformungsschicht beim Polieren (rechts) und Rau-, Verformungs- und Gesamttiefen der Schicht in Abhängigkeit von der Korngröße [2].

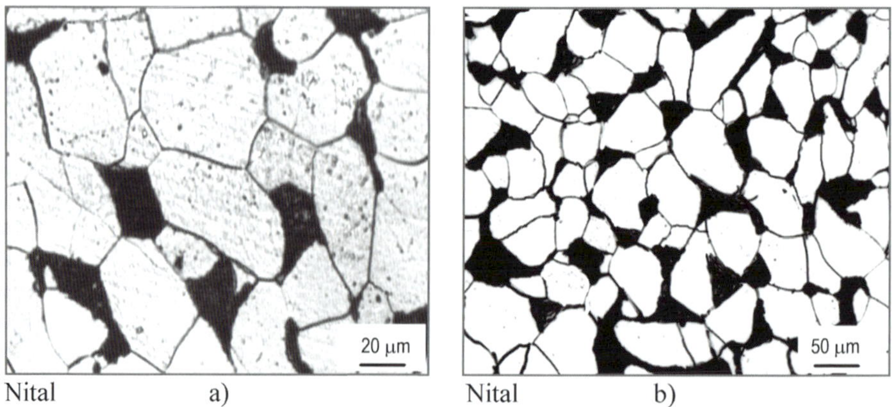

Abb. 1.10: Gefügebilder einer zweiphasigen Fe-C-Legierung: a) mit erkennbar schlechter Bildqualität als Folge unvollständiger Beseitigung der Schleifriefen und der Beilby-Schicht, b) nach ausreichender Beseitigung dieser Schicht.

Das Einsetzen der feinsten Schleifpapiere 2400 und 4000 am Ende des Schleifvorganges oder ein Polieren mit der Körnung 3 µm bewirken einen beschleunigten Abbau der Beilby-Schicht und somit eine Verkürzung des Poliervorganges.

Man unterscheidet das mechanische (maschinelle) und das elektrolytische Polieren.

1.3.4.1 Maschinelles Polieren

Der Schliff wird von Hand oder mit Hilfe einer Haltevorrichtung gegen eine rotierende und mit einem **Poliertuch** versehene Kunststoff- oder Metallscheibe gedrückt, die eine Drehfrequenz von ca. 150 1/min bis 600 1/min ausübt. Poliertücher werden aus Samt, Filz (Baumwolle), Leinen, Seide oder Kunststoff hergestellt.

Um die Entstehung sogenannter **Polierschatten** (Kometenschweife) zu verhindern, aber auch um die gesamte Fläche des Poliertuches zu nutzen, soll der Schliff eine bogenförmige Bewegung oder eine Radialbewegung auf der Polierscheibe ausführen. Polierschatten sind nicht ausreichend polierte Bereiche der Schliffoberfläche, die sich hinter harten Gefügebestandteilen bzw. Einschlüssen bilden (Abb. 1.11).

Die Oberfläche des Poliertuches wird in bestimmten Zeitintervallen, die experimentell festgelegt werden, mit einer wässrigen oder alkoholischen Suspension eines geeigneten Poliermittels besprüht.

Als **Poliermittel** wird bevorzugt **Aluminiumoxid** (Tonerde, Al_2O_3) oder **Diamant** verwendet.

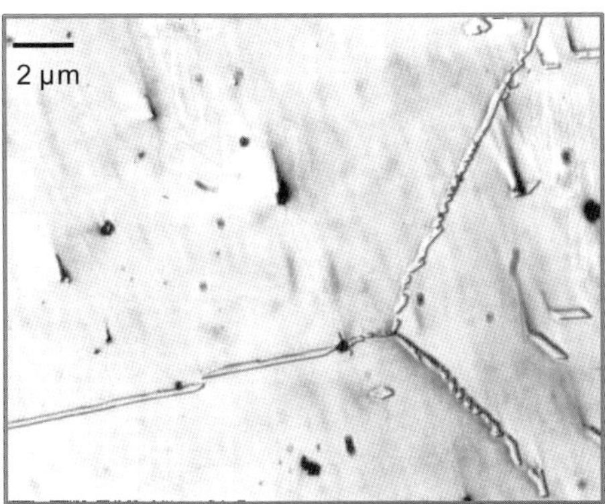

Abb. 1.11: Schlifffläche mit erkennbaren Polierschatten.

Tonerde wird in den Korngrößen Nr.1 (N, normal), Nr.2 (F, fein) und Nr.3 (FF, sehr fein) hergestellt. Diese Fraktionen werden in einem Schlämmverfahren voneinander getrennt und gezielt eingesetzt.

Für weiche Werkstoffe, wie z.B. reincs Eisen, Kupfer- oder Aluminiumwerkstoffe, beginnt der Poliervorgang mit der Tonerde Nr.2, die auf ein Filztuch aufgesprüht wird. Abgeschlossen wird der Poliervorgang auf einem weichen Samttuch mit der Tonerde Nr.3 (FF), der Korngröße von ca. 0,1 µm.

Zum Endpolieren weicher Werkstoffe stehen auch noch Poliermittel der Korngröße 0,04 µm zur Verfügung. Bei bestimmten Materialien können auch Siliziumoxid, Ceroxid, Chromoxid, Magnesiumoxid oder Eisenoxid verwendet werden.

Zum Polieren mittelharter bis harter Eisenwerkstoffe sind die Tonerde Nr.1 bzw. Nr.2 und ein kurzfaseriges Filztuch geeignet.

Noch bessere Ergebnisse können bei harten Proben durch die Anwendung von Diamantmitteln erreicht werden. Diese werden als Suspension auf eine mit Seide oder Leinen beklebte Polierscheibe aufgesprüht oder als Paste aufgetragen. Diamantpoliermittel werden in den Korngrößen zwischen 15 µm und 0,25 µm geliefert.

Vorteile der Anwendung von Diamantpoliermitteln sind nicht nur eine kürzere Polierzeit und eine schnellere Abtragung der Verformungsschicht, sondern auch die Möglichkeit, Polierschatten und sogenannte Polierreliefs in der Schliffebene zu verhindern.

Als **Polierrelief** bezeichnet man eine Topographie der Schlifffläche, die infolge differenzierter Abtragung unterschiedlich harter Gefügebestandteile (Phasen) entsteht und eine Verfälschung des Gefügebildes verursachen kann (Abb. 1.12).

Bei der Verwendung von Pasten bzw. Sprays ist immer ein zusätzliches Schmiermittel (Gleitmittel) erforderlich. Bei Suspensionen ist i.d.R. ein Schmiermittelanteil enthalten, er kann aber durch Zugabe erhöht werden. Es

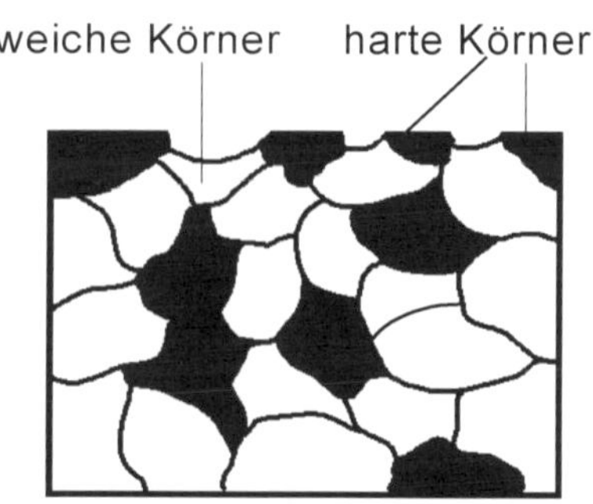

Abb. 1.12: Schematische Darstellung eines Polierreliefs.

können sowohl Schmiermittel auf alkoholischer oder auch wässriger Basis verwendet werden. Das Schmiermittel erhöht die „Beweglichkeit" der Diamantkörner und verbessert dadurch die Schneidwirkung, ferner wird die entstehende Reibungswärme herabgesetzt. Bei korrosionsempfindlichen Werkstoffen führen alkoholische Schmiermittel zu besseren Ergebnissen.

Der Poliervorgang kann durch einen chemischen Angriff eines gezielt gewählten Poliermittels mit Zugabe eines Ätzzusatzes verkürzt werden.

Nach Beendigung jedes Poliervorganges findet eine **Reinigung** der Schlifffläche statt, indem Polierrückstände mit einem Wattebausch oder einem weichen Papiertuch unter fließendem Wasser sorgfältig entfernt werden.

Die beste Reinigungsmethode ist die **Ultraschallreinigung**; Polierrückstände lassen sich hierdurch auch aus Poren und Rissspalten mühelos beseitigen. Außerdem besteht bei dieser Reinigungsmethode nicht die Gefahr, erneut Kratzer in die polierte Oberfläche einzubringen, wie das häufig beim Reinigen durch Abwischen der Fall ist. Für die Reinigung von Schliffen zwischen den einzelnen Polierstufen ist diese Methode ebenfalls bestens geeignet.

Die gereinigte und noch nasse Schliffoberfläche wird mit **Ethylalkohol** (Ethanol) abgespritzt, um die Wasserreste vor allem aus Rissspalten zu binden. Danach wird der Schliff mit dem Föhn getrocknet.

Es ist hilfreich, die Qualität der polierten Schlifffläche mikroskopisch zu überprüfen.

Der Arbeitsgang „Mechanisches Polieren" lässt sich wie folgt zusammenfassen:

Als Poliermittel können zur Anwendung kommen:

- Diamant polykristallin- oder monokristallin
- Siliziumdioxid
- Aluminiumdioxid (Tonerde).

Schritt 1: Vorpolieren mit Diamant mit einer Korngröße zwischen 15 µm und 9 µm. Als Tücher werden hartgewobene oder hartgepresste Polierunterlagen verwendet.
Schritt 2: Zwischenpolieren mit Diamant mit einer Korngröße zwischen 9 µm und 3 µm – alternativ Tonerde mit einer Korngröße um 3 µm. Bei Diamant werden hart gewobene oder leicht florige, bei Tonerde florige oder weiche Tücher eingesetzt.
Schritt 3: Endpolieren mit Diamant mit einer Korngröße zwischen 3 µm und 1 µm; alternativ Oxid-Poliermittel mit einer Korngröße zwischen 0,1 µm und 0,05 µm. Bei Diamant werden florige oder geflockte, bei Oxid-Poliermittel geflockte oder geschäumte Tücher verwendet.

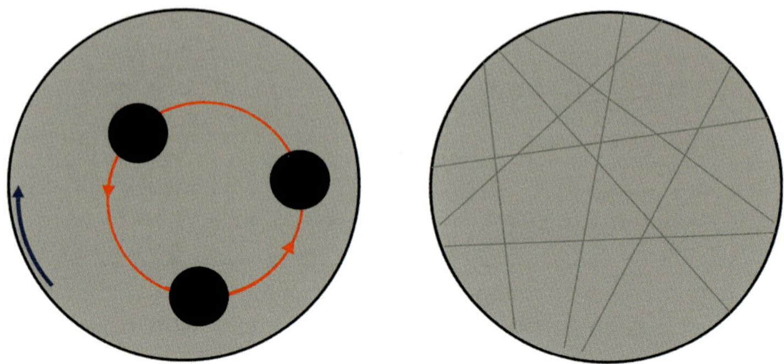

Abb. 1.13: Arbeitsgang Polieren – Aufsetzen der Probe und Kontrolle.

Abb. 1.13 demonstriert, wie die Probe aufgesetzt wird und wie das Ergebnis kontrolliert wird. Wie bereits erwähnt, bleiben auch bei Wahl feinster Körnungen noch Polierstreifen sichtbar. Eine vollständige Beseitigung ist nur durch Vibrationspolieren möglich, siehe Abschnitt 1.3.4.3.

1.3.4.2 Elektrolytisches Polieren

Die bis zur Körnung 600 oder 800 geschliffene Probe wird als Anode gemeinsam mit einer Kathode, die z.B. aus säurebeständigem Stahl besteht, in einen Gleichstromkreis geschaltet und in einen geeigneten Elektrolyten, also in eine Strom leitende Flüssigkeit (beispielsweise in verdünnter Säure) eingetaucht (Abb. 1.14). In Abhängigkeit von der angelegten Spannung, der daraus resultierenden Stromstärke bzw. -dichte sowie der verwendeten Elektrolytlösung und deren Temperatur stellen sich unterschiedliche Reaktionen ein. Bei geringen Spannungen und Stromstärken (Phase 1) wird das Metall aufgelöst und je nach Beschaffenheit (z.B. Kornorientierung) stellen sich unterschiedliche Abtragraten ein. Bei der weiteren Erhöhung der Spannung bildet sich eine passivierende Deckschicht, die der Auflösung des Metalls entgegenwirkt und die Stromstärke absinken lässt (Phase 2). Durch eine weitere Erhöhung der Spannung bleibt die Stromstärke über einen größeren Spannungsbereich konstant und der Abtrag vor allem an Rauigkeitsspitzen wird ausgeprägter. Diese Phase 3 wird zum Polieren benutzt. Durch den Stromfluss zwischen Probe und Kathode werden in einer recht kurzen Zeit die Rauigkeit der Schliffläche eingeebnet. Bei zu hohen Spannungen stellt sich eine Grübchenbildung ein (Phase 4). Es ist anzumerken, dass die Oberfläche nicht mechanisch beansprucht wird. Der Vorgang selbst erzeugt keine mechanische Verformung. Mit den auf dem Markt gängigen Geräten kann nach dem Polieren (Phase 3) auch geätzt werden, siehe Abschnitt 1.3.6.

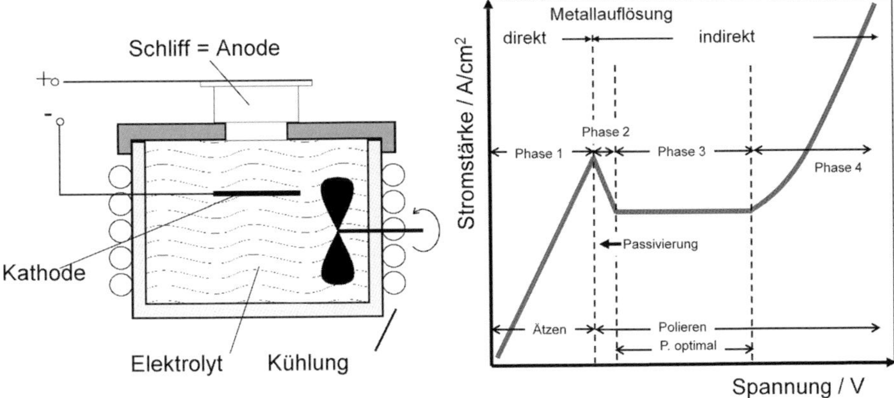

Abb. 1.14: Bauprinzip eines Elektropoliergerätes.

Das elektrolytische Polieren kann nur bei metallisch leitenden Proben eingesetzt werden. Heterogene Materialien lassen sich nur bedingt polieren, da Einschlüsse herausgelöst werden können. Es muss damit gerechnet werden, dass Kantenabrundung am Rand der Probe bzw. an Rissen auftritt. Teilweise treten wellige Oberflächen auf, die bei hohen Vergrößerungen die Scharfeinstellung am Mikroskop erschwert. Das Verfahren wird vornehmlich für weiche und einphasige Metalle, wie z.B. Al- und Ti-Legierungen verwendet, für die das mechanische Polieren ein sehr mühsamer Vorgang ist und für die das Erreichen einer kratzerfreien und verformungsarmen Schliffoberfläche durch mechanisches Polieren kaum möglich ist. Harte und mehrphasige Metalle lassen sich hingegen einfacher und schneller mechanisch polieren.

Der erforderliche Elektrolyt ist vom Material der Probe abhängig und kann den gängigen Ätzbüchern entnommen werde, wie z.B. [2] bis [5].

Vielseitig und mit gutem Erfolg verwendbar sind Elektrolyte auf **Perchlorsäurebasis**, wie z.B. der Eisessig-Perchlorsäure-Elektrolyt.

Perchlorsäure-Lösungen neigen allerdings sehr stark zur Explosion, was eine strenge Einhaltung besonderer Vorsichtsmaßnahmen erforderlich macht. Der Umgang mit diesen gefährlichen Elektrolyten ist ausführlich in [2] beschrieben worden.

Nach Beendigung des elektrolytischen Poliervorganges wird der Schliff ausgiebig mit Wasser und danach mit Alkohol abgespült und anschließend unter dem Föhn getrocknet.

1.3.4.3 Vibrationspolieren

Wie bereits erwähnt, ist es bei sehr weichen oder zähen Materialien sehr aufwändig und schwierig, eine ausreichende Polierqualität zu erzeugen. Bei kritischen Werkstoffen wie Reinkupfer, Kupferlegierungen, Reinaluminium, Aluminiumlegierungen ist besonderes handwerkliches metallographisches Geschick gefragt, um entsprechende Resultate zu erzielen. Wenn das Präparationsziel auf die Identifizierung von metallographischen Größen im µm-Bereich ausgerichtet ist, z.B. von Kriechporen in Stählen, ist ein besonderes, schonendes Verfahren notwendig, das aufgrund des geringen Abtrages nahezu keine Verformungen in die Oberfläche einbringt.

Das Vibrationspolieren stellt ein mikrospanendes Abtragsverfahren dar, mit dem eine Polieroberfläche höchster Güte erzeugt werden kann. Es ist ein Verfahren, das die Herstellung von Schliffen mit geringst möglicher Oberflächenverformung erlaubt.

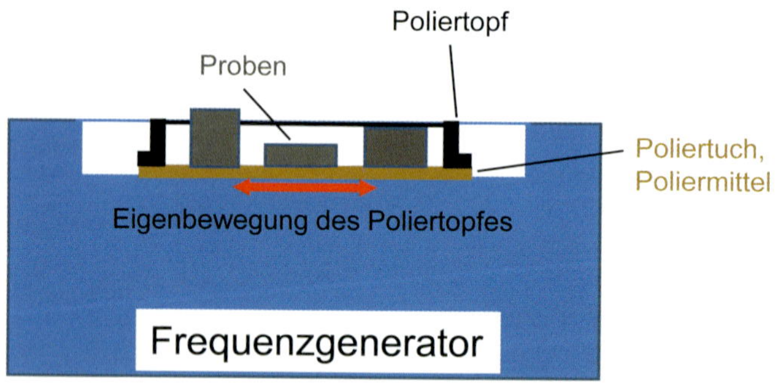

Abb. 1.15: Bauprinzip eines Vibrationspoliergerätes.

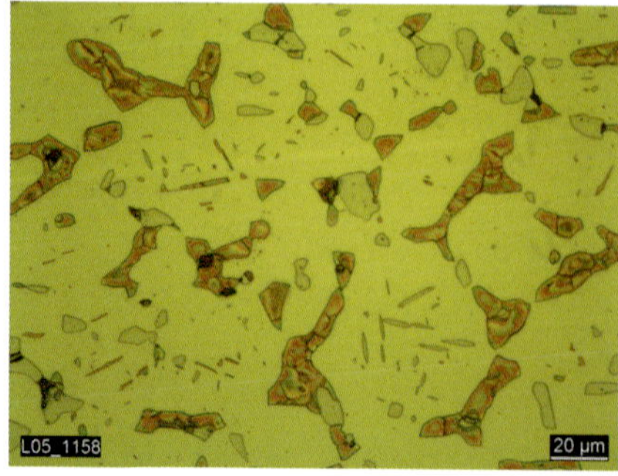

Abb. 1.16: Austenitische Gusslegierung mit Deltaferrit und Sigma-Phase.

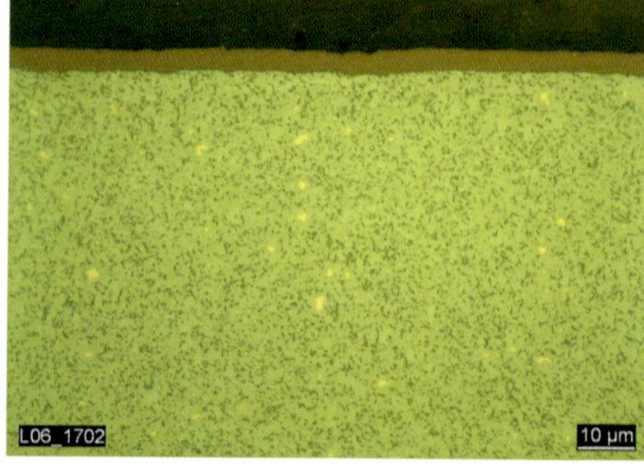

Abb. 1.17: Hartmetall mit TiAl-Beschichtung.

Für das Verfahren wird eine spezielle Poliermaschine benötigt (Abb. 1.15). Die Arbeitsscheibe führt vertikale Vibrationen mit überlagerten Drehschwingungen aus, sodass es zwischen der sich um die eigene Achse drehenden, mit einem geringen Gewicht belasteten Probe und der Polierunterlage zu einer Relativbewegung kommt. Als Polierunterlage wird ein Tuchgewebe mit kurzem Flor und hoher Saugfähigkeit in Kombination mit Diamantsuspension 1 µm oder wässrigen Oxid-Poliersuspensionen (bis 0,05 µm), z.B. Al_2O_3, oder SiO_2 verwendet.

Dadurch ist ein weitgehend verformungsarmer Abtrag möglich. Aufgrund des schonenden Abtrags werden hervorragende, kratzerfreie Oberflächen erzielt, sodass die Zahl präparationsbedingter Artefakte deutlich gesenkt werden kann. Das Verfahren ist zeitaufwändig; es kann allerdings automatisch, z.B. über Nacht durchgeführt werden.

Besonders geeignet ist das Verfahren für Gefüge, die aus unterschiedlich harten Phasen – z.B. in eine weiche Matrix eingelagerte Ausscheidungen oder mit harten Schichten versehene Oberflächen – bestehen; Beispiele sind in Abb. 1.16 und Abb. 1.17 gezeigt.

1.3.5 Anwendung polierter Schliffe

Der polierte Schliff ist geeignet für den Nachweis des Einschlussbildes, d.h. der Art, Größe und Menge nichtmetallischer Einschlüsse. In Stahlproben lassen sich z.B. Mangansulfide, Silikatteilchen sowie Oxidteilchen erkennen und in polierten Graugussschliffen sind Graphitanteile feststellbar. In polierten Kupferschliffen sind Kupferoxidulteilchen sichtbar und in Bleibronzen lassen sich Bleiteilchen erkennen. In Al-Si-Legierungen sieht man wiederum Si-Kristalle. Ferner können im polierten Zustand Materialfehler wie Mikrorisse und Mikroporen sowie Oxidations- bzw. Korrosionserscheinungen festgestellt werden.

Erfahrene Metallographinnen und Metallographen sind durchaus im Stande, alle oben genannten Einschlüsse, Gefügebestandteile und Materialfehler mühelos während einer gewöhnlichen Hellfeldbetrachtung zu identifizieren. Einige Schliffbilder ungeätzter Materialproben zeigen die Abb. 1.18 bis Abb. 1.23.

Um Veränderungen (Verfälschungen) des Einschlussbildes zu vermeiden, ist es erforderlich, die Auswertung von Einschlüssen und Graphitteilchen, aber auch von Mikrorissen und Poren im polierten Zustand und nicht nach dem Ätzen durchzuführen.

Spezielle mikroskopische Verfahren, wie z.B. die Anwendung des **polarisierten Lichtes** oder des **Phasenkontrastes** sind dank auftretender Kontraste und/oder Farbeffekte ein weiteres hilfreiches Instrumentarium zur qualitativen Bestimmung von Einschlüssen und Phasen. Ausführlicheres zu diesen Verfahren kann z.B. in [3] nachgelesen werden.

Der polierte Schliff erlaubt zwar eindeutige Einblicke in das Einschlussbild, das eigentliche Gefügebild ist direkt nach dem Polieren noch nicht erkennbar. Das Gefüge muss erst durch eine Ätzung entwickelt werden.

1.3.5.1 Schliffbilder ungeätzter Metallproben

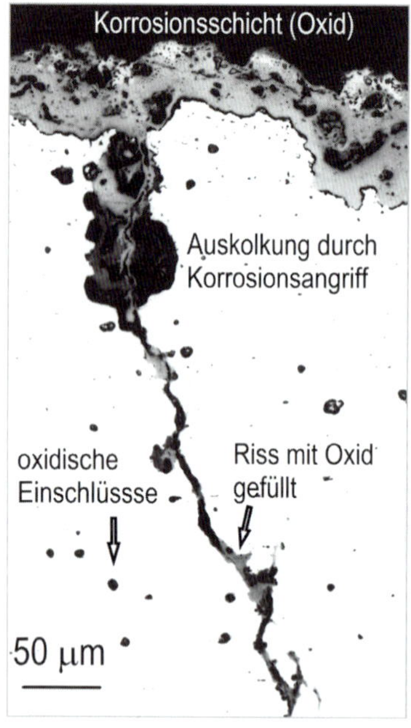

Abb. 1.18: Korrosionserscheinungen, Rissbildungen und Oxideinschlüsse in einem niedriglegierten Stahl.

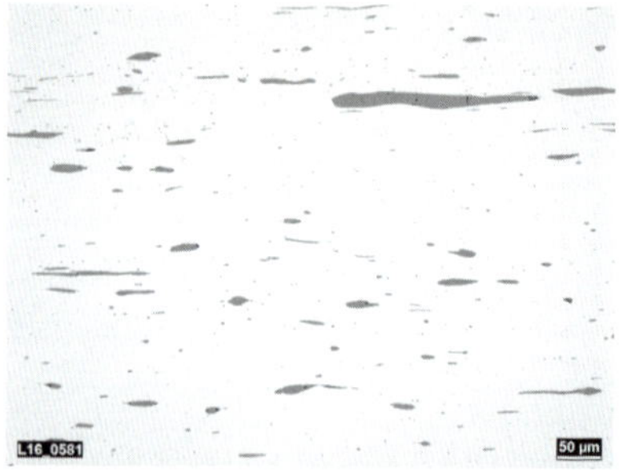

Abb. 1.19: Mangansulfide im Automatenstahl.

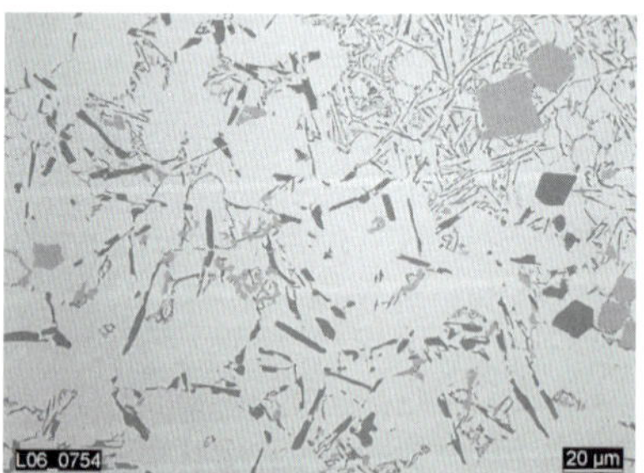

Abb. 1.20: Siliziumkristalle in einer Al-Si-Legierung.

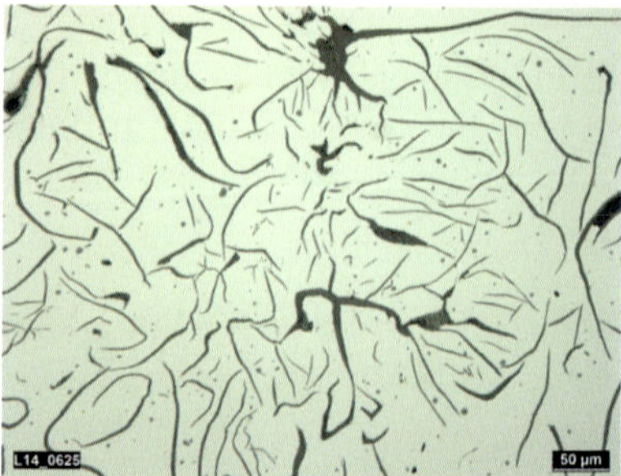

Abb. 1.21: Graphit im Gusseisen.

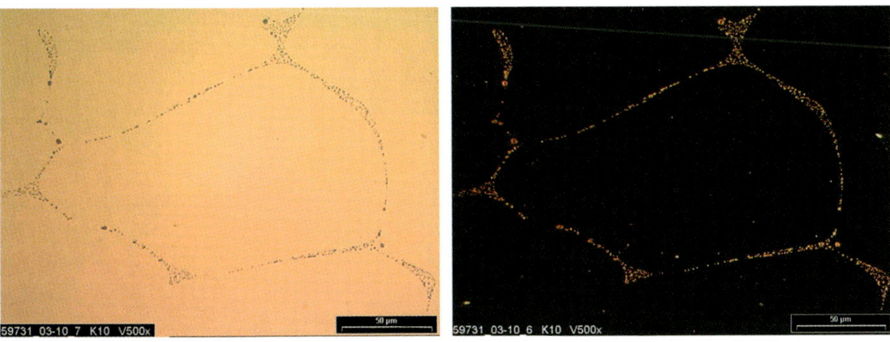

Abb. 1.22: Kupferoxidul im Kupfer (links: Hellfeldabbildung; rechts: Dunkelfeldabbildung) (Wieland Werke Ulm).

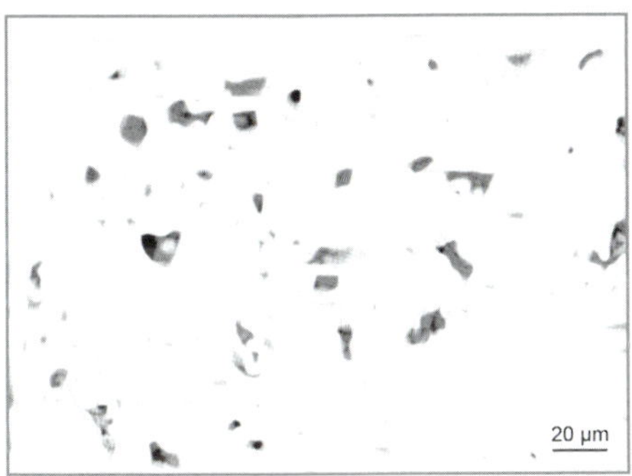

Abb. 1.23: Kupferphosphide in Phosphorbronze.

1.3.6 Ätzen polierter Schliffe

Das übliche Ätzverfahren zur Entwicklung und Darstellung des Mikrogefüges ist das chemische **Tauchätzen**, bei dem der polierte, gereinigte und getrocknete Schliff in ein geeignetes **Ätzmittel** eingetaucht wird.

Ätzmittel werden zur Sichtbarmachung des Gefüges, i. Allg. direkt im Anschluss an die mechanische Probenpräparation eingesetzt. Sie greifen die Probenoberfläche je nach Beschaffenheit (Körner/Phasen mit unterschiedlicher Orientierung, Korngrenzen, chemische Verbindungen) an und erzeugen damit eine lichtmikroskopisch erkennbare Kontrastierung der Oberfläche. Je nach Werkstoff und -zustand kommen dabei unterschiedlich konzentrierte Lösungen aus Laugen, Säuren etc. bei unterschiedlichen Temperaturen zum Einsatz. Ätzmittel können nach gängigen Rezepturen – aus z.B. [2][5] – selbst zusammengestellt oder bei entsprechenden Herstellern gekauft werden. Es ist zu beachten, dass die Zusammensetzungen, wenn unterschiedliche Ätzbedingungen vorliegen, oftmals variieren und auf den entsprechenden Werkstoffzustand anzupassen sind. Ätzmittel können sehr giftig und umweltschädlich sein. Auf die Einhaltung der Sicherheitsvorschriften ist daher unbedingt zu achten.

Der Fortschritt des Ätzvorganges wird laufend kontrolliert, indem der Schliff wiederholt kurzfristig aus der Ätzlösung herausgenommen, gereinigt und einer visuellen Betrachtung unterzogen wird. Alternativ wird der Ätzfortschritt direkt auf der Schliffoberfläche während des Ätzvorgangs beobachtet. Bei etwas Erfahrung lässt sich so die optimale Ätzzeit recht gut ermitteln.

Statt den Schliff in das Ätzmittel einzutauchen, kann in einer anderen Variante das Ätzmittel mit Hilfe einer Sprühflasche auf die Schliffoberfläche aufgebracht werden.

Nach Abschluss des Ätzvorganges wird der Schliff wieder mit Wasser und danach mit Alkohol gespült und getrocknet.

Fertige Schliffe, die über einen längeren Zeitraum in ungeminderter Qualität zur Verfügung stehen sollen, werden in speziellen Glasgefäßen, so genannten **Exsikkatoren**, in trockener Luft oder unter Vakuum aufbewahrt. Dies gilt vor allem für Schliffe, die nur mit großem Aufwand hergestellt werden können.

Beim **chemischen Ätzen** werden die Korngrenzen, Oberflächen und/oder Phasen ((Misch)Kristalle unterschiedlicher Zusammensetzungen, Ausscheidungen) angegriffen, siehe Abschnitt 1.3.7. Der Angriff ist von der Ätzlösung und Einwirkdauer abhängig. Bei der Farbätzung (exakt ausgedrückt: Farbniederschlagsätzung) stellt sich auf der Oberfläche eine dünne Schicht ein, die von der Zusammensetzung des Kristalls und/oder der Kornorientierung abhängig ist. Die Dicke der Schicht ist wiederum von den Ätzbedingungen abhängig und bewirkt den farblichen Effekt. Ein bekanntes Farbätzmittel stellt z.B. das Ätzen nach Klemm (Abb. 1.26 unten links), dar. Beim elektrolytischen (anodischen) Ätzen wird ein **äußeres Potential** an die Probe angelegt (Abschnitt 1.3.4.2), siehe Abb. 1.14 und Tab. 1.2). Wird z.B. die Barker-Lösung als Elektrolyt verwendet, ätzen sich die unterschiedlichen Körner unterschiedlich farbig an, sodass die Struktur der Schweißnaht in einer Al-Knetlegierung in Verbindung mit einem Polarisationsfilter und einer Viertel-Lambda Platte lichtmikroskopisch deutlich erkennbar ist (Abb. 1.26 oben rechts).

Unter **physikalischem Ätzen** wird das Aufbringen von Interferenzschichten (siehe Abschnitt 3.8), das thermische Ätzen und das Ionenätzen verstanden. Beim thermischen Ätzen, z.B. bei keramischen Werkstoffen, bewirkt eine hohe Temperatur eine beschleunigte Diffusion von Atomen an die Oberfläche. Durch den physikalischen Effekt des Ausgleichs von Energien an der Oberfläche, ergeben sich Vertiefungen an den Korngrenzen, sodass diese erkennbar werden.

Tabelle 1.2: Beispiele für elektrolytisches Ätzen.

Werkstoff	Ätzmittel	Ätzbedingungen
Cr- und CrNi-Stähle (auch für Ni-Basis-Leg.) Gefüge wird gut entwickelt, σ-Phase* herausgelöst, Karbide werden angegriffen	100 ml dest. Wasser 10 g Oxalsäure	5 bis 20 s 1,5 bis 3 V Gleichstrom. V2A-Kathode (austenitischer Stahl X12CrNi18-8, 1.4300)
Nickelbasislegierungen Nachweis der η-Phase (Ni_3Ti). γ- und γ'-Strich-Phasen (Abschnitt 4.10) bleiben erhalten. Austenit wird angegriffen	12 ml Phosphorsäure 85%ig 41 ml Salpetersäure 65%ig 47 ml Schwefelsäure 95-97%ig	Im Bereich s bis min 6 V Gleichstrom. Pt oder V2A-Kathode
Aluminium und Al-Legierungen Schwierig anzuwenden bei Al-Cu-Mg-Legierungen	200 ml dest. Wasser 5 ml Tetrafluorborsäure 35%ig (Barkerlösung)	1 bis 2 min 20 bis 40 V Gleichstrom. Pt oder V2A-Kathode

* σ-Phase: spröde intermetallische Phase Fe-Cr; bildet sich z.B. beim Glühen von nichtrostenden 13%C-Stählen oder Duplexstählen bei Temperaturen von 600 bis 800 °C aus Deltaferrit sowie bei austenitischen Stählen bei 600–900 °C.

Beim Ionenätzen wird die Probenoberfläche als Kathode geschaltet und mit energiereichen Ionen bestrahlt. Dieser Beschuss bewirkt einen unterschiedlich starken Abtrag von Gefügebestandteilen, sodass die Struktur erkennbar wird. Das Ionenätzen wird oft im Zusammenhang mit der Interferenzschichtmetallographie angewendet, siehe Abschnitt 4.5.

Als gängiges Ätzmittel, das für unlegierte und niedriglegierte Eisenwerkstoffe gut geeignet ist, dient eine ca. **3%ige alkoholische Lösung von Salpetersäure, Nital** genannt.

Weitere Ätzmittel können den einschlägigen Fachbüchern [2] bis [5] entnommen werden.

Bei allen Ätzarbeiten müssen die erforderlichen und vorgeschriebenen Vorsichtsmaßnahmen eingehalten werden; Ätzzange, Schutzbrille, Schutzhandschuhe und Schutzkleidung gehören unablässig zur Ausstattung des Ätzarbeitsplatzes. Zudem sollten alle Ätzarbeiten unbedingt unter einer Abzugshaube durchgeführt werden. Entsprechende Datenblätter bzw. Gefährdungsanalysen sind zu beachten.

1.3.7 Gefügeentwicklung

- Unterschiedliche chemische Zusammensetzung und unterschiedliche kristallographische Orientierung, Störungen des kristallinen Aufbaus sowie

Verformungsinhomogenitäten einzelner Gefügebestandteile bewirken eine Aufteilung der Schliffoberfläche in zahlreiche galvanische Mikrobereiche, von denen jeweils der unedlere Teil stärker durch das Ätzmittel angegriffen wird als der edlere Teil. So werden z.B. Korngrenzen und Phasengrenzen bevorzugt durch das Ätzmittel aufgelöst. Entlang dieser Grenzen entstehen Vertiefungen (Gräben), an deren Ufern eine Streuung des Lichtes während der mikroskopischen Betrachtung stattfindet, wodurch Kontraste im Gefügebild erzeugt werden. Im Hellfeld erscheinen deshalb die Korngrenzen dunkel und das Korninnere hell; die Dunkelfeldbetrachtung liefert ein Negativ des Hellfeldbildes. Den unterschiedlichen Lichtgang bei einer Hellfeld- und Dunkelfeldbetrachtung zeigt die Abb. 1.24.

- Gefügebildkontraste bei zwei- oder mehrphasigen Proben sind auf die unterschiedliche Resistenz einzelner Phasen gegen den Angriff des Ätzmittels zurückzuführen. Schwächer aufgelöste Phasen ragen über die stärker aufgelösten Gefügebestandteile hinaus, wodurch ebenfalls eine unterschiedliche Lichtstreuung und Kontrastbildung während der mikroskopischen Betrachtung zu Stande kommt (Abb. 1.25).

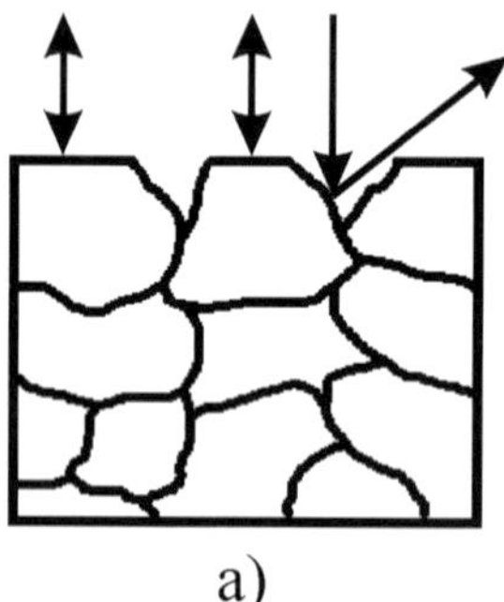

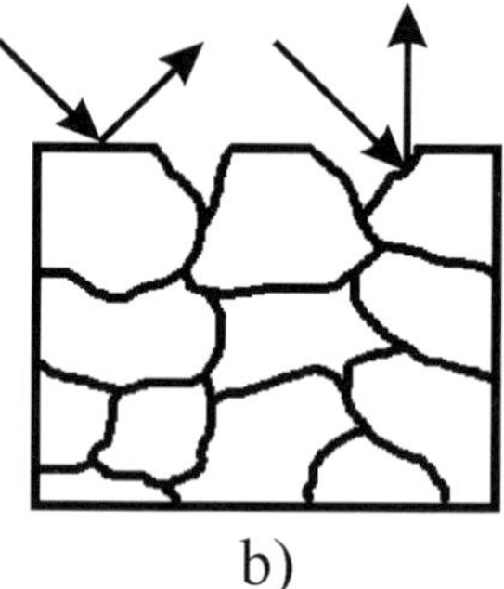

Abb. 1.24: Lichtreflexion an einer geätzten Schliffoberfläche: a) bei Hellfeldbetrachtung, b) bei Dunkelfeldbetrachtung.

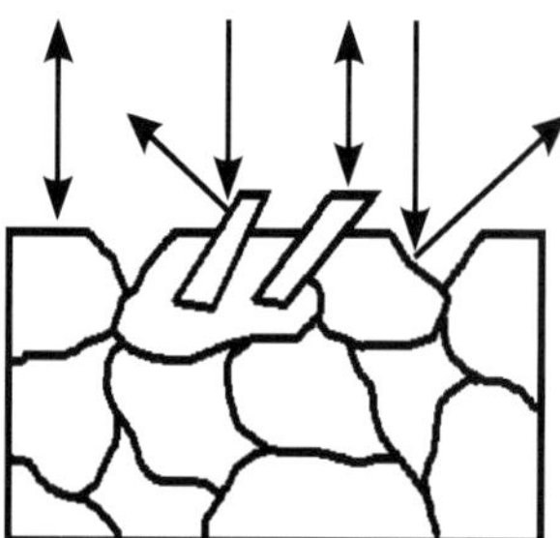

Abb. 1.25: Ätzergebnis und Lichtreflexion in einem Zweiphasengefüge mit unterschiedlicher Ätzresistenz beider Phasen bei Hellfeldbetrachtung.

Durch das Ätzen werden auch Kontraste zwischen den Körnern derselben Phase erzeugt. Die Ursache hierfür ist einerseits der orientierungsbedingte Angriff des Ätzmittels und andererseits die ebenfalls orientierungsabhängige Lichtreflexion einzelner Körner. Körner, deren dichtgepackte Kristallebenen parallel oder nahezu parallel zur Schliffebene liegen, reflektieren mehr Licht und erscheinen im Gefügebild heller als Körner mit ungünstigerer optischer Orientierung (Abb. 1.26, oben links).

Abschließend wird noch einmal darauf hingewiesen, dass die Qualität des Gefügebildes nach einstufigem Polieren und Ätzen für die mikroskopische Betrachtung, besonders im polarisierten Licht, unzulänglich ist. Das Gefügebild ist getrübt durch die bereits erwähnte Beilby-Schicht.

Zum Beseitigen dieser Schicht und Erreichen einer hohen Qualität des Gefügebildes ist ein mehrfaches Polieren und Ätzen erforderlich.

Ein dreistufiges Polieren mit Diamantmitteln der Körnung 9 µm, 3 µm und 1 µm vor dem eigentlichen Feinpolieren mit der Körnung 0,05 µm hat sich in der Praxis ebenfalls als hilfreich erwiesen, ein ungetrübtes Gefügebild hoher Qualität bei geringem Zeitaufwand zu erzeugen.

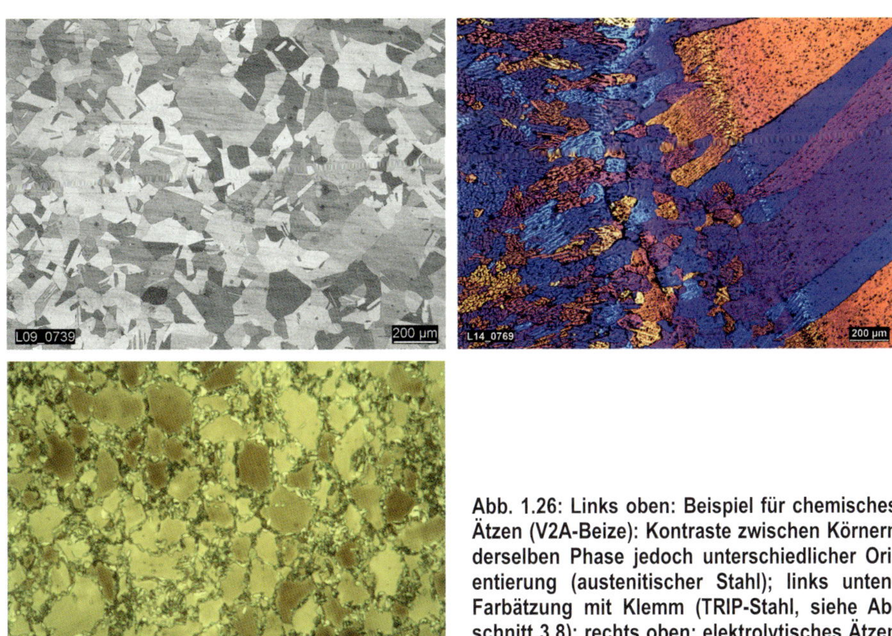

Abb. 1.26: Links oben: Beispiel für chemisches Ätzen (V2A-Beize): Kontraste zwischen Körnern derselben Phase jedoch unterschiedlicher Orientierung (austenitischer Stahl); links unten: Farbätzung mit Klemm (TRIP-Stahl, siehe Abschnitt 3.8); rechts oben: elektrolytisches Ätzen mit Barker (Schweißnaht in einer Al-Knetlegierung).

1.4 Praktische Übungen

Zwecks Erlangung einer gewissen Grundfertigkeit in der Schliffherstellung wird den Lernenden die Präparation einiger Stahl- und Gusseisenschliffe bei Einhaltung folgender Vorgehensweise vorgeschlagen:

- Vor Beginn und nach Beendigung des Schleifvorganges die Schliffe mikroskopisch betrachten und auf den Unterschied des Riefenbildes achten. Danach die Schliffe mechanisch polieren.
- Im polierten Zustand die Schliffqualität und das Einschlussbild mikroskopisch im Hellfeld bei 100facher Vergrößerung beurteilen und das Einschlussbild als Handskizze im Übungsprotokoll festhalten.
- Danach die Schliffe ätzen und erneut mikroskopisch betrachten.
- Dieselben Schliffe zwei- bis dreimal wiederholt polieren und ätzen und danach noch einmal mikroskopisch untersuchen. Den festgestellten Qualitätsunterschied des Gefügebildes nach dem ersten und nach dem wiederholten Polieren und Ätzen im Protokoll vermerken.
- Die betrachteten Gefügebilder in Form einer Skizze dokumentieren und charakteristische Gefügemerkmale, wie z.B. die Anzahl der Phasen, die Kornform, etwaige Zeiligkeit in Probenmitte und -rand usw. erörtern.

1.5 Praktische Tipps für die Schliffherstellung

Trennen

Ist das Bauteil für die Bearbeitung in der Trennmaschine zu groß, werden Trennschnitte mit einer Flex oder einem anderen Trenngerät für größere Schnitte durchgeführt, bis eine Probe mit geeigneter Größe vorliegt. Die Flexschnitte müssen wegen der damit verbundenen Wärmeentwicklung mindestens 40 mm von der späteren Schlifflage entfernt sein.

Einbetten

Bei der Wahl der Art des Einbettens, Anforderungen an die Schliffqualität beachten, z.B. Randschärfe, Gefahr der Verformung oder Rissbildung, ausgelöst durch Schrumpfspannungen des aushärtenden Einbettmittels.

Werden beim Planschleifen zu weiche Einbett-Materialien (ohne oder mit nicht ausreichend „harten" Füllstoffen) verwendet, verschmieren die Schleifkörner sehr schnell. Der Schleifabtrag wird stark reduziert, was die Ausbildung unerwünschter Verformungsschichten zur Folge hat.

Wenn der Schliff anschließend im Rasterelektronenmikroskop weiter untersucht werden soll, empfiehlt sich eine Einbettung in ein elektrisch leitendes Material mit Füllstoff (Kupfer oder Graphit).

Schleifen und Polieren

Nach den einzelnen Arbeitsstufen, vor dem Wechsel auf die nächste Körnung, die erreichte Qualität überprüfen. Dies betrifft Artefakte wie:

- eingedrückte Partikel
- Ausbrüche
- Verformungs- und Schmier-Schichten
- starke Reliefbildungen
- Trockenflecken

Die Verwendung von Diamantscheiben ermöglicht eine schnellere Herstellung der Schliffe (kompensiert 1–2 Schleifstufen), wobei das Einbettmittel nicht zu weich sein darf (abnehmende Schneidwirkung, Abziehen erforderlich). Werkstoffe mit geringer Härte sind nicht geeignet.

Oxid-Poliersuspensionen (OPS) werden ausschließlich zum Endpolieren für vorwiegend zähe Werkstoffe eingesetzt

Ätzen

Qualität und Zusammensetzung des Ätzmittels vor dem Ätzen überprüfen. Die Erkennbarkeit eines Gefüges hängt vom Ätzmittel, der Präparation des Schliffes und dem Ablauf des Ätzvorganges (Tauchen, Wischen, elektrolytisches Ätzen, Temperatur, Dauer) ab. Das Gefüge selbst wird von der chemischen Zusammensetzung des Werkstoffs und ggf. seiner Wärmebehandlung bestimmt. Es ist wichtig, ein dem Werkstoff/Gefüge angepasstes Ätzmittel auswählen, z.B. mit Hilfe von [2] und die darin festgelegten Vorgaben zur Vorgehensweise beachten. In den späteren werkstoffbezogenen Kapiteln werden einschlägige und besondere Ätzverfahren vorgestellt.

1.6 Fehler und Probleme

Tabelle 1.3: Probleme bei der Schliffherstellung, Auswirkungen sowie Ursache und Behebung.

Problem	Auswirkung	Ursache und Behebung
Trennen		
Falscher Ansatz (Positionierung)	Kritischer Querschnitt wird nicht erfasst	Positionierung überprüfen – Neuer Trennschnitt an der richtigen Stelle
Fehler bei der Festlegung des Zuschlages beim Trennen	Kritischer Querschnitt wird zerspant (zerstört), hoher Schleifaufwand wegen zu großen Abstandes	Größerer bzw. angepasster Abstand zur späteren Schliffebene
Mehrere Trennansätze	Stufenbildung mit höherem Schleifaufwand	Einspannung/Befestigung beim Trennen überprüfen, ggf. anderes Trennverfahren wählen
Anlauffarben	mögliche Beeinflussung des Gefüges wegen falscher Trennscheibe bzw. zu großem Vorschub	Kühlen, Trennscheibe an Werkstoff anpassen
Mögliche Rissbildungen / Verformungen in der Trenn- bzw. Schlifffläche	zu hohe Anpresskräfte oder zu hoher Vorschub, zu hohe Temperatur, schlechte Kühlung	Trennparameter den Werkstoffeigenschaften anpassen
Einbetten		
Oberflächenporen im Einbettmittel Risse Große Schrumpfspalte Ungleichmäßige Konsistenz	Bei der nachfolgenden Präparation: Hohlräume fangen Abrieb von Schleifen und Polieren auf. Dieser zerkratzt später die Oberfläche; Ätzmittel tritt aus und verfärbt die Schliffoberfläche; erhöhter Verbrauch von Präparationsmittel	Optimierung des EBM (z.B. Kalteinbetten: zu zähflüssig, grobe Füllstoffe, zu kurze Aushärtezeit), Drucktopf benützen Wachsinfiltration verschließt Hohlraum (vor dem Ätzvorgang)
Schleifen		
Mehrere Schliffflächen	Erschwert Poliervorgang, da keine plane Oberfläche	Schleifdruck herabsetzen, Schleifunterlage verbraucht – ggf. ersetzen
Kanten abgerundet	Randschärfe nicht mehr vorhanden	Zu lange Schleifzeit pro Körnung; Schleifunterlage verbraucht – ggf. ersetzen
Verschmierungen	Polierschweife, Erkennbarkeit des Gefüges erschwert, Verschmieren von Rissen und Poren	Anfangskörnung zu grob; Schleifunterlage verbraucht – ggf. ersetzen

Nach der letzten Schleifstufe zu starke Riefen	Qualitätsanforderung an Schliffgüte nicht erfüllt, täuscht Verformungen vor	Anfangskörnung zu grob; einzelne Schleifstufen nicht lange genug eingehalten; Richtung nicht gewechselt – Schliff um 90° drehen
In Schlifffläche eingedrückte Schleifkörner	Erkennbarkeit des Gefüges erschwert, Verwechslung mit Einschlüssen oder Körner	Schleifdruck herabsetzen, falsche Schleifunterlage
Polieren		
Kratzer in Fläche	unsauberes Gefügebild mit Artefakte	Zu kurze Schleifschritte, Polierschritte nicht aufeinander abgestimmt und/oder zu kurz; verschmutzte Polierscheibe
Abgerundete Kanten Harte Gefügeanteile erscheinen als Relief	unsauberes Gefügebild mit Artefakte im Randbereich, schlechte Randschärfe	Zu lange Polierzeit mit hochflorigen Tüchern; zu viele Polierschritte; zu lange endpoliert bei Verwendung alkalischer Siliziumdioxidlösungen
Schmierschicht auf Oberfläche	unsauberes Gefügebild	Zu trockenes Poliertuch; auskristallisiertes Endpoliermittel
Deckelbildung bei Poren, Gasblasen etc., verschmierte Konturen	Porenanzahl bzw. Risse werden nicht vollständig erkannt und erfasst	Abstimmung von Poliertuchstruktur und Diamantgröße nicht optimal; ggf. Zwischenätzen
Ätzen		
Schlechter Kontrast zwischen den einzelnen Gefügephasen	Erschwerte Gefügeinterpretation	Zu kurz geätzt; falsches Ätzmittel
Starke Ausbildung der Korngrenzen	Erschwerte Gefügeinterpretation; Ausscheidungen auf korngrenzen nicht (mehr) erkennbar	Überätztes Gefüge – zu lange geätzt
Nicht identifizierbare Gefügebestandteile/Ausscheidungen	Falsche Gefügeinterpretation	Nicht ausreichende Reinigung der Proben / Rückstände Falsches Ansetzen der Ätzlösung

2 Makroskopische Untersuchung

2.1 Anwendungsbereich

Makroskopische Untersuchungen, d.h. Schliffbetrachtungen, die mit bloßem Auge oder mit Hilfe einer Lupe durchgeführt werden, dienen als Voruntersuchungen oder auch ergänzende Untersuchungen der mikroskopischen Betrachtungen. Üblich ist eine Auswertung mit dem Stereomikroskop. Als obere Grenze der makroskopischen Gefügeuntersuchung wird eine Vergrößerung im Bereich von 10:1 bis hin zu 50:1 gesehen. Die Schliffvorbereitungen lassen sich mit einfachen Mitteln und mit einem geringen Zeitaufwand durchführen und werden deshalb sehr häufig in der Werkstatt oder auf der Baustelle eingesetzt. Erstaunlich aufschlussreich sind dabei die Ergebnisse dieser einfachen Untersuchungen. Mit Hilfe makroskopischer Untersuchungen können folgende Werkstoffmerkmale festgestellt werden:

Schliffläche:

- Gussgefüge:
  - Materialfehler in Form von Lunkern, Gasblasen, größeren Einschlüssen und Makrorissen
  - Primärgefüge (Erstarrungsgefüge)
  - (Makro)Seigerungen
- Schmiedegefüge:
  - Zeiligkeit von Seigerungen und Einschlüssen und somit die Verformungsrichtung
  - (Makro)Seigerungen
- Schweißnähte:
  - Nahtform
  - Lagenaufbau mit Einbrand
  - Grobkornbildungen
  - Fusionslinie
  - Schweißfehler (Bindefehler, Gasblasen, Schlackeneinschlüsse, Risse...)
- Lötverbindungen:
  - Aufbau der Lötverbindung (Geometrie)
  - Lot – Grundwerkstoff

- Gehärtete bzw. wärmebehandelte Bauteile:
  - Tiefen aufgekohlter, entkohlter oder gehärteter Randzonen (Durchhärtung)
  - Sekundärrekristallisation (Kaltverformung)
- Beschichtete Bauteile:
  - Schichtdicke (wenn makroskopisch)

Bruchflächen:
- Charakter einer Bruchfläche (Risstopographie, Bruchausgang, Belag...)

Die aufgeführten Nachweismöglichkeiten beziehen sich vornehmlich auf den Stahl, teilweise aber auch auf einige Nichteisenmetalle.

Die Unterschiede zur mikroskopischen Untersuchung sind in Tabelle 2.1 zusammengestellt.

Tabelle 2.1: Merkmale makroskopischer und mikroskopischer Untersuchungen.

Makroskopisch	Mikroskopisch
Betrachtung ohne Hilfsmittel mit Lupe / Stereomikroskop / Lichtmikroskop	Betrachtung mit Lichtmikroskop, Elektronenmikroskop
Vergrößerung max. 10- bis 50fach	Vergrößerung bis 1000fach (LiMi) > 1000fach (REM)
Ziel: makroskopisch erkennbare Veränderung in der Struktur des Werkstoffs	Ziel: Mikrogefüge (Korngrenzen, Phasen, Ausscheidungen) ←→ kristalliner Aufbau
Schleifen	Schleifen, Polieren
Makroätzung mit aggressiven Ätzmitteln zur Erzeugung von Makrokontrasten → makroskopische Gefügestrukturen	Mikroätzung mit geringem Tiefenangriff (Korngrenzen, Kornflächen...) → mikroskopische Gefügestrukturen

2.1.1 Einteilung makroskopischer Verfahren

Makroskopische Verfahren können in drei Gruppen unterteilt werden, nämlich in:
- Flachätzverfahren
- Tiefätzverfahren
- Abdruckverfahren

2.1.2 Flachätzverfahren

Hier wird das in der Regel grob geschliffene Probestück mit einer Ätzlösung so behandelt, dass auf der geätzten Oberfläche Kontraste entstehen, die mit bloßem

Auge deutlich erkennbar sind. Der Ätzangriff ist jedoch nicht stark genug, um wie beim Tiefätzen Ätzvertiefungen entstehen zu lassen. Die Flachätzung kann mit einer starken Mikroätzung verglichen werden.

2.1.2.1 Ätzung nach Fry[3]

In stickstoffhaltigen Stählen scheiden sich im Eisengitter gelöste Stickstoffatome während der Verformung aus. Wird die Probe vor dem Ätzen bei Temperaturen von > 200 °C geglüht, bildet sich Eisennitrid, das durch die Fry Ätzung sichtbar gemacht werden kann (Abb. 2.1). Damit können die kaltverformten Zonen makroskopisch erkannt werden. Moderne (beruhigte) Stähle weisen in der Regel keine signifikanten Stickstoffanteile auf. Demzufolge können bei diesen Werkstoffen keine Kraftwirkungslinien mit der Fry Ätzung dargestellt werden.

Ablauf:
Die Proben werden vor dem Ätzen bei 200 bis 250 °C ca. 30 min angelassen, fein geschliffen und ggf. etwas anpoliert. Danach wird die Probe im Ätzmittel

100 ml dest. Wasser, 150 ml Salzsäure 32%ig, 70 g Kupfer(II)chlorid [2]

bei Raumtemperatur tauchgeätzt. Die Ätzdauer richtet sich nach der sichtbaren Entwicklung der Kraftwirkungslinien, danach wird die Probe zur Entfernung der Kupferschicht in konzentrierte Salzsäure getaucht und mit Wasser und Alkohol abgespült und mit dem Föhn getrocknet.

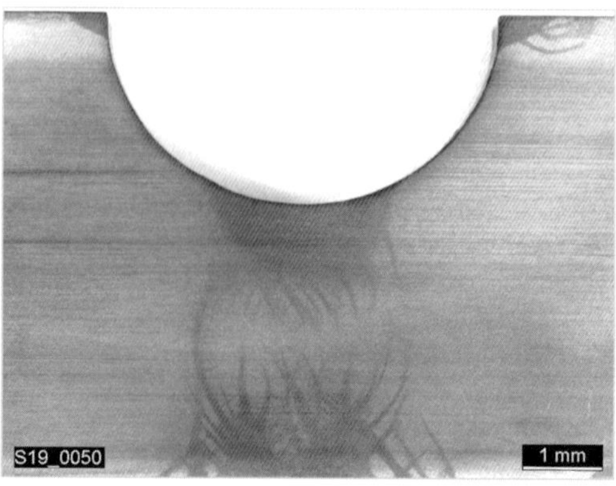

Abb. 2.1: Kraftwirkungslinien in einer Kerbzugprobe aus einem niedriglegierten Stahl – Ätzung nach Fry.

3 Entwickelt von Adolf Fry (1892–1974).

2.1.2.2 Das Heyn'sche Verfahren[4]

Dieses – heute selten angewendete – Flachätzverfahren dient z.B. der schnellen Feststellung von **Phosphor-, Kohlenstoff- und Schwefelseigerungen**[5] in unlegierten und niedriglegierten Stählen sowie im Stahlguss.

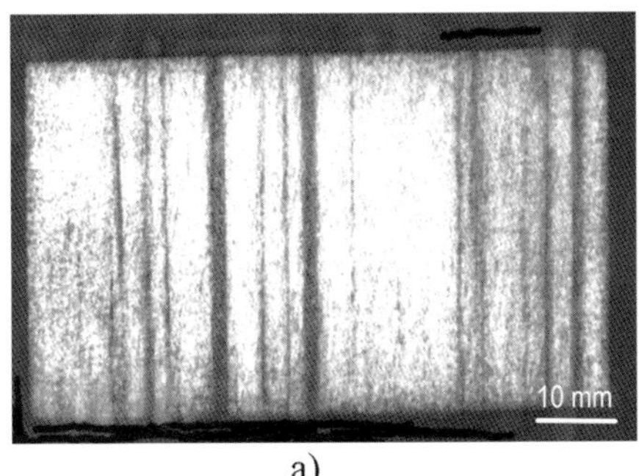

a)

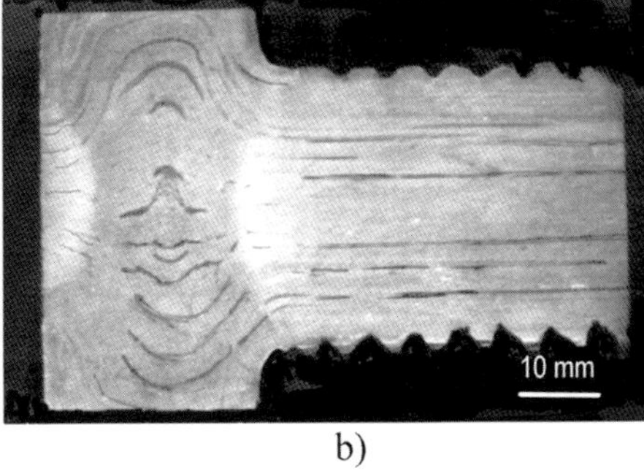

b)

Abb. 2.2: a) Längsschliff eines Automatenstahls geätzt nach Heyn bzw. Fry; b) Faserverlauf in einer geschmiedeten Schraube, geätzt nach Heyn.

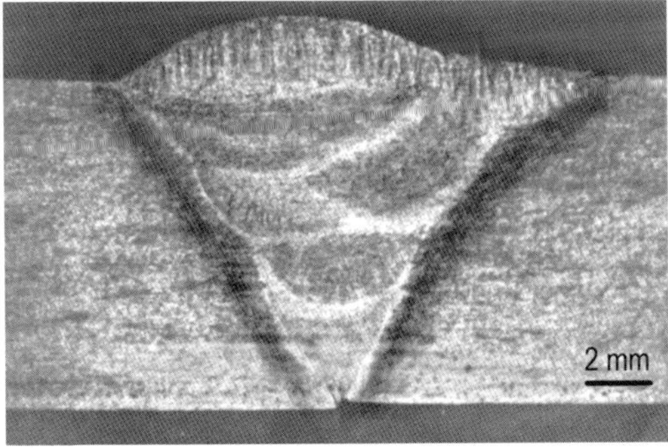

Abb. 2.3: Nachweis von Schweißlagen und Wärmeeinflusszonen im Stahl durch Heyn'sche Ätzung.

4 Entwickelt von Emil Heyn (1867–1922), einem deutschen Forscher und Professor an der TH Charlottenburg. Diese Daten wie auch alle in weiteren Abschnitten dieses Buches gemachten Angaben zu Personen, die in der Vergangenheit maßgeblich an der Entwicklung metallischer Werkstoffe, vor allem aber am Fortschritt in der Metallographie beteiligt waren, stammen von Richard Pusch, Duisburg. Sie wurden 1979 in der „Praktischen Metallographie" in der Artikelreihe: „Die Geschichte der Metallographie", Heft Nr. 1 bis Heft Nr. 10, veröffentlicht.

5 Unter Seigerungen versteht man allgemein die während der Erstarrung entstandenen Unregelmäßigkeiten in der Verteilung von Komponenten (Legierungselementen) einer Legierung.

Durch eine plastische Verformung werden Seigerungszonen und Einschlüsse zeilenförmig in Verformungsrichtung angeordnet, und so können durch dieses Ätzverfahren der **Faserverlauf**[6] (Kraftwirkungslinien) und somit die Verformungsrichtung eindeutig bestimmt werden (Abb. 2.2a und b).

Zum Nachweis von Schweißlagen sowie der Wärmeeinflusszonen in Schweißverbindungen ist dieses Ätzverfahren ebenfalls geeignet (Abb. 2.3). Im Stahlguss lässt sich wiederum nach Heyn'scher Ätzung das Erstarrungsgefüge (Primärgefüge) sichtbar machen (Abb. 2.4), weil die Seigerungen zwischen den Dendriten und den interdendritischen Zwischenräumen besonders stark ausgeprägt sind.

Ablauf:

Die bis zur Körnung 240 geschliffene Stahlprobe wird in eine Lösung von

9 g Diammoniumtetrachlorocuprat(II) in 100 ml dest. Wasser

eingetaucht und so lange der Wirkung dieser Lösung ausgesetzt, bis auf der Schliffoberfläche ein rauer Kupferniederschlag zu erkennen ist. Danach wird die abgelagerte Kupferschicht mit einem Wattebausch unter fließendem Wasser weggewischt und der Schliff getrocknet.

Die phosphor- bzw. kohlenstoff- und/oder schwefelreichen Zonen werden durch das Ätzmittel bevorzugt angegriffen und erscheinen somit im Schliffbild dunkler als die phosphorärmeren Materialbereiche.

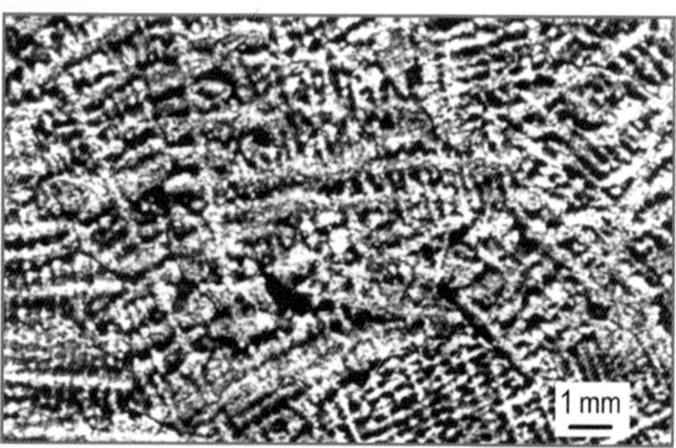

Abb. 2.4: Dendritisches Primärgefüge einer Stahlgussprobe. Ätzung nach Heyn.

6 Fasern sind zeilenförmig in Verformungsrichtung angeordnete Gefügebestandteile und/oder Makroseigerungen.

Hinweis:
Ein zu feines Schleifen bewirkt ein starkes Haften der beim Ätzen entstandenen Kupferschicht und erschwert erheblich ihre Entfernung von der Schliffoberfläche. Ähnliche Schwierigkeiten treten bei kohlenstoffreicheren Stählen und bei der Verwendung eines mehrfach benutzten Ätzmittels auf. Stark haftende Kupferschichten lassen sich nur mühsam mit einem Korken und unter der Einwirkung einer wässrigen Ammoniaklösung von der Schliffoberfläche entfernen.

2.1.2.3 Das Oberhoffer-Verfahren[7]

Dieses Verfahren dient der Feststellung von **Phosphorseigerungen** und dadurch auch des Primärgefüges im Stahlguss sowie des Faserverlaufs und der Verformungsintensität in Schmiede-, Press- und Walzstücken unlegierter und niedriglegierter Stähle.

In ausreichend stark verformten Werkstücken folgen die Kraftlinien (Faserverlauf) den Konturen des Werkstückes (Abb. 2.5b), was vor allem für wechselhaft beanspruchte Maschinenteile von großer Bedeutung ist. Ist nämlich der Verformungsgrad zu gering, schneiden die Fasern die Werkstückkonturen (Abb. 2.5a) und können z.B. bei einer Wechselbelastung die Entstehung eines Ermüdungsbruches begünstigen.

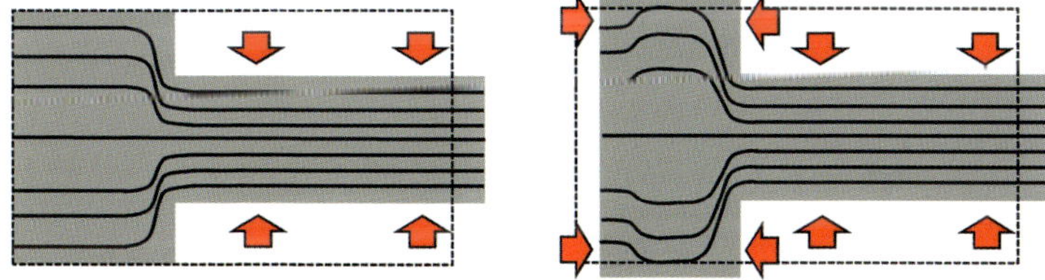

Abb. 2.5: Schematischer Faserverlauf in zwei unterschiedlich verformten Schmiedestücken: a) nach Verformung im Schaft, b) nach Verformung in Kopf und Schaft.

Ablauf:
Das sehr sorgfältig geschliffene und mehrfach polierte und zwischengeätzte Probestück wird in eine Lösung folgender Zusammensetzung eingetaucht:

100 ml dest. Wasser, 100 ml Ethanol (96%ig), 5 ml Salzsäure (32%ig), 10 g Eisen(III)-chlorid, 0,2 g Kupfer(II)-chlorid und 0,1 g Zinn(II)-chlorid.

7 Paul Oberhoffer (1882–1927), deutscher Forscher u.a. auf dem Gebiet der Fe-C-Legierungen und der Hochtemperaturmikroskopie, Inhaber des Lehrstuhls für Eisenhüttenkunde der RWTH Aachen.

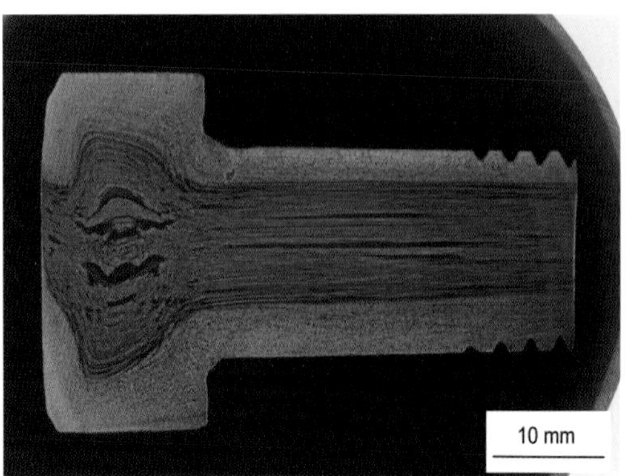

Abb. 2.6: Verlauf der Phosphorseigerungen in einer gestauchten Stahlschraube nach Oberhoffer-Ätzung.

Nach kurzer Zeit überzieht sich auch hier die Schliffoberfläche mit einer dünnen Kupferschicht. Nach einer Ätzzeit von ca. 30 Sekunden bis 3 Minuten, je nach Stahlart, wird die Probe aus der Lösung genommen, mit einer Lösung von Salzsäure in Ethanol (1:4) nachbehandelt, anschließend unter fließendem Wasser mit einem Wattebausch gereinigt und danach getrocknet. Nach dieser Behandlung lässt sich ein kontrastreiches Schliffbild feststellen, in dem die phosphorreichen Stellen glatt und glänzend erscheinen, die phosphorarmen Gefügebereiche dagegen matt und grau auftreten (Abb. 2.6).

Das durch das Oberhoffer-Ätzen erzeugte Schliffbild stellt somit ein Negativ des Schliffbildes dar, das durch das Heyn'sche Ätzverfahren entstanden ist.

2.1.2.4 Makroätzung mit alkoholischer Salpetersäure

Dieses Verfahren dient vornehmlich der Beurteilung von Schweißnähten und der Feststellung starker Gefügeinhomogenitäten in unlegierten und niedriglegierten Stählen sowie in Gusseisen. Das Ätzmittel besteht aus

90 ml bis 95 ml Ethanol (96%ig) und 5 ml bis 10 ml Salpetersäure (65%ig)

Hinweis:
Ätzen nur unter dem Abzug erlaubt!

Ablauf:
Die bis zur Körnung von ca. 600 geschliffene Probe wird 1 bis 15 Minuten lang der Wirkung dieses Ätzmittels ausgesetzt; kleine Probenstücke werden dabei in

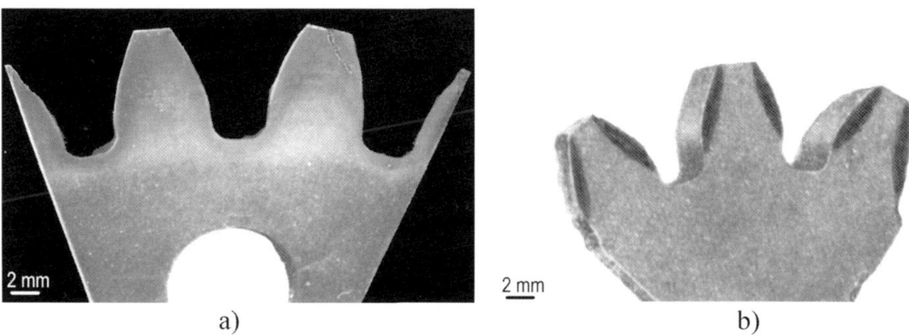

a) b)

Abb. 2.7: Unterschiedlich durch Induktionshärten behandelte Zahnkranzsegmente: a) nach dem gleichzeitigen Erhitzen aller Zähne und b) nach dem getrennten Erhitzen eines jeden einzelnen Zahns. HNO_3-Makroätzung.

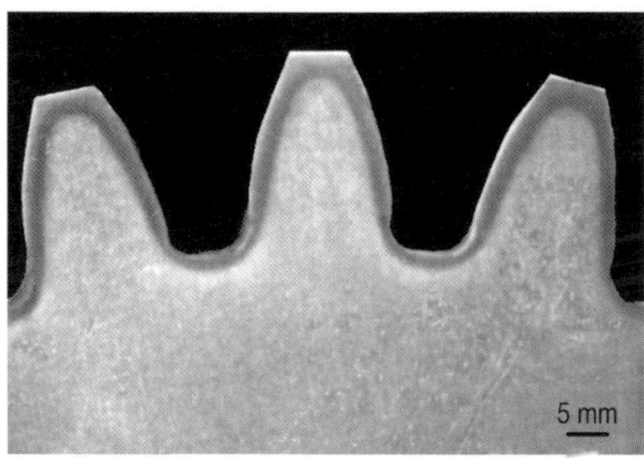

Abb. 2.8: Makroaufnahme eines einsatzgehärteten Zahnradsegmentes, HNO_3-Makroätzung.

die Lösung eingetaucht, bei großen Stücken wird das Ätzmittel mit einem Wattebausch gleichmäßig auf der Schliffoberfläche verteilt. Während des Ätzangriffes legt sich ein grauer Schleier auf die Schliffläche, der nach Ablauf der Ätzzeit unter fließendem Wasser mit einem Wattebausch weggerieben werden muss. Danach folgt das Abspülen der Schliffoberfläche mit Alkohol, anschließend wird der Schliff getrocknet.

Die erzielten Ätzbilder sind kontrastreich und informativ.

Abb. 2.7 lässt beispielsweise deutliche Kontrastunterschiede in den Zahnflanken unterschiedlich **induktionsgehärteter**[8] Zahnräder erkennen: Das Zahn-

8 Das Werkstück befindet sich in einem Induktor, d.h. in einer Spule mit wenigen Windungen, durch die hochfrequenter Strom fließt. Dieser Strom induziert in der Oberflächenschicht des Werkstückes einen ebenfalls hochfrequenten Strom, der diese Randschicht in wählbarer Tiefe auf die gewünschte Härtetemperatur erhitzt. Danach folgt ein schnelles Abkühlen der erhitzten Oberfläche.

radsegment in Abb. 2.7a wurde dabei in einem Vorgang behandelt, d.h. der Induktor ummantelte das Zahnrad von außen und alle Zähne wurden gleichzeitig erhitzt. Die Zähne des Segmentes in Abb. 2.7b wurden hingegen einzeln Zahn für Zahn erhitzt. Abb. 2.8 zeigt wiederum das Makroätzbild eines Zahnradsegmentes nach einem Einsatzhärten, d.h. nach dem Aufkohlen und nachfolgendem Härten der Zahnoberflächen.

2.1.2.5 Makroätzung nach Adler

Das Ätzen nach Adler ist sehr vielseitig. Es eignet sich zum Nachweis von Seigerungen, Primärgefügen und Gefügeinhomogenitäten in unlegierten, niedriglegierten und hochlegierten Stählen, Gusseisen, Kupfer und Kupferlegierungen sowie in Nickelwerkstoffen.
Das Ätzmittel besteht aus zwei getrennt angesetzten Lösungen folgender Zusammensetzungen:

Lösung 1 besteht aus

25 ml dest. Wasser und 3 g Kupferammonium(II)-chlorid.

Lösung 2 beinhaltet wiederum

50 ml Salzsäure (32%ig) und 15 g Eisen(II)-chlorid.

Beide Lösungen zusammen mischen.

Ablauf:
Nach einem Schleifen bis etwa zur Körnung 600 taucht man den gereinigten und trockenen Schliff in die Ätzlösung ein und lässt das Ätzmittel so lange einwir-

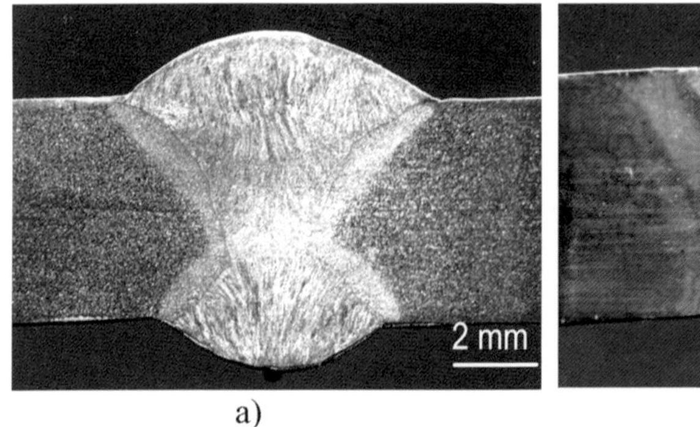

a)

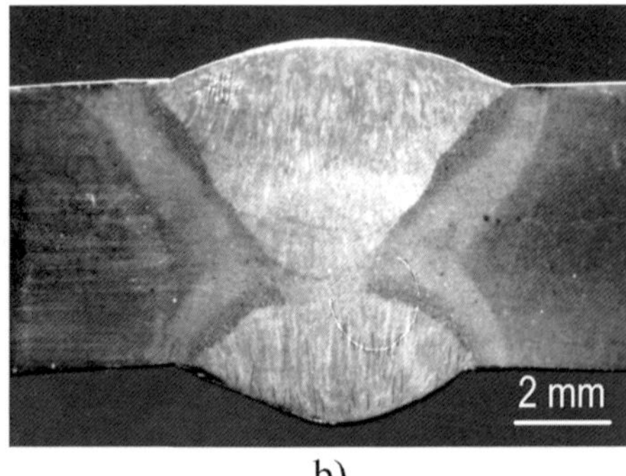

b)

Abb. 2.9: Makrogefüge einer Schweißverbindung aus Stahl: a) nach der Adlerätzung und b) nach starker HNO_3-Ätzung.

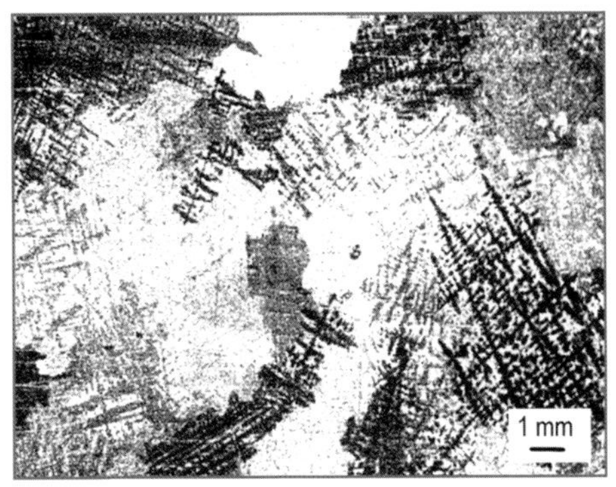

Abb. 2.10: Makrogefüge einer Zinnbronze im Gusszustand nach Adler-Ätzung.

ken, bis eine kontrastreiche Makrostruktur sichtbar ist. Anschließend wird die Probe unter fließendem Wasser gereinigt und danach getrocknet.

Auf Eisenwerkstoffe bezogen lässt sich feststellen, dass das Makrogefügebild nach einer Adler-Ätzung (Abb. 2.9a) kontrastreicher und informativer ist als das Gefügebild nach der Ätzung mit alkoholischer Salpetersäure (Abb. 2.9b). Abb. 2.10 zeigt wiederum das Makrogefüge einer ebenfalls nach Adler geätzten Bronzeprobe im Gusszustand mit deutlich erkennbaren Dendriten.

2.1.2.6 Makroätzung von Aluminium

Für die Entwicklung von Erstarrungsgefügen oder grobkörnigen Rekristallisationszonen in Aluminiumwerkstoffen ist das Ätzmittel folgender Zusammensetzung sehr gut geeignet:

90 ml dest. Wasser, 15 ml HCl (32%ig) und 10 ml ca. 40%ige HF.

Als Alternative bietet sich ein Ätzmittel ohne Flusssäure an:

100 ml dest. Wasser, 5 bis 20 g Natriumhydroxid (NaOH).

Ablauf:
Die Aluminiumproben werden bis zur Körnung ca. 600 geschliffen und danach geätzt. Nach dem Ätzen werden die Proben mit Wasser gespült, kurzfristig in eine Kalziumkarbonatlösung getaucht und wieder ausgiebig mit Wasser gespült und anschließend getrocknet.

Ergebnisse dieser Ätzung stellen beispielsweise Abb. 2.11a, Abb. 2.11b sowie Abb. 2.12 dar. Abb. 2.11a und b zeigen das Makrogefüge eines in einer zylindrischen Kokille erstarrten Aluminiumblocks. Im Querschliff lassen sich

Abb. 2.11: a) Längsschliff eines erstarrten Aluminiumblocks, b) Querschliff desselben Blocks mit radial gerichteten Stängelkristallen.

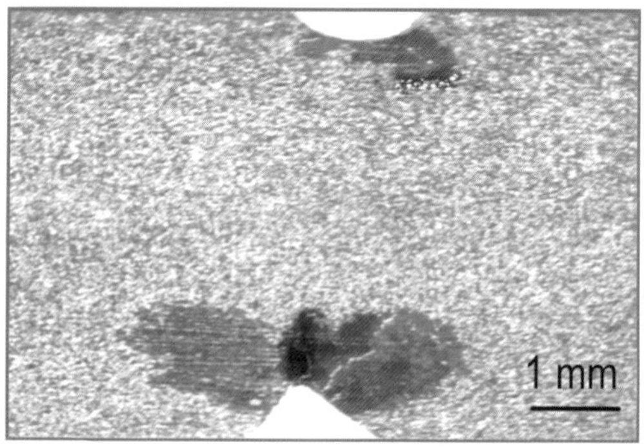

Abb. 2.12: Rekristallisationsgefüge im Kerbbereich einer gestreckten Aluminium-Flachprobe mit unterschiedlich ausgeprägten kritischen Verformungszonen im Kerbgrund beider Kerben.

dabei radial gerichtete Stängelkristalle deutlich erkennen, die in Richtung der maximalen Wärmeabfuhr, d. h. senkrecht zur Formwand ausgewachsen sind. Abb. 2.12 lässt wiederum das Rekristallisationsgefüge im Kerbgrund einer gestreckten Aluminium-Flachprobe erkennen. Man sieht hier, dass in der Umgebung der spitzen Einkerbung die kritisch verformte Zone wesentlich größer ist als die in der Nähe der ausgerundeten Kerbe. Dies bedeutet, dass auch die Spannungskonzentration während der Verformung mit gleicher Kraft im spitzen Kerbgrund größer war als die im abgerundeten Kerbgrund.

Hinweis:
Wegen der hochgradigen Aggressivität der Flusssäure und wegen der Entwicklung gefährlicher Stickoxide beim Ätzen, müssen sowohl bei der Zubereitung als auch beim Anwenden dieses Ätzmittels die erforderlichen Vorsichtsmaßnahmen streng eingehalten werden. Das Ätzen darf nur unter der Abzugshaube stattfinden und der Körper der arbeitenden Person muss durch PSA (Schutzkleidung, Schutzbrille und Handschuhe) geschützt sein. Spritzer von Flusssäure oder des Ätzmittels am Körper oder an Gegenständen müssen durch eine sofortige Behandlung mit gesättigter wässriger Kalziumkarbonat-Lösung neutralisiert und danach ausgiebig mit Wasser gespült werden. Arbeitsanweisungen und Sicherheitsvorschriften sind unbedingt zu beachten.

2.1.2.7 Makroätzung von Nickellegierungen

Das Primärgefüge bzw. das grobkörnige Erstarrungsgefüge von Nickellegierungen lässt sich gut mit der V2A-Beize darstellen.

Die Ätzlösung besteht aus:

> 100 ml Salzsäure (32%ig HCl), 100 ml dest. Wasser (H_2O), 10 ml Salpetersäure (65%ig, HNO_3), bis 0,3 ml Sparbeize (nach Dr. Vogel).

Die Temperatur, bei welcher diese Lösung anzuwenden ist, bewegt sich im Bereich von 50 bis 70 °C bei einer Ätzdauer von ca. 10–30 s. Je nach Legierung kann dies auch länger dauern. Die Sparbeize dient als Inhibitor. Sie kann auch bei hochlegierten Cr- und CrNi-Stählen zum Nachweis von Sigmaphase und Deltaferrit eingesetzt werden.

Abb. 2.13 zeigt das Erstarrungsgefüge in einem Block aus Nickel-Kobalt-Legierung (MAR-M-247): am Außenrand bildet sich eine dünne konzentrische, feinkristalline Zone aus. Dieser schließt sich ein großer Bereich mit grobkörnigen, zur Mitte ausgerichteten stängeligen Kristallen an. In der Mitte sammelt sich die Restschmelze an, die relativ langsam abkühlt. Sie zeigt eine globulitische Struktur, die weitgehend keine Orientierung aufweist.

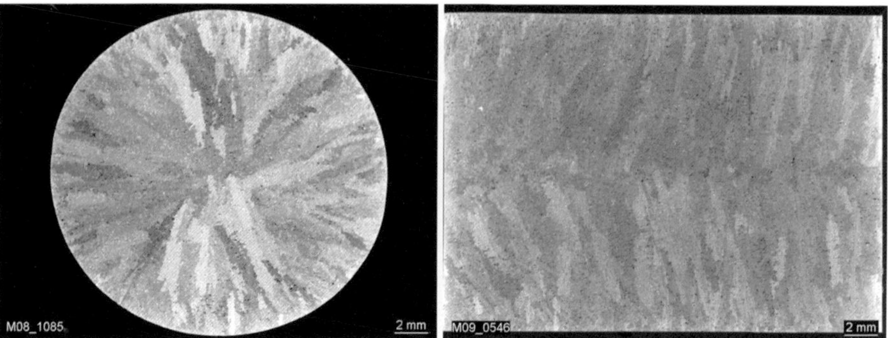

Abb. 2.13: Querschliff (links) und Längsschliff (rechts) durch einen erstarrten Block aus einer Nickel-Kobalt-Legierung (MAR-M-247).

2.1.3 Tiefätzverfahren

Beim tiefen Ätzen wird die bis zur Körnung 500 geschliffene Probenoberfläche mit einer sehr aggressiv wirkenden wässrigen Lösung von **Salzsäure**[9], Schwefelsäure oder einer Mischung beider Säuren bei 70 bis 80 °C behandelt. Dadurch entsteht in Längsschliffen plastisch verformter Werkstücke ein deutlich erkennbares und mit den Fingern abtastbares Ätzrelief in Form von Rillen. In Querschliffen werden hingegen punktförmige Vertiefungen gebildet. **Mittenseigerungen** (beim Erstarren der Schmelze werden bevorzugt Elemente wie Schwefel, Phosphor, Kohlenstoff, Mangan oder auch Einschlüsse (Oxide, Schlacke) vor der Erstarrungsfront her geschoben und reichern sich in der Mitte des Blocks/Bramme an) oder Schlacke-Einschlüsse werden durch den Ätzangriff aufgelöst und zu Hohlräumen umgestaltet.

Durch diesen aggressiven Angriff werden jedoch Gefügefeinheiten verwischt, nichtmetallische Einschlüsse aufgelöst und Risse übertrieben dargestellt. Zudem können spannungsbedingte Risse erzeugt werden. Aus den genannten Gründen wird oft das Flachätzen dem Tiefätzen vorgezogen.

Das tiefe Ätzen, z.B. mit warmer **50%iger (wässriger) Salzsäure**, wird dennoch häufig zur Entwicklung dendritischer Primärgefüge in unlegierten und niedriglegierten Stählen verwendet (Abb. 2.14).

Abb. 2.15 zeigt, dass für die Entwicklung dendritischer Gefüge in mikro- und niedriglegierten Stählen das Ätzen mit **2%iger Pikrinsäure** ebenfalls sehr gut geeignet ist.

9 Es darf keine alkoholische Lösung verwendet werden, da sonst giftige (nitrose) Gase entstehen.

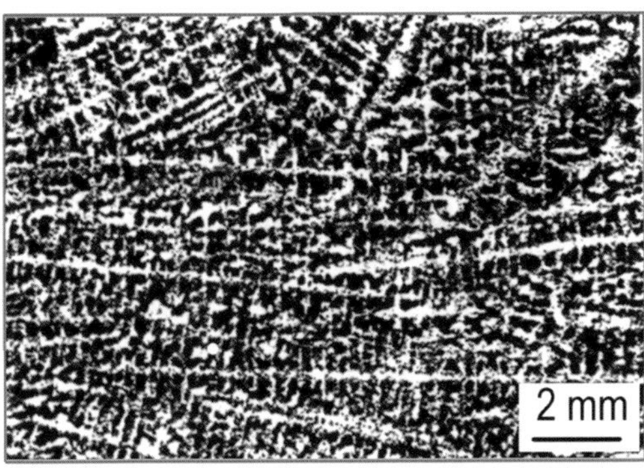

Abb. 2.14: Dendritisches Gefüge eines unlegierten Stahls mit 0,5% C mit 50%iger HCl geätzt.

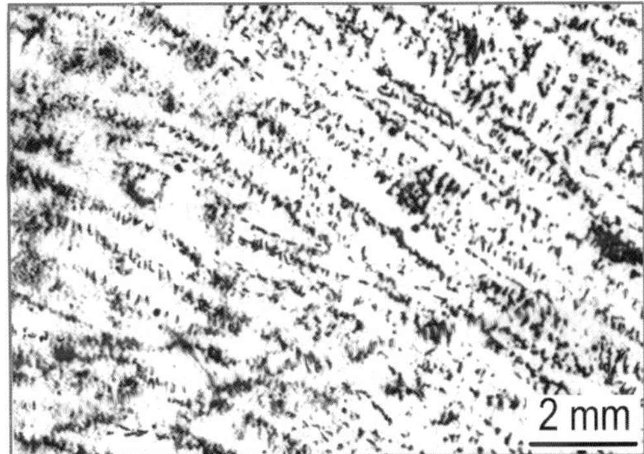

Abb. 2.15: Dendritisches Gefüge eines mikrolegierten Stahls mit 0,09% C mit 2%iger alkoholischer Pikrinsäure geätzt.

Hinweis:
Auch das tiefe Ätzen ist nur unter einem Abzug erlaubt!

2.1.4 Abdruckverfahren

Ein klassisches Abdruckverfahren ist der **Schwefelabdruck**, entwickelt 1906 vom deutschen Forscher **R. Baumann**. Das Baumannverfahren dient hauptsächlich einer schnellen Überprüfung der Verteilung und der Menge des Restschwefels, der in Eisenlegierungen in Form von **Mangansulfiden** (MnS-Teilchen) vorkommt.

Aus der Häufigkeit und der Anordnung der Sulfidteilchen im Abdruck lassen sich zudem Stahlqualität, Verformungsrichtung, Stahlberuhigung und somit die Schweißbarkeit nachweisen.

Abb. 2.16 stellt den Baumannabdruck eines schwefelreichen Baustahls dar. Die schwefelfreie Randzone lässt auf einen unberuhigt vergossenen Stahl schließen. Abb. 2.17 zeigt den Baumannabdruck einer Schweißverbindung.

Moderne Stähle mit einem Schwefelgehalt von weniger als 0,01% werden heutzutage nicht mehr nach Baumann untersucht.

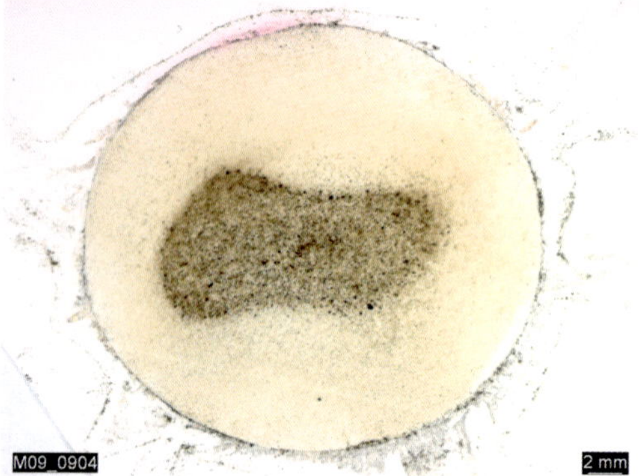

Abb. 2.16: Baumannabdruck des Querschliffes eines Baustahls. Dunkle Silbersulfide hoher Dichte im Abdruck geben das Einschlussbild der MnS-Teilchen im Stahl wieder. Die sulfidfreie Randzone der Probe deutet auf einen unberuhigten Stahl hin.

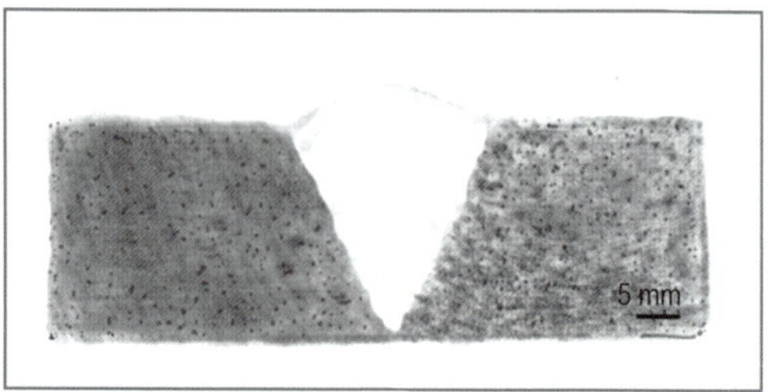

Abb. 2.17: Baumannabdruck einer Schweißverbindung: Erkennbar sind eine schwefelfreie Schmelzzone und ein schwefelreicher Grundwerkstoff, der sich anhand der Sulfidmenge in die frühere Qualitätsklasse der Grundstähle einordnen lässt. Die gleichmäßige Verteilung der Sulfidteilchen im Grundwerkstoff lässt zudem auf einen beruhigten Stahl schließen.

Ablauf:
Das zu prüfende Werkstück wird bis zur Körnung 320 bzw. maximal 500 geschliffen, mit Wasser und Alkohol gereinigt und getrocknet. Ein Silberbromid-Fotopapier wird in eine 5%ige wässrige Lösung von Schwefelsäure eingelegt. Nach ca. 3 Minuten wird das Fotopapier aus der Lösung genommen, der Säurerest am Gefäßrand abgestreift und das Fotopapier mit der Beschichtung nach oben auf eine ebene Glasscheibe oder Kunststoffplatte gelegt. Anschließend drückt man den Schliff mit der Hand – abhängig von der Stahlsorte – 30 bis 180 Sekunden lang gegen das Fotopapier, ohne ihn dabei zu bewegen. Nach der genannten Reaktionszeit wird der Schliff vom Fotopapier abgenommen. Die Säure reagiert mit den Sulfiden an der Schliffoberfläche und färbt das Fotopapier über die Bildung von Silbersulfid braun ein. Auf dem Fotopapier ist nun ein Abdruck der Schliffläche, der so genannte Baumannabdruck, erkennbar. Zwischen Fotopapier und Schliff finden folgende chemische Reaktionen statt:

1. $MnS + H_2SO_4 \rightarrow MnSO_4 + H_2S$
2. $H_2S + 2\ AgBr \rightarrow Ag_2S + 2\ HBr$

Der Baumannabdruck wird nach Trennung vom Schliff ausgiebig mit Wasser gespült und bei Bedarf in ein Fixierbad gelegt, danach noch einmal gespült und getrocknet. Auf dem Fotopapier wird somit die Verteilung des Schwefels im Schliff erkennbar und kann damit dokumentiert werden.

Die beschriebene Prozedur findet bei Tageslicht oder im beleuchteten Raum statt; eine Dunkelkammer ist somit entbehrlich.

2.1.5 Praktische Übungen

Um das in diesem Kapitel zusammengefasste Grundwissen zu festigen und die Anwendung der beschriebenen makroskopischen Ätzverfahren zu erproben, werden den angehenden Werkstoff-Fachleuten folgende Übungen empfohlen:

1. Auswirkung des Präparationsaufwandes auf die Erkennbarkeit von Gefügestrukturen bei einer Schweißverbindung: Präparation einer Kehlnaht aus niedriglegiertem Stahl mit den Stufen: grobes Schleifen, + Feinschleifen, + Polieren. Beschreibung der erkennbaren Strukturen.
2. Nachweis unterschiedlicher Gefügezonen: Fläche senkrecht zur Oberfläche anschleifen und ätzen. Ergebnisse bzw. Anforderungen aus Übung 1 berücksichtigen. Vergleich mit gemessenem Härteverlauf anstellen. Warum werden die Bereiche unterschiedlich angeätzt?
3. Beurteilung eines makroskopischen Rissverlaufes: Fläche quer zur Rissausbreitung an der Oberfläche (im Normalfall in der Mitte des makroskopisch

sichtbaren Risses) anschleifen und ätzen. Rissverlauf interpretieren bzw. den sichtbaren Gefügestrukturen zuordnen.
4. Messingproben im Gusszustand und im rekristallisierten Zustand nach dem Adler-Ätzen untersuchen, die Ätzgefüge betrachten und fotografisch oder als Handskizzen dokumentieren.
5. Das Erstarrungs-, Verformungs- und Rekristallisationsgefüge von Aluminiumproben unter Einhaltung erforderlicher Vorsichtsmaßnahmen entwickeln und beurteilen.

2.2 Weitere Ätzverfahren

Für makroskopische Untersuchungen können weitere, an dieser Stelle nicht aufgeführte Ätzverfahren eingesetzt werden. Eine gute Zusammenstellung von Ätzmitteln und ihre werkstoffbezogene Anwendung findet sich in: G. Petzow (2015): Metallographisches, Keramographisches, Plastographisches Ätzen. Gebrüder Borntraeger, Stuttgart [2] bzw. in M. Beckert und H: Klemm (1984): Handbuch der metallographischen Ätzverfahren. VEB Verlag für Grundstoffindustrie, Leipzig [5].

2.3 Praktische Tipps für makroskopische Untersuchungen

Ist eine Bewertung der Gefügephasen im Anschluss an die makroskopische Untersuchung geplant, sollte darauf geachtet werden, dass kein aggressives Makroätzmittel (z.B. Salpetersäure oder Salzsäure) verwendet wird, da wegen des starken Angriffs sonst die gesamte Schliffffläche erneut abgeschliffen werden muss. Vorzugsweise sollte ein Mikroätzverfahren für die Makroaufbereitung eingesetzt werden, sodass anschließend weniger Schleif- bzw. Polierstufen eingesetzt werden müssen.

Zur Festlegung der Schlifflage bzw. der erforderlichen Trennschnitte bei einer Probe mit einer Schweißverbindung, kann die Oberfläche mit einem Flachschleifer angeschliffen werden und mit einer Makroätzung der Verlauf der Schweißnaht sichtbar gemacht werden (vgl. Abb. 2.18). Dabei sollten dem vorliegenden Werkstoff angepasste Ätzmittel zur Anwendung kommen.

Bei filigranen Strukturen (dünne Querschnitte bzw. Stege) bzw. Proben mit Rissen kann eine aggressive Makroätzung irreversible Schäden durch Wegätzen bzw. Aufweiten vorhandener Risse, Spalten verursachen.

Bei der Verwendung von erwärmten Ätzmitteln (diese sind beim Erwärmen abzudecken) können sich auf dem Schliff Flecken bilden. Wenn die Schliffprobe (z.B. in heißem Wasser) vor dem Ätzen vorgewärmt wird, hat die Probenoberfläche annähernd die gleiche Temperatur wie das erwärmte Ätzmittel, sodass ein gleichmäßigerer Ätzangriff erfolgt.

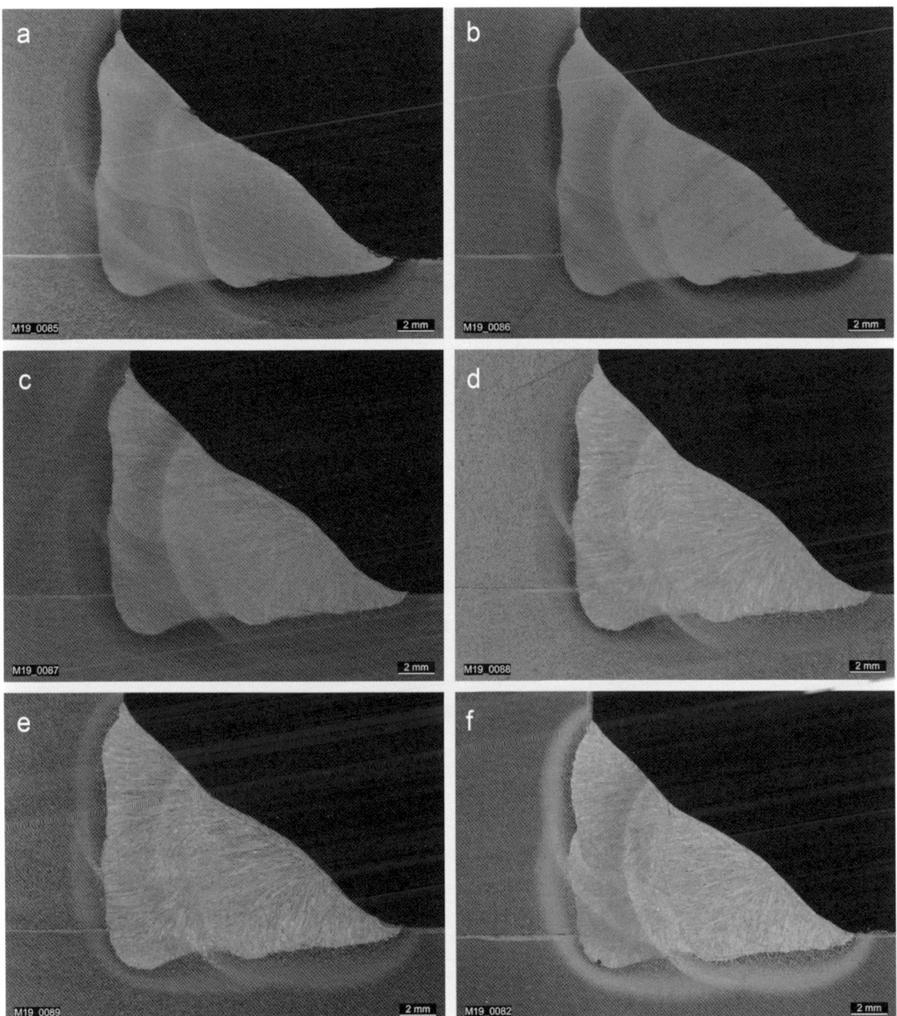

Abb. 2.18: Makrobild einer Kehlnaht (niedriglegierter Stahl) nach a) Körnung 320, b) Körnung 500, c) Körnung 1000, d) Körnung 1000 / 15 µm, e) Körnung 1000 / 15 / 6 µm; f) Körnung 1000 / 15 / 6 / 1 µm alle geätzt mit 3% alkoholischer HNO_3.

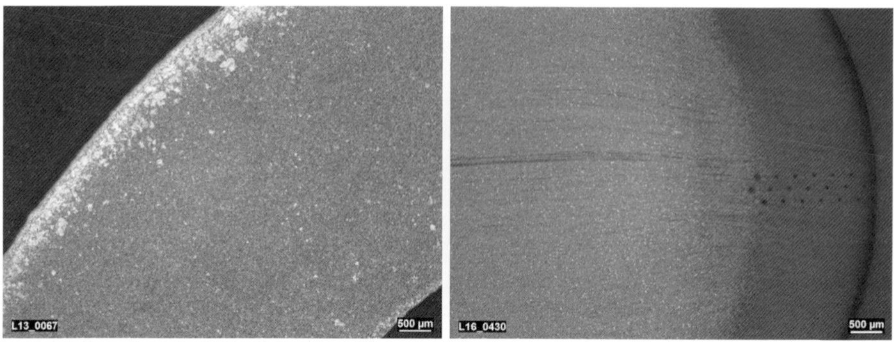

Abb. 2.19: Links: Randentkohlte ferritische Oberflächenzone eines warmgezogenen bainitischen Rohres aus T24 (7CrMoVTiB10-10); rechts: Aufgehärtete martensitische Randzone eines induktiv gehärteten Stabes aus 42CrMo4; geätzt mit HNO_3.

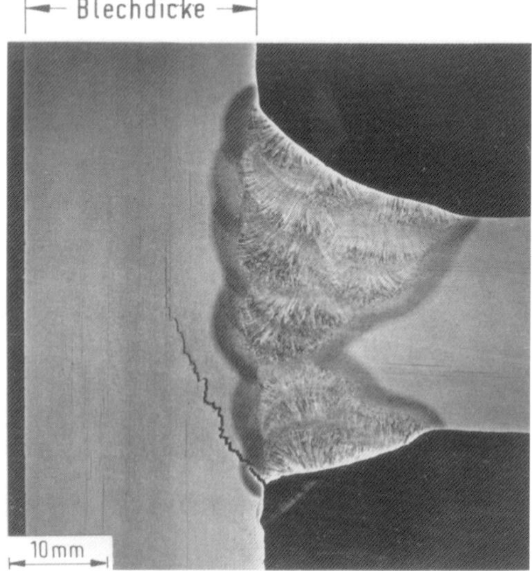

Abb. 2.20: Makroskopischer Kaltriss am Auslauf einer Schweißung (Ausgang Decklage in der dunkel angeätzten Wärmeeinflusszone) mit treppenförmigen Verlauf den Seigerungen des Bleches folgend.

2.4 Fehler und Probleme bei makroskopischen Untersuchungen

Tabelle 2.2: Probleme bei makroskopischen Untersuchungen, deren Auswirkungen sowie die Ursachen und Behebung.

Problem	Auswirkung	Ursache und Behebung
Keine Strukturen erkennbar; Struktur verschwommen	Beurteilung nicht möglich – Falschinterpretation des tatsächlichen Zustandes	1. Nicht ausreichend vorgeschliffen und/oder zu schwach geätzt 2. Werkstoff nicht geeignet für das gewählte Ätzmittel
Keine Verfomungstexturen/ Faserverlauf nach Makroätzung erkennbar	Falschinterpretation der Herstellungsbedingungen	Zur Darstellung des Faserverlaufs bzw. der Verformungslinien wird mit Heyn, Fry oder Oberhoffer geätzt. Die Schliffebene muss längs zur Verformungsrichtung orientiert sein. Diese Ätzmittel reagieren auf die Anreicherung von Schwefel bzw. Phosphor in diesen Zonen. Bei Stählen mit geringem Gehalt an P und S kann das Verfahren nicht angewendet werden.

3 Gefüge unlegierter Eisen-Kohlenstoff-Werkstoffe

Der Kohlenstoff, das wichtigste Element technischer Eisenlegierungen, kann je nach Menge und je nach Erstarrungs- und Abkühlungsgeschwindigkeit der Legierung gebunden als Eisenkarbid Fe_3C, Zementit genannt, frei als Graphit oder atomar, d.h. gelöst im Eisengitter auftreten.

3.1 Der Kohlenstoff als Zementit; Gefüge des metastabilen Fe-C-Systems

Zementit ist ein Eisenkarbid, das mit der Formel Fe_3C umschrieben werden kann und 6,67% C enthält. Diese Verbindung, die zu den intermetallischen Phasen[10] zählt, besitzt ein kompliziertes rhombisches Gitter, ist sehr hart, spröde und bis zu 210 °C ferromagnetisch.

Der Zementit tritt im Gefüge unlegierter und niedriglegierter Fe-C-Werkstoffe bei mäßiger Erstarrungs- und Abkühlungsgeschwindigkeit auf und zwar stets in Begleitung einer zweiten Phase, dem **Ferrit**. Mäßige Erstarrungsgeschwindigkeiten werden z.B. beim Kokillenguss oder beim Strangguss erreicht, mäßige Abkühlungsgeschwindigkeiten im festen Zustand werden z.B. während einer Luft- oder Ofenabkühlung erhalten. Da das unter den obigen Erstarrungs- und Abkühlungsbedingungen herrschende Phasengleichgewicht nicht stabil ist, spricht man in diesem Fall vom Gefüge des **metastabilen Eisen-Kohlenstoff-Systems**.

Die Art und die Menge der Phasen, die im Gefüge technischer Fe-C-Legierungen unter den oben genannten Erstarrungs- und Abkühlungsgeschwindigkeiten auftreten, sind vom Kohlenstoffgehalt und von der Betrachtungstemperatur abhängig und können dem metastabilen Fe-C-Zustandsdiagramm (Abb. 3.1) entnommen werden.

Die **morphologischen Eigenschaften**, d.h. die geometrische Gestalt und die Maße (Größe) der Gefügebestandteile, können verständlicherweise nicht dem Diagramm entnommen werden; sie lassen sich ausschließlich durch mikroskopische Betrachtungen feststellen.

10 Intermetallische Phasen stellen wörtlich genommen Verbindungen zwischen Metallen dar. Im allgemeinen Sprachgebrauch werden jedoch auch Metall-Nichtmetall-Verbindungen als intermetallisch bezeichnet. Korrekterweise stellt Zementit Fe_3C eine intermediäre Verbindung dar.

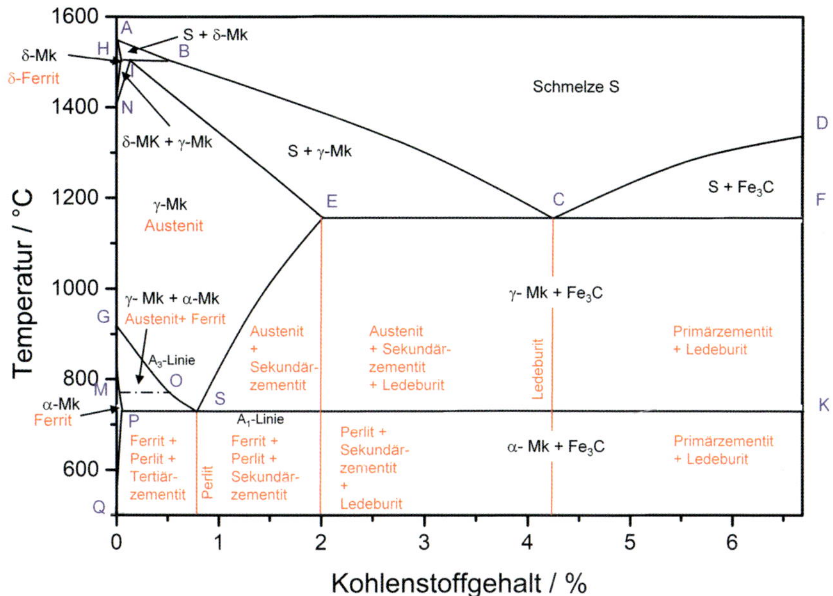

Abb. 3.1: Das Fe-Fe_3C-Zustandsdiagramm: metastabiles System – Phasenbezeichnungen schwarz, Gefügebezeichnungen im festen Zustand rote Buchstaben.

Die Analyse des Fe-C-Zustandsdiagramms des metastabilen Systems lässt erkennen, dass bei Temperaturen unterhalb von 723 °C, also auch bei der für die Werkstofffachkraft wichtigen Raumtemperatur, das Gefüge aller Fe-C-Legierungen mit einem Kohlenstoffgehalt bis zu 6,67% aus den beiden Randphasen Ferrit und Zementit besteht.

Der **Ferrit** kann als eine feste Lösung des Kohlenstoffes im kubisch raumzentrierten α-Eisengitter beschrieben werden. Die maximale Löslichkeit von Kohlenstoff in diesem Gitter wird bei 723 °C erreicht. Sie ist jedoch sehr gering und beträgt maximal 0,02%. Bei Raumtemperatur beträgt diese Löslichkeit praktisch null. Ferrit ist weich, duktil und hat eine geringe Festigkeit. Seine Curie-Temperatur (vereinfachte Erklärung: oberhalb der Curie-Temperatur gehen die magnetischen Eigenschaften verloren) beträgt 768 °C.

Ferrit entsteht aus dem Austenit an der GP-Diagrammlinie (Abb. 3.1). Der Ferrit erscheint im Schliffbild bei einer Hellfeldbetrachtung als helle Körner in Polyederform[11].

11 Auf das Gefüge bezogen, versteht man unter Polyedern Körner, deren Formen unregelmäßige Vielecke aufweisen.

Tabelle 3.1: Wichtige Punkte und Linien im metastabilen Fe-C-Diagramm.

Punkt	Temperatur (°C)	Kohlenstoff-konzentration (Gewichts - %)	Bedeutung / Vorgang
A	1536	0,000	Erstarrungspunkt → δ-Ferrit
E	1147	2,030	Beginn Soliduslinie (Eutektikale) Größte Löslichkeit von C in γ-Eisen, noch keine Ausscheidung von Primärzementit
C	1147	4,300	Eutektischer Punkt: Erstarrung der Schmelze zu Ledeburit (feines Gemenge von γ-Mischkristall* (Austenit) – Punkt E (bei weiterer Abkühlung Umwandlung in Perlit) und Fe_3C (Zementit) – Punkt F
F	1147	0,870	Fe_3C
G	911	0,000	Beginn der Umwandlung γ-Eisen in α-Eisen
P	723	0,025	Größte Löslichkeit von C in α-Eisen, noch keine Ausscheidung von Primärzementit
S	723	0,800	Eutektoider Punkt: Umwandlung von γ-Mischkristall (Austenit) zu Perlit (α-Mischkristall (Ferrit) und Fe_3C (Zementit))
ABCD			Liquiduslinie
EF			Soliduslinie und Eutektikale
GSE			Segregats(Löslichkeits)linie für C, Umwandlungslinie: GS – A_3-Linie; SE – A_{cm}-Linie
PSK			Eutektoide Linie, auch A_1-Linie
MO			Verlust Ferromagnetismus bei Erwärmung über MO; A_2-Linie

* Mischkristall: Im Eisengitter befinden sich Kohlenstoffatome entweder auf Gitter- oder Zwischengitterplätzen. Die Zahl der C-Atome, die im Eisengitter „eingebaut“ werden können, hängt von der Temperatur ab (Löslichkeit). Durch die abweichende Größe des Fremdatoms im Wirtsgitter verspannt sich das Gitter und bewirkt eine Erhöhung der Festigkeit (Mischkristallverfestigung).

Ein rein ferritisches Gefüge (Abb. 3.2a) kann naturgemäß nur in Legierungen mit weniger als 0,02% C zu Stande kommen, die zudem zügig von 723 °C auf Raumtemperatur abgekühlt wurden.

Erfolgt hingegen die Abkühlung einer derartigen kohlenstoffarmen Legierung langsam, z.B. in ruhiger Luft oder im Ofen, erscheinen im ferritischen Gefüge die ersten Zementitteilchen. Dieser **Zementit**, der bevorzugt an den Korngrenzen des Ferrits entsteht (Abb. 3.2b), wird als **Tertiärzementit** bezeichnet und ist die Folge der mit sinkender Temperatur abnehmenden Löslichkeit des Kohlenstoffes im α-Eisengitter.

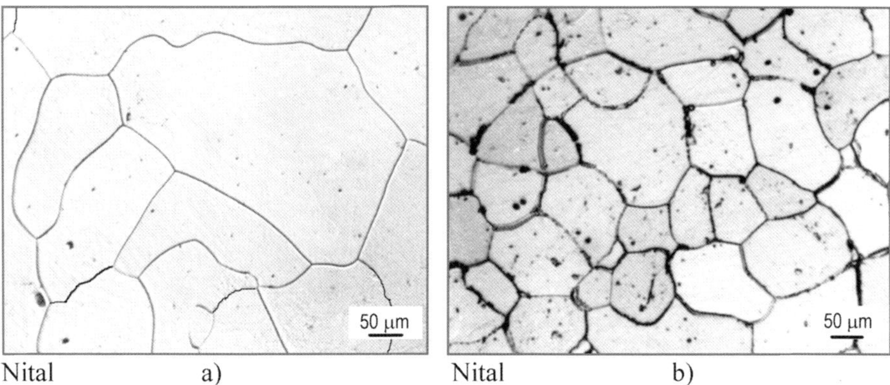

Abb. 3.2: a) Reiner Ferrit; b) Ferrit mit Tertiärzementit an den Korngrenzen einer Fe-C-Legierung mit etwa 0,02% C.

Mit zunehmendem C-Gehalt wächst der Zementitanteil im Gefüge technischer Fe-C-Legierungen, bis schließlich bei einem Kohlenstoffgehalt von 6,67% ein reines Zementitgefüge zu erwarten wäre. Ein reines Zementitgefüge in technischen Fe-C-Legierungen ist jedoch wegen der Graphitisierung eines Teils des Zementits während seiner Erstarrung und Abkühlung nicht erreichbar. Diese Graphitisierung tritt bevorzugt auf, wenn sehr langsam abgekühlt wird oder die Schmelze mit graphitisierenden Elementen wie Cer oder Mangan geimpft wird.

Die Zementitbildung sowie seine Erscheinungsformen in Legierungen mit höherem C-Gehalt werden ausführlich in den folgenden Abschnitten behandelt.

Die Anwendung des Eisen-Kohlenstoffs-Diagramms ist auf unlegierte bzw. niedriglegierte Stähle mit einem Kohlenstoffgehalt bis 2% sowie auf unlegierte Gusseisenwerkstoffe mit einem C-Gehalt > 2% beschränkt.

3.1.1 Gefüge des metastabilen Systems im Stahlbereich

Der Stahlbereich existiert bei einem Kohlenstoffgehalt von ca. 0,03% bis knapp über 2%. Man unterscheidet dabei zwischen untereutektoiden Stählen mit einem C-Gehalt bis zu 0,8%, eutektoiden Stählen mit rund 0,8% C und übereutektoiden Stählen mit mehr als 0,8% C.

Das Gefüge aller unlegierten Stähle, das bei Raumtemperatur mikroskopisch beobachtet werden kann, entsteht aus der Ausgangsphase **Austenit**[12], der eine feste Lösung des Kohlenstoffes im kubisch flächenzentrierten γ-Eisengitter dar-

12 Benannt nach dem englischen Metallurgen Prof. W. C. Roberts-Austen (1850–1914).

Abb. 3.3: Austenitgefüge eines hochlegierten Chrom-Nickel-Stahls mit charakteristischen geradlinigen Korngrenzen und Zwillingskristallen, geätzt mit V2A-Beize.

stellt. Da in der Fachliteratur feste Lösungen als **Mischkristalle** bezeichnet werden, ist es üblich, für die Austenitkörner den Begriff γ-Eisen-Mischkristalle und das Kürzel γ-Fe-Mk zu benutzen.

Unter metastabilen Bedingungen ist der Austenit ausschließlich bei höheren Temperaturen, nämlich oberhalb von 723 °C existenzfähig – siehe Zustandsdiagramm Abb. 3.1. Mikroskopisch kann daher der Austenit nur mit Hilfe einer speziellen Heizvorrichtung beobachtet werden, die, auf dem Mikroskoptisch montiert, es möglich macht, eine Probe unter Vakuum auf die gewünschte Austenitisierungstemperatur zu erhitzen (Heiztischmikroskop). Beim Abkühlen zerfällt der Austenit, wobei sowohl der Zerfallsvorgang als auch die Zerfallsprodukte vom Kohlenstoffgehalt abhängen. In hochlegierten austenitischen Stählen kann das Austenitgefüge auch bei Raumtemperatur unter dem Mikroskop beobachtet werden (Abb. 3.3).

3.1.1.1 Gefüge untereutektoider Stähle

Im untereutektoiden Bereich beginnt der Zerfall des Austenits mit der Bildung kleiner Ferritkörner an den austenitischen Korngrenzen. Die Temperatur, bei der der Zerfall des Austenits in Ferrit beginnt, bezeichnet man als A_3-Temperatur. Sie ist vom Kohlenstoffgehalt abhängig und durch den Schnittpunkt von Konzentrationslinie und GS-Diagrammlinie (Abb. 3.1) festgesetzt. Durch fortdauernde Abkühlung zwischen GS-Linie und 723 °C entstehen aus dem Austenit neue Ferritkörner bzw. die vorhandenen vergrößern sich. Während einer Hellfeldbetrachtung erscheinen die Ferritkörner eines mit Nital geätzten Schliffes fast weiß (Abb. 3.4).

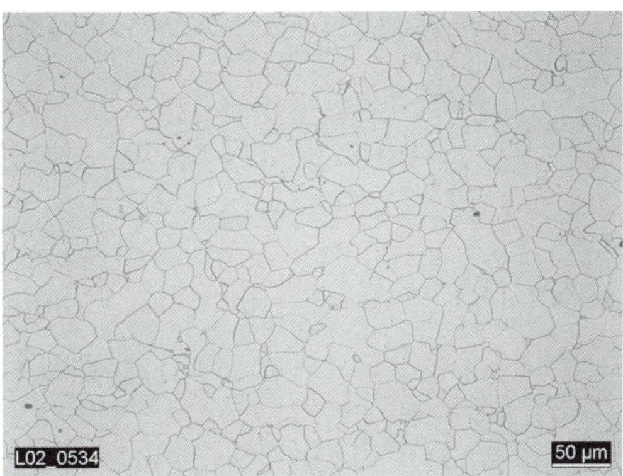

Abb. 3.4: Gefüge eines kohlenstoffarmen Stahls mit dominierender heller ferritischer Matrix.

Weil der aus dem Austenit entstehende Ferrit sehr kohlenstoffarm ist, wird der noch nicht zerfallene Austenit, der den Kohlenstoff des bereits umgewandelten Austenits aufgenommen hat, stetig an Kohlenstoff reicher und erreicht schließlich bei 723 °C einen C-Gehalt von 0,8%. Der auf 0,8% C angereicherte restliche Austenit zerfällt bei 723 °C im Zuge einer eutektoiden Umwandlung gleichzeitig in dünne, längliche Ferrit- und Zementitplatten (Lamellen).

Dieses **eutektoide Gemenge** feiner Ferrit- und Zementitlamellen wird wegen seines perlmuttartigen Schimmerns während der mikroskopischen Betrachtung als **Perlit** bezeichnet.

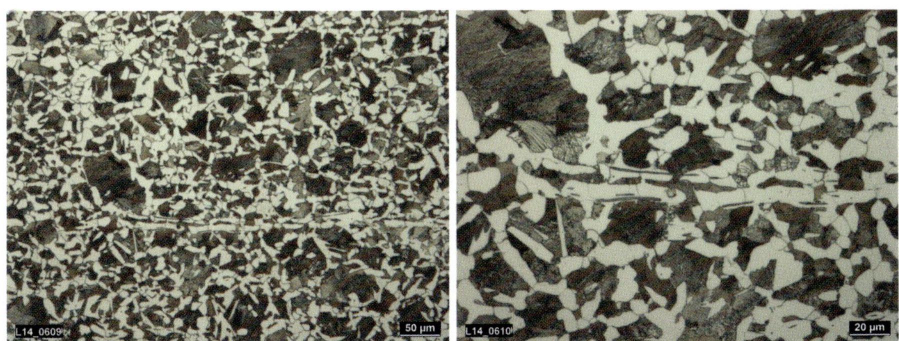

Abb. 3.5: Gefüge einer untereutektoiden Fe-C-Legierung mit ca. 0,45% C: a) heller Ferrit und dunkler Perlit, bei hoher Vergrößerung (b) als Lamellengebilde erkennbar.

Bei nicht ausreichender Vergrößerung stellen die Perlitkörner bei einer Hellfeldbetrachtung dunkle, scheinbar homogene Gefügebestandteile dar (Abb. 3.5a). Der lamellare Aufbau des Perlits kommt hingegen erst bei höheren Vergrößerungen deutlich zum Vorschein (Abb. 3.5b sowie Abb. 3.12a und Abb. 3.12b).

Noch deutlicher lassen sich die Lamellenform, aber auch die Lamellenlänge, -breite und -dicke unter dem Elektronenmikroskop erkennen (Abb. 3.13a und b sowie Abb. 3.14a, Abschnitt 3.1.1.2).

Dicht unterhalb von 723 °C ist der Zerfall des Austenits abgeschlossen und das Umwandlungsgefüge untereutektoider Stähle besteht aus Körnern des voreutektoiden Ferrits sowie aus Perlitkörnern, und dieses Gefüge bleibt scheinbar unverändert bis zur Raumtemperatur erhalten. Eine genauere Betrachtung des Gefüges bei Raumtemperatur lässt jedoch bei Stählen mit niedrigem C-Gehalt geringe Mengen von Tertiärzementit erkennen, der zwischen 723 °C und Raumtemperatur aus dem Ferrit ausgeschieden wird und sich an den Korngrenzen des Ferrits abgelagert hat.

Die prozentualen Anteile von Ferrit und Perlit im Schliffbild hängen vom C-Gehalt der Probe ab und können neben einer direkten quantitativen Auswertung des Gefügebildes auch nach dem **Gesetz der abgewandten Hebelarme** aus dem Kohlenstoffgehalt errechnet werden[13].

Beispiel:
Für eine exemplarische Fe-C-Legierung mit 0,6% C lassen sich die prozentualen Anteile von Ferrit (F) und Perlit (P) im Schliffbild nach dem Gesetz der abgewandten Hebelarme aus den Gleichungen /1/ und /2/ auf folgende Weise errechnen:

$F = (0{,}8 - C):0{,}8 \cdot 100$ /1/
$F = (0{,}8 - 0{,}6):0{,}8 \cdot 100 = 25\%$
$P = C:0{,}8 \cdot 100$ /2/
$P = 0{,}6:0{,}8 \cdot 100 = 75\%$

Weil die Summe der Anteile von Ferrit und Perlit im Gefüge 100% beträgt, kann nach der Berechnung des Ferritgehalts nach /1/ der prozentuale Anteil des Perlits auch aus der Formel /3/ ermittelt werden:

$P = 100\% - F$ /3/
$P = 100\% - 25\% = 75\%$

13 Gilt nur im Gleichgewichtszustand bei langsamer Abkühlung.

Umgekehrt ist es ebenso möglich, mit Hilfe dieses Hebelgesetzes den Kohlenstoffgehalt eines Stahls anhand der mikroskopisch ermittelten Anteile von Ferrit und Perlit mit recht hoher Genauigkeit zu bestimmen.

Beispiel:
Während einer mikroskopischen Schliffbetrachtung wurden durch Abschätzen bzw. durch **Planimetrieren**[14] bzw. durch eine digitale Bildverarbeitung flächenmäßig 30% Ferrit (F) und 70% Perlit (P) festgestellt. Diesen Anteilen von Ferrit und Perlit entspricht nach Gleichung /1/ ein Kohlenstoffgehalt C von:

$$C = 0{,}8 - F \cdot 0{,}8 : 100 = 0{,}8 - 30\% \cdot 0{,}8 : 100 = 0{,}56\%$$

Auch die Gleichung /2/ führt zum selben Ergebnis:

$$C = P \cdot 0{,}8 : 100 = 70\% \cdot 0{,}8 : 100 = 0{,}56\%$$

Eine nähere Betrachtung der Ergebnisse beider Beispiele lässt erkennen, dass eine Veränderung des Kohlenstoffgehalts des Stahls um 0,01% eine Veränderung der flächenmäßigen Anteile von Ferrit und Perlit um 1,25% bewirkt. Im gröberen und für die Praxis geeigneteren Maßstab bedeutet dies, dass 0,1% C die Anteile von Ferrit und Perlit im Schliffbild um 12,5% verändert.

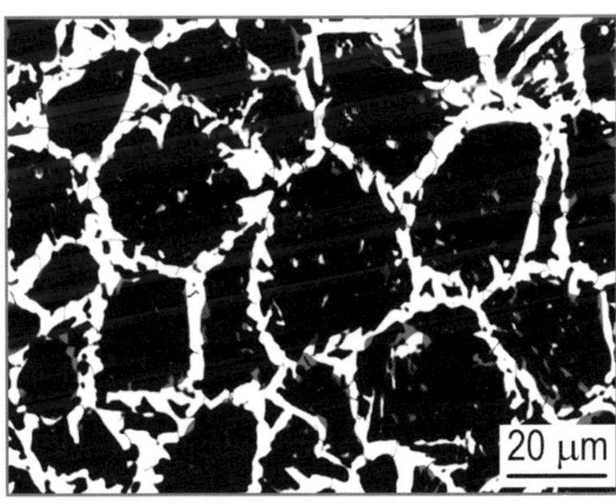

Nital

Abb. 3.6: Gefüge einer untereutektoiden Fe-C-Legierung mit ca. 0,65% C nach Luftabkühlung: Kleine helle Ferritkörner säumen die ehemaligen Austenitkörner.

14 Beim Planimetrieren werden Flächen beliebig umrissener Figuren durch Umkreisen mit dem so genannten Fahrstift eines Planimeters (einem Gerät, das die Fläche integriert) oder mit Hilfe einer Software bei einem digitalen Bild auf eine einfache Weise und mit hoher Genauigkeit ermittelt.

Dieser Gegebenheit zufolge kann ein erfahrener Betrachter den Kohlenstoffgehalt eines untereutektoiden Stahls nach langsamer Abkühlung anhand der geschätzten Anteile von Ferrit und Perlit mühelos auf 0,1% genau bestimmen.

Mit zunehmendem C-Gehalt nimmt der Anteil des Zementits zu und dementsprechend auch der Anteil des Perlits im Gefüge untereutektoider Fe-C-Legierungen, wodurch die Menge des Ferrits immer kleiner wird. Ab etwa 0,65% C sind im Schliffbild lediglich noch schmale Säume kleiner Ferritkörner um die Perlitkörner zu beobachten (Abb. 3.6). Diese Säume sind an den Korngrenzen der ehemaligen Austenitkörner entstanden und machen es daher möglich, die Größe der Austenitkörner vor ihrem Zerfall festzustellen. Abb. 3.4, Abb. 3.5 und Abb. 3.6 zeigen das Gefüge untereutektoider Fe-C-Legierungen in klassischer, d.h. polyedrischer Gestalt der Ferrit- und Perlitkörner. Diese Kornform entsteht immer dann, wenn der Austenit vor seinem Zerfall nicht allzu stark über die GS-Diagrammlinie (Abb. 3.1) überhitzt und zwischen GS-Linie und 723 °C langsam, d.h. in ruhiger Luft oder im Ofen, abgekühlt wurde. Eine stärkere Überhitzung des Austenits vor seiner Abkühlung bzw. eine veränderte Abkühlungsgeschwindigkeit führt zu anderen Umwandlungsgefügen.

3.1.1.1.1 Grobkorngefüge und nadeliges Umwandlungsgefüge

Eine starke Überhitzung des Austenits vor seinem Zerfall (z.B. von mehr als ca. 100 °C oberhalb der Linie GS) oder eine lange Haltezeit oberhalb der GS-Linie bewirken ein starkes Wachstum der Austenitkörner, die nach ihrer Umwandlung einen entsprechend grobkörnigen Ferrit und Perlit ergeben (Abb. 3.7). Der Zerfall eines grobkörnigen Austenits, vor allem bei einer schnelleren Luftabkühlung, führt oft zur Entstehung eines nadeligen ferritisch-perlitischen Umwandlungsgefüges (Abb. 3.8).

Solch ein nadeliges Gefüge, in der Fachliteratur nach seinem Entdecker Widmannstätten[15] auch als **Widmannstätten'sches Gefüge** bezeichnet, tritt z.B. im Stahlguss oder in der Wärmeeinflusszone von Schweißnähten auf und ist stets ein Beweis für eine starke Überhitzung des Austenits vor seiner Abkühlung.

Aus praktischer Sicht ist es wichtig zu vermerken, dass Fe-C-Legierungen in diesem Gefügezustand sehr spröde sind, selbst dann, wenn der C-Gehalt gering ist. Grobkörniges bzw. nadeliges ferritisch-perlitisches Gefüge verleiht dem Stahl jedoch eine gute Zerspanbarkeit, und deshalb werden untereutektoide Stähle oft vor der Zerspanung einer **Grobkornglühung** unterzogen. Diese Behandlung beruht auf dem Erwärmen eines untereutektoiden Stahls auf ca. 150 °C über die GS-Diagrammlinie (Abb. 3.1), längerem Halten bei dieser Temperatur und nachfolgender langsamer Luft- oder Ofenabkühlung.

15 Aloys Beck von Widmannstätten (1753–1849), österreichischer Mineraloge und Meteoritenforscher.

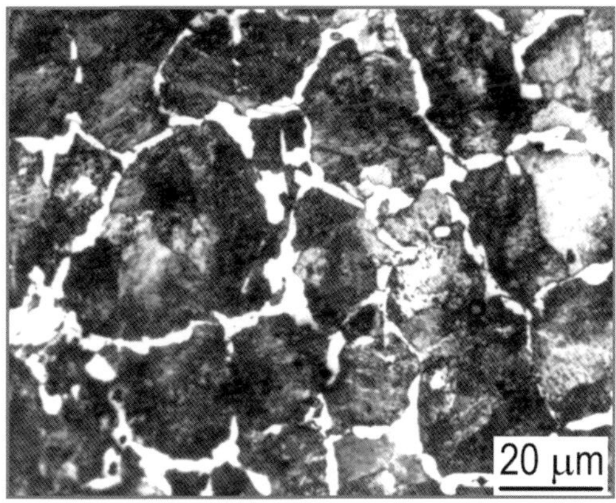

Abb. 3.7: Grobkörniges Gefüge einer untereutektoiden Fe-C-Legierung mit ca. 0,7% C: Heller Ferrit säumt dunkle Perlitkörner.

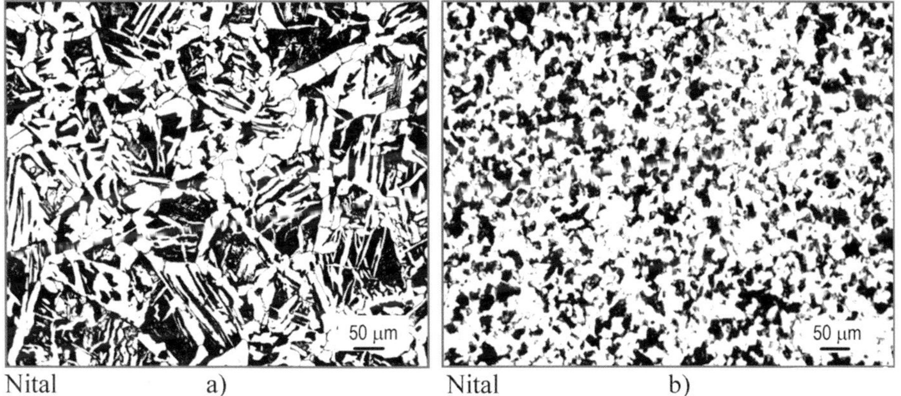

Abb. 3.8: a) Nadeliges ferritisch-perlitisches Gefüge eines stark überhitzten untereutektoiden Stahls mit ca. 0,4 % C, (Widmanstätten'sches Gefüge) b) Feinkörniges Gefüge des gleichen Stahls nach einer optimalen Normalglühung.

Diese aus der Sicht der mechanischen Eigenschaften ungünstigen Nadel- bzw. Grobkorngefüge können im Zuge einer **Normalglühung**[16] wieder in einen feinkörnigen Zustand (Abb. 3.8b) mit guter Zähigkeit zurückverwandelt werden.

16 Normalglühen, auch als Normalisieren bezeichnet, beruht auf dem Erwärmen untereutektoider Stähle auf ca. 30 °C bis 50 °C über die GS-Linie, kurzfristigem Aushalten bei dieser Temperatur und anschließender Luftabkühlung.

Abb. 3.9: Entarteter Perlit einer untereutektoiden Fe-C-Legierung mit ca. 0,5% C.

Weitere Abweichungen von der klassischen Gefügeform untereutektoider Stähle sind das **entartete Gefüge** und das **Zeilengefüge.**

3.1.1.1.2 Entartetes Gefüge

Infolge einer geringen Unterkühlung bilden sich dicht unterhalb von 723 °C aus den austenitischen Restbereichen, die durch die vorangegangene Ausscheidung des voreutektoiden Ferrits auf 0,8% C angereichert wurden, nicht wie üblich Perlitkörner mit lamellarer Anordnung von Zementit und Ferrit, sondern einzelne größere Zementitkörner, eingebettet in eine ferritische Matrix (Abb. 3.9).

Es ist anzunehmen, dass die sehr großen Zementitkörner zum Teil auch als Folge der Einformung ursprünglicher grober Zementitlamellen entstehen.

3.1.1.1.3 Gefügezeiligkeit

In warmverformten untereutektoiden Stählen ist oft die in Abb. 3.10a und Abb. 3.10b dargestellte Gefügezeiligkeit feststellbar. Die Ursache der zeilenförmigen Anordnung von Ferrit- und Perlitkörnern sind Seigerungen des Primärgefüges, die während der Erstarrung entstanden sind und durch ein nachfolgendes Homogenisieren[17] nicht ausreichend beseitigt werden konnten.

Die unregelmäßige Verteilung von Legierungselementen, welche die A_3-Temperatur beeinflusst (in unlegierten Stählen sind das die Eisenbegleiter Silizium, welches die A_3-Temperatur erhöht, und Mangan, welches die A_3-Temperatur

17 Homogenisieren ist ein langzeitiges Glühen erstarrter Stahlblöcke oder Brammen bei sehr hohen Temperaturen von ca. 1200 °C zwecks Beseitigung der während der Erstarrung entstandenen Seigerungen des Kohlenstoffes, der Eisenbegleiter Mangan, Silizium, Phosphor und Schwefel sowie etwaiger Legierungselemente.

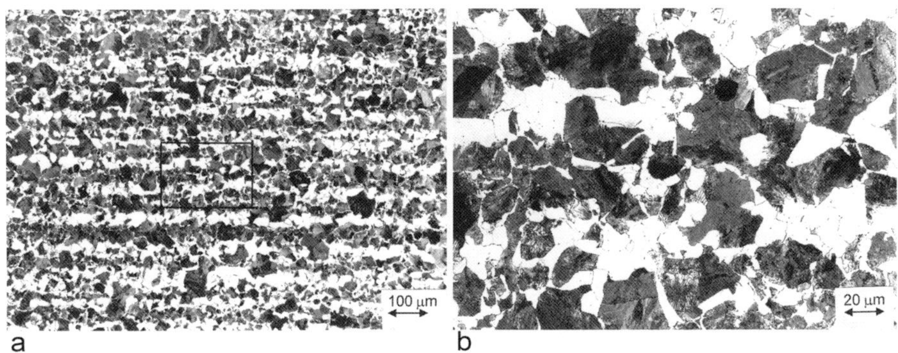

Abb. 3.10: Ferritisch-perlitisches Zeilengefüge im Stahl mit ca. 0,4% C bei verschiedener Vergrößerung.

absenkt), überträgt sich auf den Austenit, in dem folglich Bereiche mit einer höheren A_3-Temperatur und Bereiche mit einer niedrigeren A_3-Temperatur zeilenförmig ausgewalzt werden. Die A_3-Temperatur ist die Temperatur für das Ende der Austenitbildung beim Erwärmen.

Während beim Abkühlen aus der Walztemperatur aus den Austenitzeilen mit höherer A_3-Temperatur naturgemäß Zeilen von Ferritkörnern entstehen, wandeln sich die restlichen Austenitzeilen, die mittlerweile den Kohlenstoff des in Ferrit umgewandelten Austenits aufgenommen haben, in Perlitzeilen um.

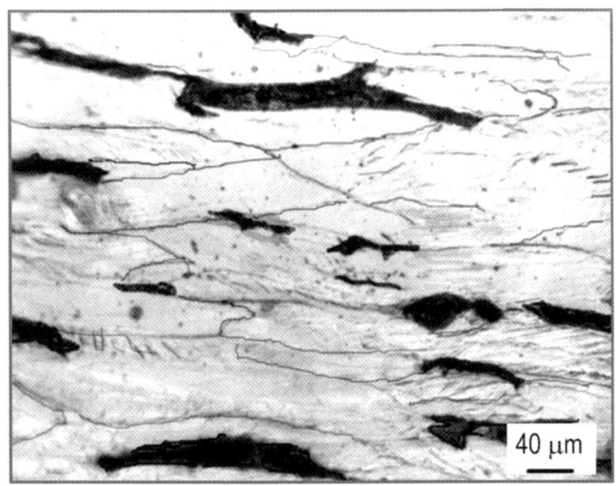

Abb. 3.11: Verformungsgefüge eines untereutektoiden Stahls mit ca. 0,2% C.

Wird anschließend eine Wärmebehandlung zur Erzielung eines Umwandlungsgefüges nach Abschnitt 3.6 durchgeführt, stellt sich dieses nur in den Perlitzeilen ein, da der Kohlenstoff in den Ferritzeilen zu gering ist, um ein Umwandlungsgefüge (Martensit, Bainit) zu bilden.

Durch ein wirkungsvolles Homogenisieren, vor allem aber durch die Steuerung der Silizium- und Mangananteile sowie durch eine schnellere Luftabkühlung des Austenits nach der Verformung kann die Zeiligkeit weitgehend eingeschränkt oder sogar vermieden werden.

In untereutektoiden Stählen kann ein Gefüge mit Zeilencharakter auch durch eine Kaltverformung zu Stande kommen. In diesem Fall bestehen die Zeilen jedoch nicht, wie oben beschrieben, einheitlich entweder aus gestreckten Ferrit- oder Perlitkörnern, sondern sind sowohl aus verformten Ferrit- als auch Perlitkörnern aufgebaut (Abb. 3.11).

3.1.1.2 Gefüge eutektoider Stähle

In Fe-C-Legierungen mit 0,8% C zerfällt der abkühlende Austenit beim Unterschreiten der Gleichgewichtstemperatur von 723 °C gänzlich in Perlit , d.h. in ein Gemenge dünner Ferrit- und Zementitplatten, die bei ausreichender Vergrößerung im Schliffbild als Lamellen zu erkennen sind. Dabei entstehen aus einem Austenitkorn in der Regel mehrere Perlitkörner unterschiedlicher Lamellenorientierung. Wenn der Lamellenabstand größer als 0,5 µm ist, sind die Zementit- und Ferritlamellen lichtmikroskopisch ab einer 500fachen Vergrößerung deutlich erkennbar (Abb. 3.12a). Da der ferritische Anteil in diesem eutektoiden Gemenge dominiert, entsteht beim Betrachter oft der Eindruck, die Zementitla-

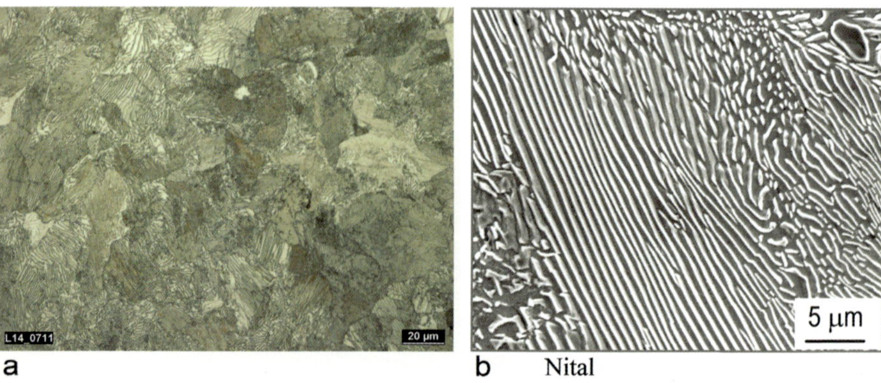

Abb. 3.12: Perlitisches Gefüge einer Fe-C-Legierung mit 0,8% C: a) lichtmikroskopische Aufnahmen, geätzt mit 3% alkoholischer HNO_3; b) REM Aufnahme.

mellen wären in die ferritische Matrix eingebettet. Die im Perlitgefüge beobachteten Abstände zwischen den Zementitlamellen, die zugleich die Breite der dazwischen liegenden Ferritplatten wiedergeben, sind nicht in allen Perlitkörnern (Perlitkolonien) gleich groß, selbst dann nicht, wenn diese Kolonien aus ein und demselben Austenitkorn entstanden sind.

Eine Ursache dieser Unterschiede ist der Umstand, dass bei einer kontinuierlichen Abkühlung nicht alle Austenitkörner bzw. alle Bereiche desselben Austenitkorns exakt bei 723 °C in Perlit umwandelt werden; einige Körner werden nämlich bei tieferen Temperaturen, d.h. bei stärkerer Unterkühlung in Perlit umgewandelt. Perlitkörner, die bei höheren Temperaturen entstanden sind, weisen demzufolge größere Abstände zwischen den Zementitlamellen auf als Perlitkolonien, die bei tieferen Temperaturen gebildet wurden.

Zum Zweiten bewirkt die unterschiedliche Winkellage der Lamellen zur Schliffoberfläche in verschiedenen Perlitkörnern scheinbar unterschiedliche Lamellenabstände. Lamellen, die senkrecht zur Schliffoberfläche stehen, zeigen den wahren Abstand zueinander, Lamellen, die hingegen zur Oberfläche geneigt sind, weisen einen scheinbar größeren Abstand auf. In einigen Perlitkörnern liegen die Zementitlamellen parallel zur Schliffoberfläche; in diesen Fällen lässt sich ihre wahre Gestalt erkennen. Besonders deutlich können Form und Dimensionen von Zementitlamellen lichtmikroskopisch bei höheren Vergrößerungen bzw. im Rasterelektronenmikroskop erkannt werden (Abb. 3.12b, Abb. 3.13a und Abb. 3.13b).

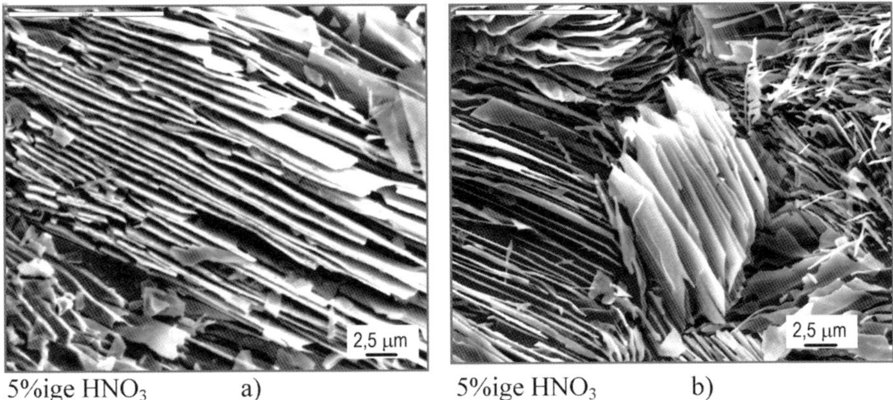

5%ige HNO_3 a) 5%ige HNO_3 b)

Abb. 3.13: REM-Aufnahmen zwei verschiedener Bereiche von Zementitlamellen-Paketen eines stark geätzten Perlitkorns. Durch das starke Ätzen wurde der zwischen den Zementitlamellen liegende Ferrit aufgelöst.

Die mittels eines Lackabdruckes extrahierten Zementitlamellen (Abb. 3.14a) werden anhand der Elektronenbeugung im Transmissionselektronenmikroskop als einkristalline Gebilde identifiziert (Abb. 3.14b).

Durch eine Unterkühlung des Austenits, d.h. durch die Herabsetzung der eutektoiden Reaktionstemperatur unter die so genannte **A_1-Temperatur**[18] von

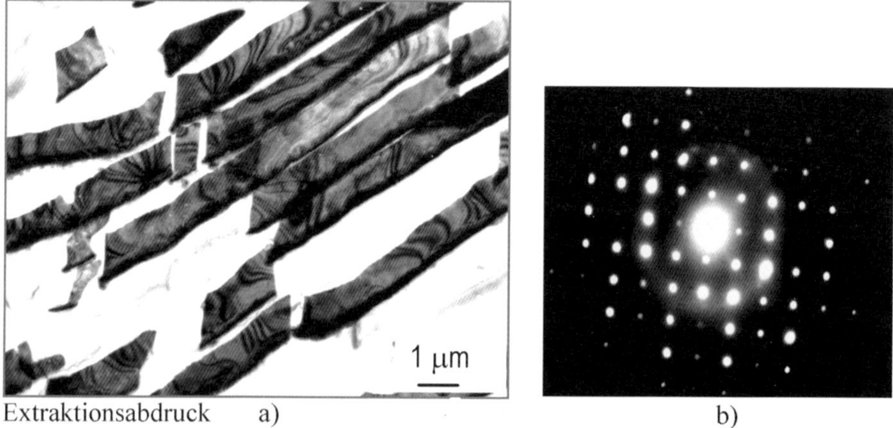

Abb. 3.14: a) TEM-Aufnahme extrahierter Zementitlamellen eines Perlitkorns, b) Elektronenbeugungsdiagramm einer dieser Lamellen, die sich als monokristallines Gebilde identifizieren lässt.

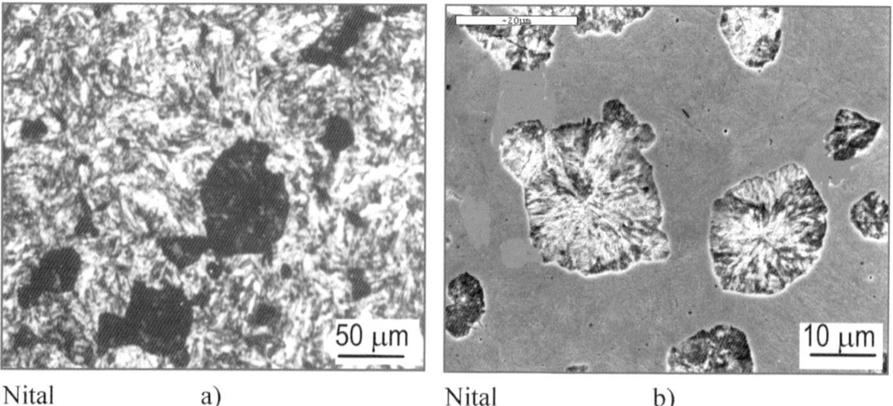

Abb. 3.15: Inseln des feinstlamellaren Perlits (in Bild a dunkle Bereiche) in martensitischer Matrix. Bild b zeigt eine REM-Aufnahme desselben Gefüges.

18 Die A_1-Temperatur ist die Temperatur bei der beim Erwärmen die Umwandlung des Perlits in Austenit beginnt bzw. beim Abkühlen die Austenitumwandlung in Perlit endet.

etwa 723 °C, werden die zwischen den Zementitlamellen liegenden Ferritplatten immer dünner, so dass der lamellare Aufbau des Perlits lichtmikroskopisch, selbst bei starker Vergrößerung, nicht mehr erkennbar ist. Man spricht in diesem Falle von einem **feinstlamellaren Perlit**[19] (Abb. 3.15a und Abb. 3.15b). Mit Hilfe des Elektronenmikroskops kann jedoch der feinstlamellare Aufbau des Perlits überzeugend nachgewiesen werden (Abb. 3.16).

Im älteren Schrifttum trägt der feinstlamellare Perlit die Bezeichnung **Abkühlungstroostit**[20].

Genormte untereutektoide bzw. eutektoide Stähle

Das Eisen Kohlenstoff Diagramm kann in der erläuterten Form nur für einfache unlegierte Massen- bzw. Qualitätsstähle angewendet werden, wenn eine langsame Abkühlung vorliegt. Dann stellt sich bei diesen Stählen mit einem C-Gehalt zwischen 0,002 ≥ C ≤ 0,8% ein ferritisch-perlitisches bzw. rein perlitisches Gefüge mit geringen, meist metallographisch lichtoptisch nicht auflösbarem Tertiärzementit ein.

In der der DIN ISO 4957:2018 werden unlegierte Werkzeugstähle sowohl im unter- als auch im übereutektoiden Bereich aufgeführt. Sie werden z.B. mit C45 bezeichnet. Der angehängte Buchstabe kennzeichnet den Wärmebehandlungszustand und damit das damit verbundene Gefüge: z.B. U unbehandelt; A: Geglüht (weichgeglüht); QT: Vergütet (siehe DIN EN ISO 4957:2018).

Der in der DIN EN 10025-2:2019 aufgeführte Stahl S235JR stellt einen unlegierten Baustahl mit einer Mindeststreckgrenze von 235 MPa (bei einer Nenndicke ≤ 16 mm) dar. JR kennzeichnet eine Mindestkerbschlagarbeit von 27 Joule bei Raumtemperatur. In der DIN EN ISO 683-1:2018 werden die Qualitätsstähle C25 bis C60 aufgeführt, mit Kohlenstoffanteilen von rd. 0,2 bis 0,6%. Bei diesen unlegierten Stählen sind bereits geringe Zusätze von Legierungselementen, wie z.B. Mangan, zulässig. Die theoretischen Werte im Eisen Kohlenstoffdiagramm, z.B. der Punkt der eutektoiden Umwandlung (Perlitpunkt) können daher zu anderen Temperaturen bzw. C-Gehalten verschoben sein.

Es ist zu beachten, dass bei diesen Stählen eine Wärmebehandlung vorgenommen werden kann, mit dem Ziel ein besonderes (Umwandlungs)gefüge einzustellen.

19 In älterem Schrifttum wird Perlit nach Henry Clifton Sorby (1826–1908) auch Sorbit genannt.

20 Dieses Gefüge wurde nach L. Troost benannt, dem französischen Forscher auf dem Gebiet der Gefügeumwandlungen von Fe-C-Legierungen und der Metallographie.

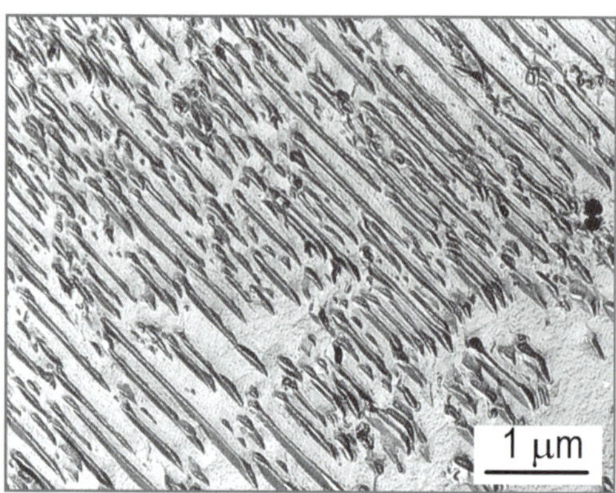

Kohlenstoffabdruck

Abb. 3.16: TEM-Aufnahme eines feinstlamellaren Perlits.

3.1.1.3 Gefüge übereutektoider Stähle

Kühlt der Austenit einer übereutektoiden Fe-C-Legierung unter Bedingungen einer metastabilen Umwandlung ab, so beginnt an der ES-Diagrammlinie (Abb. 3.1) sein Zerfall.

Der aus dem Austenit verdrängte Kohlenstoff bildet Zementit, den so genannten **Sekundärzementit**, der sich zunächst an den Austenitkorngrenzen als **Schalenzementit** (Korngrenzenzementit) ablagert (Abb. 3.17). Ab einem Koh-

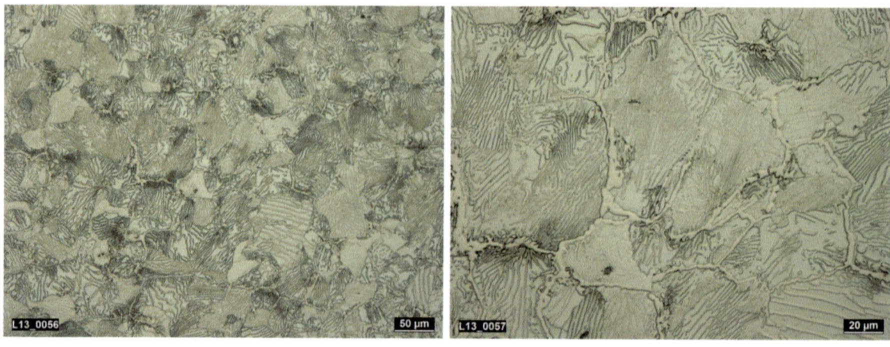

Abb. 3.17: Gefüge einer übereutektoiden Fe-C-Legierung mit etwa 1,3% C: Perlit und Sekundärzementit in Schalenform, ausgeschieden an den Korngrenzen des ehemaligen Austenit, geätzt mit 3%iger alkoholischer HNO_3.

Genormte übereutektoide Stähle

In der DIN ISO 4957:2018 werden unlegierte Werkzeugstähle sowohl im unter- als auch im übereutektoiden Bereich aufgeführt. Sie werden z.B. mit C120 bezeichnet. Der angehängte Buchstabe kennzeichnet den Wärmebehandlungszustand und damit das damit verbundene Gefüge: z.B. U: unbehandelt; A: Geglüht (weichgeglüht); QT: Vergütet (siehe DIN EN ISO 4957:2018).

Übereutektoider Kohlenstoffstahl kann bis zu 2% Kohlenstoff sowie geringe Zusätze von Si, Mn und Mo enthalten. In der DIN EN 10132-4:2003 werden beispielsweise unlegierte Edelstähle mit C-Gehalten > 0,8 % bis zu 1,3% für den Einsatz als Federstähle aufgeführt. Die Stähle werden weichgeglüht, kaltgewalzt und vergütet geliefert.

Übereutektoide Stähle werden meist im gehärteten Zustand eingesetzt.

lenstoffgehalt von mehr als ca. 1,3% und einer schnelleren Luftabkühlung bildet sich der Sekundärzementit auch im Inneren der Austenitkörner in Form von sich schneidenden Platten, die im Schliffbild als Nadeln erscheinen (Abb. 3.18a).

Die Ausscheidung des Kohlenstoffes und die Bildung von Sekundärzementit halten bis zum Erreichen der Temperatur von 723 °C an.

Dicht oberhalb von 723 °C besteht das Gefüge übereutektoider Legierungen aus Sekundärzementit in Schalenform bzw. in Schalen- und Nadelform und aus restlichen Austenitkörnern, deren C-Gehalt sich mittlerweile auf 0,8% verringert hat.

Dieser Austenit wandelt sich beim Unterschreiten der A_1-Temperatur von 723 °C in Perlit um, wobei auch hier diese Umwandlung in der Regel an vielen

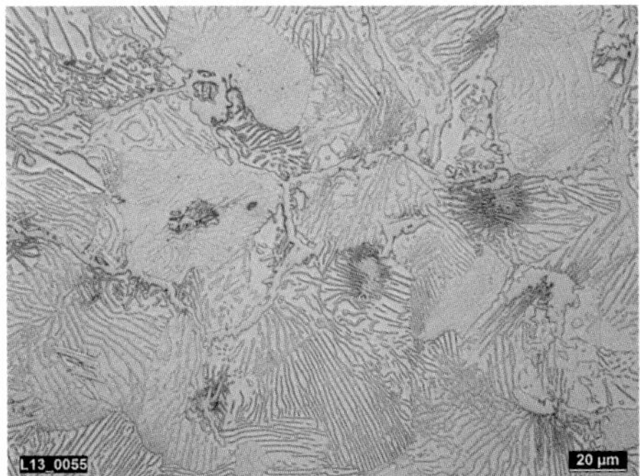

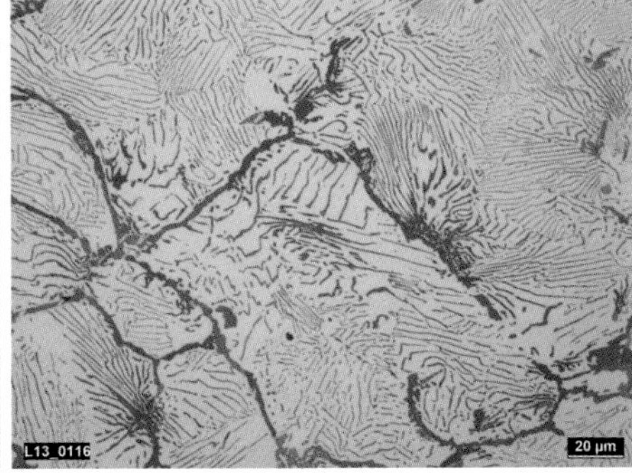

Abb. 3.18: Gefüge einer übereutektoiden Fe-C-Legierung mit ca. 1,4% C nach unterschiedlicher Ätzbehandlung; links: helle Zementitschalen und -nadeln sowie grauer Perlit nach einer Nital-Ätzung; rechts: dunkel gefärbter Zementit und heller Ferrit nach einer Natriumpikratätzung.

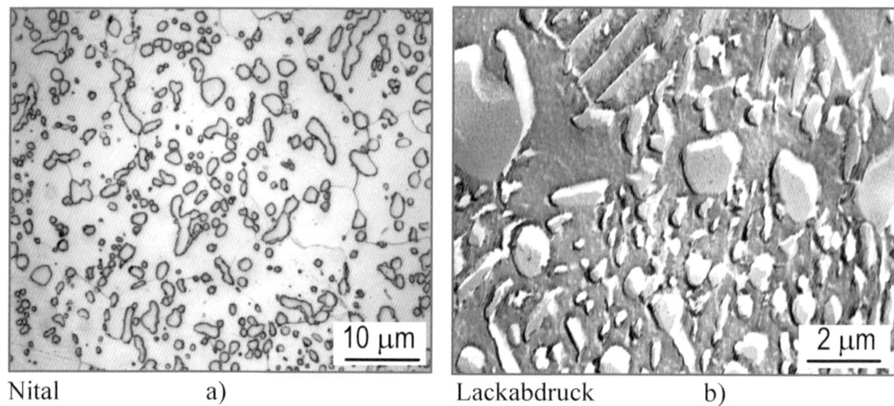

Nital a) Lackabdruck b)

Abb. 3.19: Gefügebilder eines weichgeglühten übereutektoiden Werkzeugstahls: a) lichtmikroskopische Aufnahme und b) TEM-Aufnahme von in die ferritische Matrix eingelagerten Zementitsphärolithen.

Keimstellen gleichzeitig beginnt, so dass aus einem Austenitkorn mehrere Perlitkörner unterschiedlicher Lamellenorientierung entstehen. Die Umwandlung des Austenits ist theoretisch dicht unterhalb von 723 °C abgeschlossen; das Umwandlungsgefüge besteht nun aus Perlitkörnern und Sekundärzementitschalen (Abb. 3.19) bzw. aus Perlit und Sekundärzementitschalen und -nadeln (Abb. 3.18a und Abb. 3.18b).

Nach einer Nital-Ätzung kann das Gefügebild einer übereutektoiden Legierung dem Gefügebild einer dicht untereutektoiden Legierung sehr ähnlich sein so dass der Betrachter Schwierigkeiten hat, die beiden Zustände zu unterscheiden. Im ersten Fall säumen nämlich helle Zementitschalen die Perlitkörner, im zweiten Fall bilden kleine Ferritkörner einen ebenfalls hellen Saum um die Perlitkörner.

Eine Ätzung mit einer **Natriumpikratlösung** macht es möglich, diese Unsicherheiten eindeutig und auf eine einfache Weise zu klären. Dieses Ätzmittel färbt nämlich den Zementit dunkel (Blau- oder Braunfärbung) an, der Ferrit wird hingegen nicht angegriffen und erscheint im Schliffbild hell (Abb. 3.18b).

100 ml dest. Wasser, 25 g NaOH, 2 g Pikrinsäure

Weil Zementit und Ferrit unterschiedlich hart sind, kann die Art der Ausscheidung an den Perlitkorngrenzen auch durch eine Mikrohärteprüfung festgestellt werden.

Schließlich führt auch ein weiterer einfacher Test, bei dem die Schliffoberfläche mit einer spitzen Nadel leicht angeritzt wird, zum gewünschten Ergebnis: Im Bereich etwaiger ferritischer Säume erscheint die Kratzrille nämlich breiter als im Perlitkorn, in etwaigen harten Zementitablagerungen ist die Kratzspur hingegen wesentlich dünner als im Perlit oder erst gar nicht vorhanden. In diesem Fall können Präparationsmängel wie Kratzer sogar hilfreich sein.

Übereutektoide Fe-C-Legierungen finden Einsatz als Werkzeugmaterial. Bevor im Zuge einer Wärmebehandlung, die aus dem Härten und Anlassen besteht (siehe dazu Abschnitt 3.6.1 und Abschnitt 3.6.2), einem Werkzeug die erwünschte Härte und Verschleißfestigkeit verliehen werden, findet oft neben einer plastischen Verformung eine aufwändige spanabhebende Bearbeitung der Werkzeugschneide statt. Eine Zerspanung ist jedoch unter üblichen Betriebsbedingungen nur realisierbar, wenn die Materialhärte nicht besonders hoch ist. Ein Werkzeugstahl, dessen Gefüge aus Perlit und Sekundärzementitschalen und -nadeln besteht, ist aber nicht nur sehr hart, sondern auch sehr spröde und muss notwendigerweise vor der Zerspanung im Zuge einer Glühbehandlung in einen weicheren Zustand versetzt werden.

Durch ein **Weichglühen**[21] werden die Sekundärzementitschalen und -nadeln wie auch die Zementitlamellen des Perlits in rundliche Körner eingeformt, wodurch eine deutliche Minderung der Härte sowie eine Verbesserung der Zerspanbarkeit erreicht werden. Abb. 3.19 a und b zeigen bei unterschiedlichen Vergrößerungen das Gefüge eines weichgeglühten Werkzeugstahls. Für weichgeglühte C-Stähle empfiehlt sich eine Ätzung mit Pikral.

100 ml Ethanol, 4 g Pikrinsäure

Abb. 3.20a und b zeigen ergänzend elektronenmikroskopische Gefügebilder eines Werkzeugstahls am Anfang einer Weichglühbehandlung. Die in Abb. 3.20b erkennbaren sphärolithischen Zementitteilchen sind die Folge der Teilung der Zementitlamellen in dünne Segmente (Abb. 3.20a) sowie der anschließenden Abrundung der Enden und der Einschnürung der Mitten dieser Segmente.

Die Entstehung dieser rundlichen und noch sehr kleinen Zementitkügelchen ist wohl die Vorstufe des Einformprozesses der Zementitlamellen beim Weichglühen.

Anderen Beobachtungen zufolge vollzieht sich der Einformprozess von Zementitlamellen auch ohne eine vorherige Lamellenteilung und Nadelbildung,

21 Weichglühen ist eine Behandlung kohlenstoffreicher Stähle mit C > 0,8%, die auf mehrstündigem Halten der Werkstücke bei Temperaturen um 730 °C und anschließender langsamer Abkühlung beruht mit dem Zweck, den Zementit einzuformen und dadurch die Härte deutlich zu mindern sowie die Zerspanbarkeit und die Verformbarkeit zu verbessern. Stähle mit C < 0,8% werden unterhalb der A1-Linie geglüht.

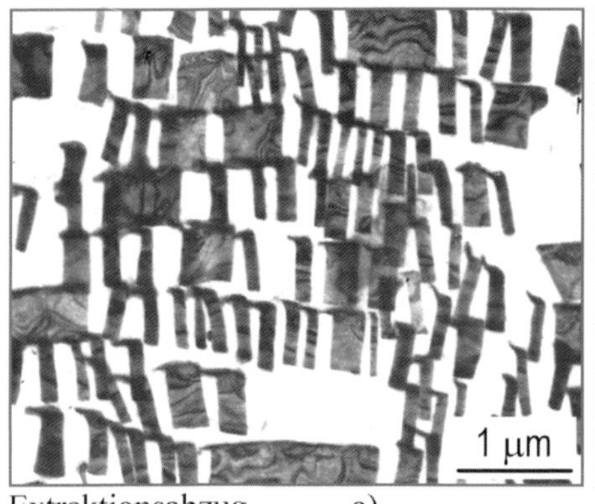

Extraktionsabzug a)

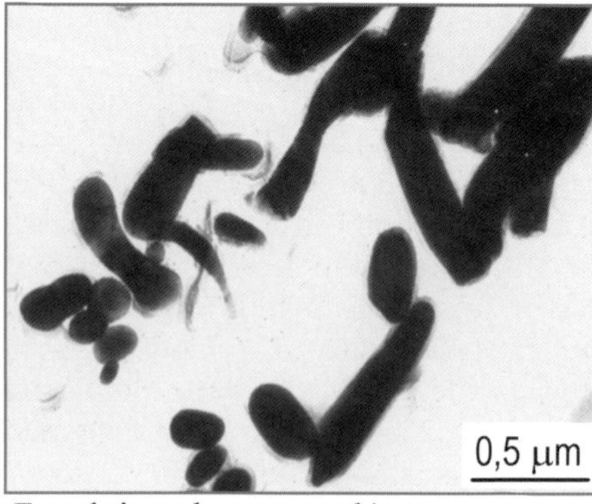

Extraktionsabzug b)

Abb. 3.20: TEM-Aufnahmen extrahierter Zementitlamellen eines Werkzeugstahls im Anfangsstadium der Weichglühbehandlung: a) Zementitsegmente (Nadeln), entstanden am Anfang des Einformprozesses im Zuge der Lamellenteilung, b) kleine Zementitsphärolithe, ausgebildet durch die Abrundung der Enden und Einschnürung der Mitten dieser Segmente.

und zwar so, dass an beiden Enden der Lamellen kugelförmige Vergröberungen (Köpfe) entstehen. Zwischen diesen sich zunehmend zu einer Kugel formierenden Köpfen und dem übrigen Lamellenteil entsteht gleichzeitig eine Einschnürung, was letztlich zum Abtrennen der Kugeln von der Lamelle führt. Nachdem sich diese Zementitkugeln von den Lamellenenden getrennt haben, bilden sich an den Enden des übrig gebliebenen Lamellenteils auf die gleiche Art und Weise neue Zementitkugeln. Sind schließlich die Lamellen in ihrer gesamten Länge in Kügelchen zerfallen, koagulieren diese Kügelchen zu größeren rundlichen Körnern.

3.1.2 Praktische Tipps für die Präparation von ferritisch-perlitischem Stahl

Kohlenstofffreie Stähle enthalten keine Perlitanteile im Gefüge. Die hellen polyedrischen Ferritkörner können u.U. mit dem austenitischen Gefüge eines hochlegierten Stahls verwechselt werden. Als Unterscheidungsmerkmale können herangezogen werden: Ferritkörner sind weniger eckig und deutlich runder als Austenitkörner. Austenitkörner weisen im ungeglühten Zustand Zwillinge in den Körnern auf. Die Korngrenzen von austenitischem Gefüge weisen oftmals Ausscheidungen auf.

Erkennbarkeit von Zementit: Primärzementit scheidet sich nur bei Eisenlegierungen mit mehr als 4,3% Kohlenstoff direkt aus der Schmelze aus, wenn die Erstarrung im metastabilen System erfolgt, z.B. bei rascher Abkühlung (siehe Abschnitt 3.2). Sekundärzementit scheidet sich im festen Zustand aus dem γ-Mischkristall im Temperaturbereich 1147 bis 723 °C aus. Bei übereutektoiden Stählen mit C > 0,8 % bildet er ein helles Netzwerk an den Korngrenzen des perlitischen Gefüges. Tertiärzementit scheidet sich unterhalb 723 °C aus den α-Mischkristallen aus. Bei Stählen mit C < 0,01 % lagert er sich ebenfalls als helle Phase an den Grenzen der Ferritkörner ab. Bei Stählen mit C > 0,01 % lagert sich der Tertiärzementit an die vorhandenen Zemenitlamellen des Perlit an und ist praktisch bei einer lichtoptischen Untersuchung nicht erkennbar.

3.1.3 Fehler und Probleme bei der Gefügeinterpretation

Tabelle 3.2: Probleme bei der Gefügeinterpretation, deren Auswirkungen sowie die Ursachen und Behebung.

Problem	Auswirkung	Ursache und Behebung
Perlit: Gefügestruktur nicht erkennbar	Falsche Gefüge-interpretation	Nicht ausreichend poliert; ungeeignete Ätzung, falsche Vergrößerung Überprüfen, ob Werkstoff ggf. einer Wärmebehandlung unterworfen war, die eine Auflösung des Perlits zur Folge hatte
Wahl des Ätzmittels bei der Darstellung von Perlit bzw. weichgeglühtem Perlit	Unterschiedliche Darstellung der Ferritkorngrenzen und des Perlits	Nital (3%ig): macht Ferritkorngrenzen und Zementit (hell) sichtbar – nicht alle Ferritkorngrenzen werden angeätzt Pikral (4%ig): Darstellung von Ferrit und Karbiden; Ferrit/Ferritkorngrenzen werden nicht angegriffen Natriumpikrat: färbt Zementit dunkel (Blau- oder Braunfärbung); Ferrit wird nicht angegriffen Farbätzung (Beraha; Klemm I – siehe [2]): Anfärbung gemäß kristallographischer Orientierung im Raum: Korngrößenbestimmung mittels Farbbildanalysatoren möglich.

3.2 Gefüge des metastabilen Systems im Gusseisenbereich

Der Gusseisenbereich beginnt ab einem C-Gehalt von mehr als 2% C. Metastabil erstarrtes Gusseisen, in dem bei Temperaturen unterhalb von 723 °C der gesamte Kohlenstoff als Zementit auftritt, wird wegen seiner hell und glänzend aussehenden Bruchoberfläche als weißes Gusseisen, kurz als **weißes Gusseisen** bezeichnet. Wird weißes Gusseisen nicht mehr wärmebehandelt, spricht man wegen seiner hohen Härte auch von **Hartguss**.

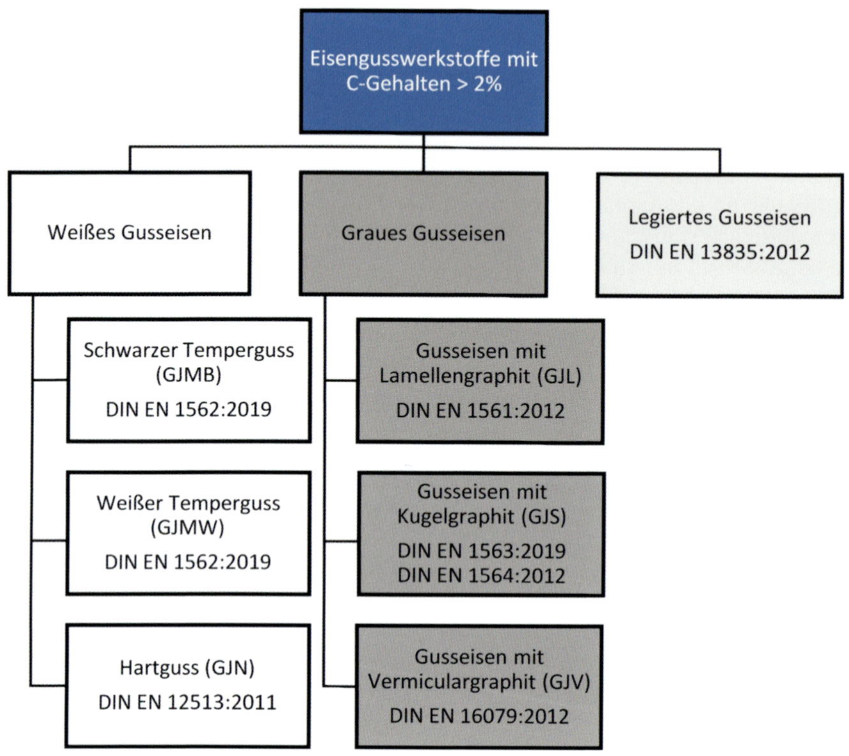

Abb. 3.21: Einteilung von Gusseisen.

Je nach C-Gehalt unterscheidet man zwischen untereutektischem weißem Gusseisen mit einem C-Gehalt von mehr als 2% und weniger als 4,3%, eutektischem weißem Gusseisen mit rund 4,3% C und übereutektischem weißem Gusseisen mit mehr als 4,3% C.

3.2.1 Gefüge von untereutektischem weißem Gusseisen

Die Erstarrung dieser Legierungen beginnt an der BC-Diagrammlinie (Abb. 3.1), indem aus der Schmelze die ersten Austenitkristalle mit einem relativ niedrigen Kohlenstoffgehalt von etwa 0,7% bis 1,8% entstehen. Infolge weiterer Abkühlung kristallisieren aus der Restschmelze neue Austenitkristalle heraus bzw. die vorhandenen wachsen dendritisch aus. Die Ausbildung von Austenitkristallen, die an der BC-Diagrammlinie begonnen hat, hält bis zum Erreichen der eutektischen Temperatur von 1147 °C an.

Der C-Gehalt der mit sinkender Erstarrungstemperatur neu entstehenden Austenitkristallite wächst stetig, entsprechend der IE-Diagrammlinie in Abb. 3.1, und strebt den Grenzwert von 2,06% an (Diagrammpunkt E).

Bei 1147 °C ist der Kristallisationsvorgang des Austenits beendet. Die zuletzt ausgebildeten Austenitkörner besitzen einen C-Gehalt von etwa 2,06%. Auch der bei höheren Erstarrungstemperaturen entstandene kohlenstoffärmere Austenit wurde infolge ablaufender Diffusionsvorgänge auf nahezu 2,06% C angereichert.

Die Ausbildung von Austenitkristallen verursacht eine stetige Anreicherung der Restschmelze an Kohlenstoff. Der C-Gehalt der Restschmelze nimmt mit

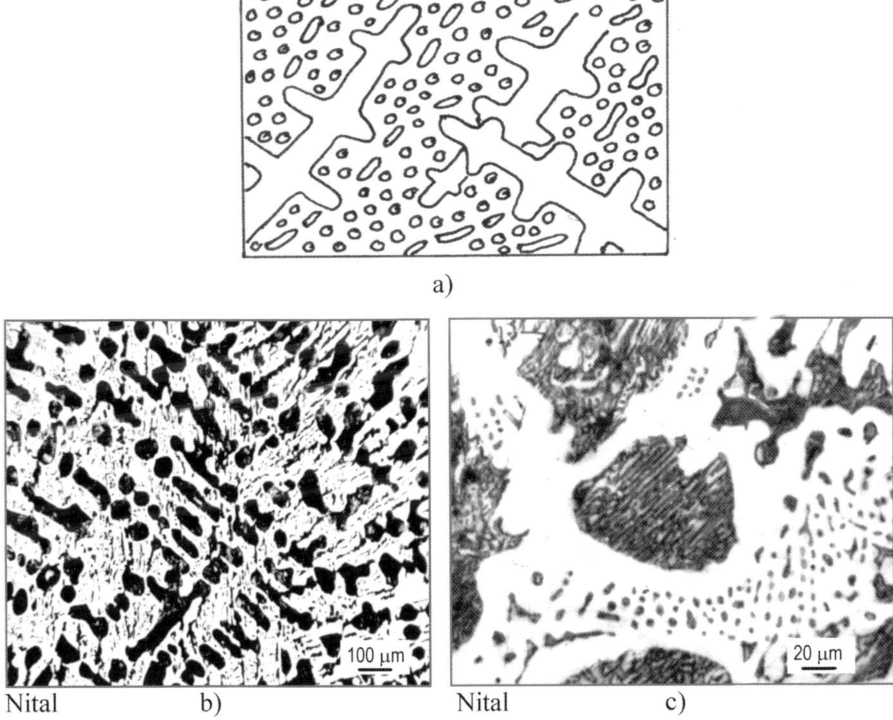

Abb. 3.22: a) Schematisches Gefügebild eines untereutektischen weißen Gusseisens unmittelbar nach Beendigung der Erstarrung: Austenitkristalle in Dendritenform und Ledeburit, der aus Austenitstäbchen bzw. -kugeln in einer Zementitmatrix besteht. b) und c) zeigen das Gefüge eines untereutektischen weißen Gusseisens mit ungefähr 3,0% C bei Raumtemperatur: a) helle Bereiche des umgewandelten Ledeburits und dunkler Perlit in Dendritenform. In b) ist der lamellare Charakter des Perlits bereits erkennbar.

sinkender Erstarrungstemperatur entsprechend der BC-Diagrammlinie in Abb. 3.1 zu und strebt die eutektische Zusammensetzung von 4,3% bei 1147 °C an. Die auf 4,3% C angereicherte Restschmelze wandelt sich nun in ein Eutektikum mit der metallographischen Bezeichnung Ledeburit[22] um, indem an vielen Keimstellen gleichzeitig kleine Austenitkristalle und Zementitkristalle entstehen.

Dicht unterhalb der eutektischen Temperatur von 1147 °C, die durch die ECF-Diagrammlinie (Abb. 3.1), die so genannte **Eutektikale**, gekennzeichnet ist, ist der Erstarrungsvorgang gänzlich abgeschlossen. Das Erstarrungsgefüge, auch **Primärgefüge** genannt, besteht aus voreutektischen dendritischen Austenitkristallen mit ca. 2% C und aus ledeburitischen Bereichen, die wiederum aus feinen, in eine Zementitmatrix eingebetteten Austenitkristalliten bestehen (Abb. 3.22).

Beobachtungen lassen vermuten, dass der ledeburitische Austenit unmittelbar nach seiner Erstarrung eine Stäbchenform besitzt, die jedoch unter der Einwirkung hoher Temperaturen, die nach der Erstarrung über längere Zeit im Gussstück herrschen, in kugelförmige Gebilde eingeformt wird.

Im Zuge der Abkühlung im festen Zustand verändert sich das oben beschriebene Erstarrungsgefüge. Da mit sinkender Temperatur die Löslichkeit des Kohlenstoffs im Austenit entsprechend des Verlaufs der ES-Diagrammlinie (Abb. 3.1) abnimmt, scheidet sich mit der Abkühlung der Kohlenstoff sowohl aus dem voreutektischen Austenit als auch aus dem Austenit des Ledeburits in Form von

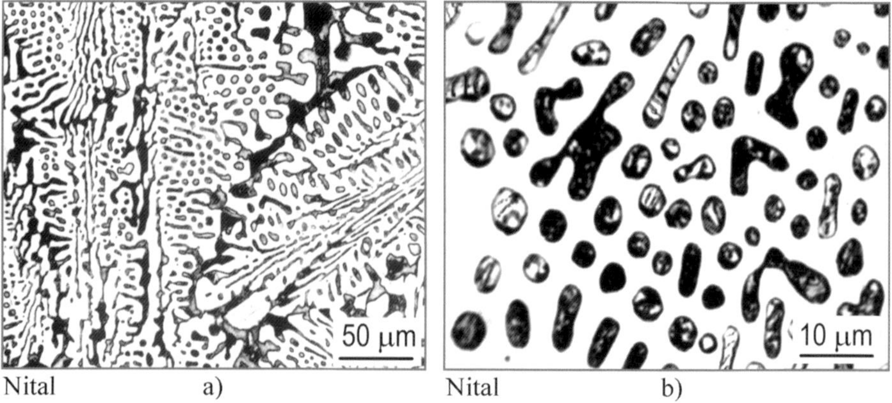

Abb. 3.23: Gefüge eines eutektischen weißen Gusseisens bei Raumtemperatur: a) umgewandelter Ledeburit, bestehend aus rundlichen und zum Teil stäbchenförmigen dunklen Perlitkörnern in heller Zementitmatrix; b) Lamellen der Perlitkörner.

22 Diese Bezeichnung ehrt A. Ledebur (1837–1906), den deutschen Eisenhüttenkundler und Professor in Freiberg.

Sekundärzementit aus und lagert sich teilweise an den schon vor ledeburitischen Zementit an. Dieser Vorgang hält an bis zu 723 °C. Bei 723 °C enthält der Austenit nur noch 0,8% C und wandelt sich im Zuge der eutektoiden Reaktion in Perlit um.

Unterhalb von 723 °C besteht das Gefüge nun aus Perlit in Dendritenform mit eingelagerten Sekundärzementitadern und aus eutektischen Bereichen, die wiederum aus feinen Perlitkörnern und einer Zementitmatrix aufgebaut sind (Abb. 3.23a und Abb. 3.23b). Das umgebildete Eutektikum, in dem der Austenit durch Perlit ersetzt wurde, nennt man **umgewandelten Ledeburit** oder auch kurz **Ledeburit II**. Näheres dazu s. Abschnitt 3.2.2.

3.2.2 Gefüge von eutektischem weißem Gusseisen

Die Erstarrung der eutektischen Legierung mit rd. 4,3% C findet bei konstanter Temperatur von 1147 °C statt. Bei dieser Gleichgewichtstemperatur entstehen aus der Schmelze, als Folge einer eutektischen Reaktion, gleichzeitig stäbchenförmige Austenitkörner mit 2% C sowie Zementitkörner mit 6,67% C. Wegen der starken Unterkühlung der eutektischen Schmelze (sie besitzt von allen Fe-C-Legierungen die niedrigste Erstarrungstemperatur) vollzieht sich der Erstarrungsvorgang gleichzeitig an unzählbaren Keimstellen. Dieser Umstand führt zur Behinderung des Kristallwachstums und somit zum feinkörnigen Charakter dieses Erstarrungsgefüges. Wie bereits erwähnt, bezeichnet man das Gefüge metastabil erstarrter eutektischer Fe-C-Legierungen als Ledeburit.

Begünstigt durch die hohe Temperatur, der das soeben erstarrte Material ausgesetzt ist, beginnen sich die anfangs stäbchenförmigen Austenitkristalle in kleine kugelförmige Gebilde einzuformen. Infolgedessen besteht das Gefüge des Ledeburits unmittelbar nach seiner Erstarrung aus kleinen, in eine Zementitmatrix eingebetteten Austenitstäbchen und -sphärolithen. Es ist anzunehmen, dass wegen der sehr kurzen Verweildauer des erstarrten Materials bei hohen Temperaturen der Einformprozess des ledeburitischen Austenits unmittelbar nach der Erstarrung noch nicht vollständig abgeschlossen ist und wahrscheinlich je nach Abkühlungsgeschwindigkeit bis in den Temperaturbereich von ca. 700 °C anhält.

Während der Abkühlung im festen Zustand scheidet sich Kohlenstoff aus dem Austenit des Ledeburits in Form von Sekundärzementit aus, der an den vorhandenen ledeburitischen Zementit herankristallisiert und deshalb als eigenständiger Gefügebestandteil mikroskopisch nicht erkennbar ist. Dieser Ausscheidungsprozess beginnt dicht unterhalb von 1147 °C und hält bis 723 °C an. Dadurch vermindert der ledeburitische Austenit seinen C-Gehalt entsprechend des Verlaufs der ES-Diagrammlinie (Abb. 3.1) von 2% auf 0,8%.

Beim Erreichen der A_1-Temperatur von 723 °C wandelt sich der an Kohlenstoff verarmte ledeburitische Austenit in Perlit um. Unterhalb von 723 °C besteht das Gefüge des eutektischen weißen Gusseisens folglich aus feinen Perlitkörnern in einer Zementitmatrix. Wie bereits früher erwähnt, bezeichnet man dieses Gefüge als umgewandelten Ledeburit.

Dieser Gefügezustand bleibt praktisch bis zur Raumtemperatur unverändert (Abb. 3.23a), da der zwischen 723 °C und Raumtemperatur aus dem Ferrit des Perlits ausscheidende Tertiärzementit, ähnlich wie der auch schon früher ausgeschiedene Sekundärzementit, an den ledeburitischen Zementit herankristallisiert und somit als eigenständiger Gefügebestandteil mikroskopisch nicht festgestellt werden kann.

Mikroskopische Betrachtungen des umgewandelten Ledeburits lassen vornehmlich eine sphärolitische Form und nur noch sporadisch die Stäbchenform des ursprünglichen ledeburitischen Austenits erkennen, woraus zu schließen ist, dass in der Tat ein Einformprozess (eine Koagulation) des ledeburitischen Austenits während seiner Abkühlung im festen Zustand stattgefunden hat. Die Perlitkörner des umgewandelten Ledeburits sind sehr klein, so dass sie lichtmikroskopisch in der Regel als homogene Gefügebestandteile erscheinen und nur bei einer hohen Vergrößerung und günstigen Kristallisationsbedingungen ihren lamellaren Aufbau erkennen lassen (Abb. 3.23b).

3.2.3 Gefüge von übereutektischem weißem Gusseisen

Die Erstarrung übereutektischer weißer Gusseisen beginnt an der DC-Diagrammlinie (Abb. 3.1), indem aus der Schmelze die ersten Primärzementitkristalle entstehen. Während der weiteren Abkühlung der Schmelze zwischen der DC-Linie und 1147 °C werden neue Primärzementitkristalle gebildet bzw. die vorhandenen wachsen lattenförmig, d.h. als eine Art gerichteter Dendriten ohne Nebenarme, aus.

Infolge der Primärzementitausscheidung verarmt die Restschmelze an Kohlenstoff, um bei 1147 °C einen Gehalt von 4,3% C anzunehmen und als Ledeburit zu erstarren. Das Gusseisen weist somit ein Erstarrungsgefüge auf, das aus Primärzementitkristalliten in Lattenform und aus ledeburitischen Bereichen besteht.

Während der Abkühlung im festen Zustand finden im Austenit des Ledeburits die bereits im vorangehenden Kapitel beschriebenen Vorgänge statt, die zu einem Gefüge führen, das unterhalb von 723 °C, also auch bei Raumtemperatur, aus unveränderten Primärzementitkristalliten in Lattenform und aus Bereichen des umgewandelten Ledeburits besteht (Abb. 3.24).

Weißes Gusseisen findet eine eingeschränkte Anwendung als technischer Werkstoff; sein Einsatz beschränkt sich auf statisch beanspruchte Gussteile, die einem starken Verschleiß ausgesetzt sind, wie z.B. Auskleidungen und Transportschnecken in Fördereinrichtungen für Sand und Steingut oder Verschleißplatten in

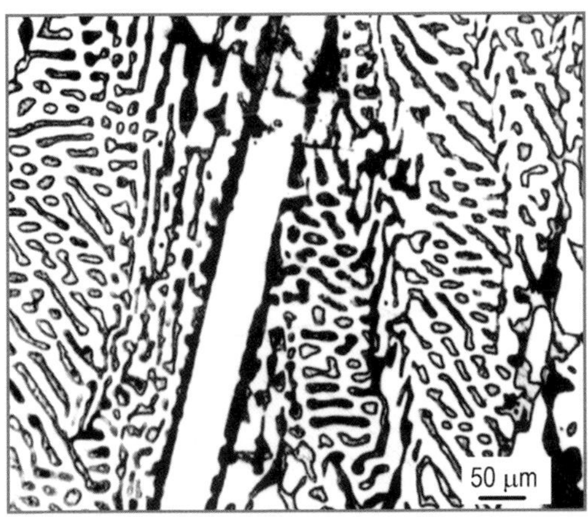

Nital

Abb. 3.24: Gefüge eines übereutektischen weißen Gusseisens bei Raumtemperatur: Primärzementitlatten (hell) und umgewandelter Ledeburit, bestehend aus dunklen Perlitkörnern und heller Zementitmatrix.

Mahlwerken. Walzen in der Papierindustrie und auch andere Verschleißteile werden als so genannter **Schalenhartguss** ausgeführt, in dem im Zuge einer schnelleren Erstarrung und Abkühlung in einer mit Metallplatten ausgekleideten Form die Oberfläche des Gussstückes metastabil (weiß), der Kern hingegen stabil mit Graphit (grau) erstarrt. Der Übergangsbereich zwischen der als weißes Gusseisen erstarrten Oberfläche und dem als Grauguss ausgebildeten Kern besteht üblicherweise aus einem melierten Gefüge, in dem neben dem für das weiße Gusseisen typischen Zementit auch graphithaltige Bereiche vorkommen (siehe dazu auch Abschnitt 3.3.2). Untereutektisches weißes Gusseisen wird außerdem als Ausgangsmaterial für die Herstellung von **Temperguss** verwendet, s. Abschnitt 3.3.1.4.

3.3 Der Kohlenstoff als Graphit; Gefüge des stabilen Fe-C-Systems

Gefügebestandteile von Fe-C-Legierungen, die unter idealen Gleichgewichtsbedingungen aus der Schmelze bzw. im festen Zustand entstehen, können dem Fe-C-Zustandsdiagramm (Abb. 3.25) entnommen werden. Aus diesem Diagramm geht hervor, dass unterhalb der P'S'K'-Linie, d.i. unterhalb von 738 °C, also auch bei Raumtemperatur, das Gefüge aller Fe-C-Legierungen im Gleichgewichtszustand aus **Ferrit** und **Graphit** besteht. Da sich dieses Gefüge nicht mehr durch etwaige Glühbehandlungen verändern kann, spricht man hier vom Gefüge des **stabilen Fe-C-Systems**. Lichtoptisch ist eine Unterscheidung – wie bei Zementit – der zu unterschiedlichen Zeitpunkten entstandenen Graphitstufen schwierig bzw. nicht möglich, da der Graphit II sich an den bereits vorhandenen Graphit I ankristallisiert.

Der Graphit scheidet sich direkt aus der Schmelze oder im festen Zustand aus dem Austenit aus, allerdings nur unter bestimmten Voraussetzungen, von denen

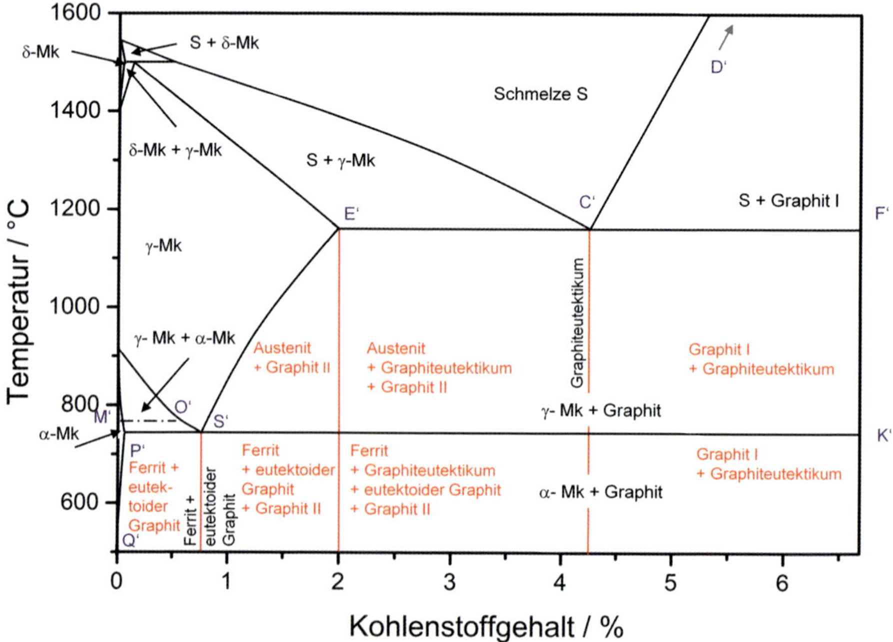

Abb. 3.25: Das Zustandsdiagramm des stabilen Fe-C-Systems – Phasenbezeichnungen schwarz, Gefügebezeichnungen im festen Zustand rote Buchstaben.

Tabelle 3.3: Wichtige Punkte im stabilen Fe-C-Diagramm.

Punkt	Temperatur (°C)	Kohlenstoff-konzentration (Gewichts - %)	Bedeutung / Vorgang
C'	1153	4,25	Eutektischer Punkt: Umwandlung von Schmelze zu Eutektikum aus (γ-Mischkristall (Austenit) und Graphit
E'	1153	2,03	Beginn Soliduslinie (Eutektikale) Größte Löslichkeit von C in γ-Eisen, noch keine Ausscheidung von Graphit II
S'	738	0,69	Eutektoider Punkt: Umwandlung von γ-Mischkristall (Austenit) zu (α-Mischkristall (Ferrit) und eutektoidem Graphit

ein hoher Kohlenstoffgehalt und eine geringe Erstarrungs- bzw. Abkühlungsgeschwindigkeit die wichtigsten sind.

Darüber hinaus wird in technischen unlegierten Eisen-Kohlenstoff-Werkstoffen die Graphitbildung durch die Anteile der Eisenbegleiter Mangan und Silizium wie auch Phosphor beeinflusst.

Die allgemeine Regel, die das Auftreten des Kohlenstoffes als Graphit oder als Zementit in unlegierten und nicht besonders behandelten Eisen-Kohlenstoff-Werkstoffen beschreibt, lautet:

Hoher Kohlenstoffgehalt, höhere Siliziumanteile, geringer Mangangehalt sowie langsames Erstarren und Abkühlen im festen Zustand begünstigen die Graphitentstehung und umgekehrt, d.h. geringerer Kohlenstoff- und Siliziumgehalt, höhere Manganteile sowie schnelle Erstarrung und Abkühlung begünstigen die Ausbildung des Zementits.

Dieser Regel zufolge tritt im Bereich der Stähle, d.h. in Fe-C-Legierungen mit verhältnismäßig wenig Kohlenstoff und wenig Silizium, kein Graphit auf; konsequenterweise ist aber Graphit ein Gefügebestandteil von Gusseisen. Gusseisen, in dem der Kohlenstoff gänzlich oder überwiegend als Graphit auftritt, bezeichnet man als **graues Gusseisen** oder kurz als **Grauguss**. Diese Bezeichnung resultiert aus dem grauen und matten Erscheinungsbild der Bruchoberfläche von Gussstücken.

Wie bereits erwähnt, kann Graphit direkt aus der Schmelze ausscheiden, nämlich als **Primärgraphit** von übereutektischem Gusseisen bzw. als Bestandteil des Eutektikums, oder er kann im festen Zustand aus dem Austenit als **Sekundärgraphit** gebildet werden und schließlich während der eutektoiden Umwandlung des Austenits bei 738 °C entstehen. Dabei kristallisiert der im festen Zustand entstehende Graphit teilweise oder gänzlich an den bereits vorhandenen Primärgraphit heran, was zur Ausbildung besonders grober Graphitteilchen führt. Eine andere Möglichkeit graphithaltiges Gusseisen zu erzeugen, beruht auf langzeitigem Glühen des weißen Gusseisens, wie das bei der Herstellung von Temperguss der Fall ist. Genaueres dazu s. Abschnitt 3.3.1.4. Untereutektisches weißes Gusseisen wird außerdem als Ausgangsmaterial für die Herstellung von **Temperguss** verwendet.

3.3.1 Die häufigsten Formen des Graphits

3.3.1.1 Die Lamellenform

Wird flüssiges Gusseisen bestimmter Zusammensetzung vor der Erstarrung keiner besonderen Behandlung unterzogen und lässt man es langsam erstarren, so entstehen in der Regel Graphitteilchen, die eine dreidimensionale Blattform besitzen, jedoch im Schliffbild als Lamellen erscheinen (Abb. 3.26). Man spricht in diesem Fall von **Gusseisen mit Lamellengraphit** oder auch von lamellarem bzw. gewöhnlichem Grauguss. Eine Graphitklassifizierung durch visuelle Auswertung wird in der DIN ISO 945-1:2019 vorgegeben.

An dieser Stelle wird darauf hingewiesen, dass mikroskopische Auswertungen von Graphit in allen Graugussarten an sorgfältig polierten, jedoch ungeätzten Schliffen durchgeführt werden sollen.

Abhängig von der chemischen Zusammensetzung und der aus der Zusammensetzung resultierenden Graphit-Morphologie kann zwischen untereutektischem, eutektischem und übereutektischem lamellarem Grauguss unterschieden werden (Abb. 3.27a, Abb. 3.27b, Abb. 3.27c).

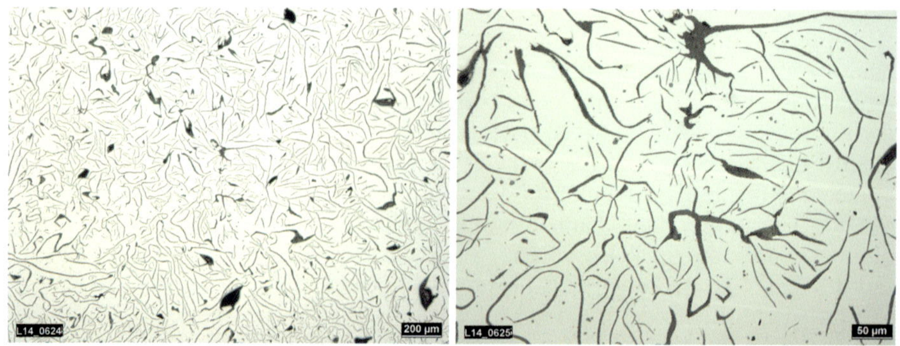

Abb. 3.26: Graphitlamellen im ungeätzten Grauguss.

Genormtes Gusseisen mit Lamellengraphit

In Abb. 3.21 sind die Normen für die jeweilige Gusseisensorte aufgeführt. Gusseisen mit Lamellengraphit wird nach DIN EN 1561:2012 mit GJL bezeichnet. Der Zahlenanhang nimmt Bezug zur Zugfestigkeit: EN-GJL-200 bedeutet, dass eine Mindestzugfestigkeit von 200 MPa an gegossenen Probestücken einzuhalten ist. Der Anhang -HB 215 (z.B. EN-GJL-HB215) legt eine Mindesthärte von 215 HBW fest. Mit größer werdender Wanddicke werden die angegebenen Anforderungswerte kleiner.

In binären Fe-C-Legierungen beträgt die eutektische Kohlenstoffkonzentration 4,26%. Die in technischem Gusseisen vorhandenen Elemente Silizium und Phosphor bewirken eine Verschiebung der eutektischen Konzentration in Richtung geringeren Kohlenstoffgehaltes. Diese Verschiebung kann durch den so genannten **Sättigungsgrad S_c** zum Ausdruck gebracht werden:

$$S_c = \%C:(4{,}26 - 0{,}31\%\ Si - 0{,}27\%\ P)$$

In dieser Formel werden die Anteile von C, Si und P in Gewichtsprozenten angegeben.

Beträgt der errechnete Sc-Wert 1, erstarrt das Gusseisen eutektisch, ist $S_c < 1$, erstarrt ein untereutektisches Gusseisen und bei $S_c > 1$ kommt eine übereutektische Erstarrung zu Stande.

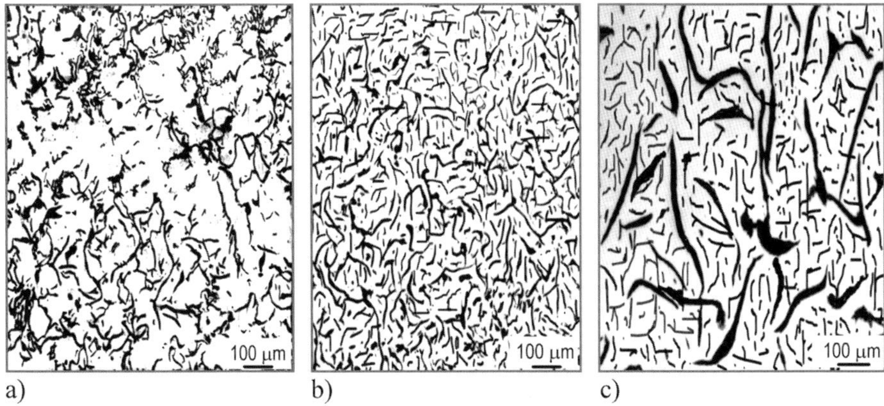

Abb. 3.27: Graphitlamellen im ungeätzten Grauguss: a) untereutektischer, b) eutektischer und c) übereutektischer Zusammensetzung .

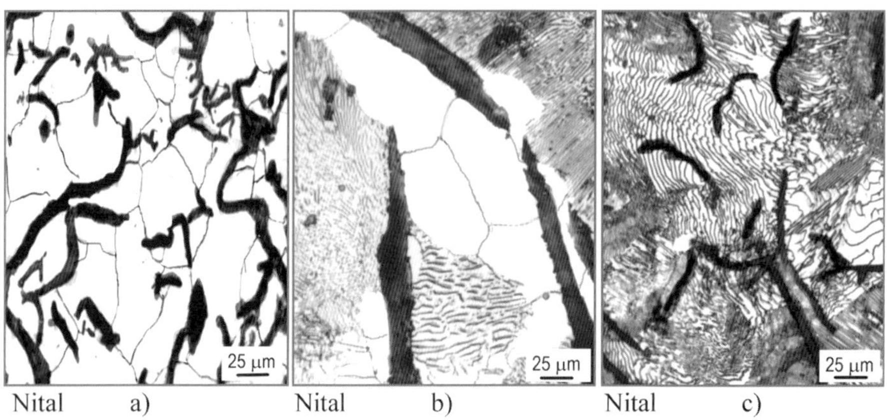

Abb. 3.28: Graugussgefüge: a) ferritische Matrix, b) perlitisch-ferritische Matrix und c) perlitische Matrix.

Das Matrixgefüge von Grauguss kann erst nach einer Ätzbehandlung festgestellt werden und dabei als rein ferritisch, rein perlitisch oder gemischt, d.h. perlitisch-ferritisch erscheinen.

Für einen praxisnahen C-, Si- und Mn-Gehalt beschreibt die folgende Regel, welches Matrixgefüge zum Vorschein kommt:

- Vollzieht sich sowohl die eutektische Umwandlung der Schmelze als auch die eutektoide Umwandlung des Austenits nach den Bedingungen des stabilen Systems, entsteht ein Grauguss mit ferritischer Matrix (Abb. 3.28a).
- Wenn die eutektische Umwandlung nach dem stabilen System stattfindet, die eutektoide Reaktion teilweise stabil und teilweise metastabil abläuft, kommt eine ferritisch-perlitische Matrix zustande (Abb. 3.28b).
- Verläuft die eutektische Reaktion nach den Bedingungen des stabilen Systems, die eutektoide Umwandlung hingegen nach dem metastabilen System, erhält das Gusseisen ein perlitisches Grundgefüge (Abb. 3.28c).

Nach dieser Regel bestimmen vornehmlich Erstarrungs- und Abkühlungsgeschwindigkeit einer Schmelze gegebener Zusammensetzung das Gefüge der Matrix und somit auch weitgehend die mechanischen Eigenschaften des Gussstückes. Auf die Praxis bezogen bedeutet dies, dass Gefüge und mechanische Eigenschaften des lamellaren Graugusses letztlich von der Bauart der Gießform (Sandform oder Kokille) und von der Wanddicke des Gussstückes abhängig sind.

Die Zugfestigkeit des gewöhnlichen Graugusses wächst mit zunehmendem Perlitanteil in der Matrix und kann Höchstwerte von ca. 300 N/mm^2 erreichen.

Da neben dem Gefüge der Matrix auch Größe und Verteilung der Graphitlamellen die Festigkeit des Graugusses beeinflussen, werden in der Praxis beide

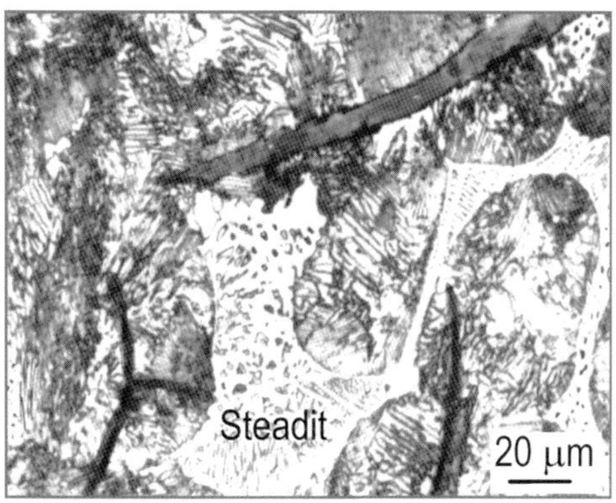

Nital

Abb. 3.29: Perlitischer Grauguss mit Steaditbereichen.

Mechanismen genutzt, um mechanische Eigenschaften dieses Werkstoffes zu kontrollieren.

Höhere Festigkeitswerte von Grauguss mit Lamellengraphit können z.B. durch eine zusätzliche Behandlung einer Schmelze bestimmter Zusammensetzung mit der Vorlegierung Ferrosilizium erreicht werden. Ohne diese Behandlung würde diese Schmelze überwiegend metastabil, d.h. als weißes Gusseisen erstarren. Als Folge der Zuführung von Silizium entsteht jedoch ein Grauguss mit feinlamellarem Graphit und mit einer von der Abkühlungsgeschwindigkeit, d.h. von der Wanddicke des Gussstückes weitgehend unabhängiger Festigkeit, die im Falle einer perlitischen Matrix Werte von etwa 400 N/mm^2 erreichen kann.

Im Gefüge perlitischer oder perlitisch-ferritischer grauer Gusseisen lassen sich neben den genannten Gefügebestandteilen auch Bereiche eines ternären Eutektikums erkennen (Abb. 3.29).

Dieses Eutektikum, **Steadit**[23] genannt, tritt im phosphorreichen Grauguss auf. Es erstarrt bei 950 °C und besteht unmittelbar nach der Erstarrung aus den Phasen Zementit, Eisenphosphid und Austenit. Bei 723 °C wird der Austenit des Steadits in Perlit umgewandelt.

Das Matrixgefüge eines als perlitisch-ferritisch oder perlitisch erstarrten Graugusses kann durch eine gezielte Wärmebehandlung verändert werden. Durch Härten und hohes Anlassen (Genaueres dazu s. Abschnitte 3.6.1 und 3.6.2) bzw. durch ein Zwischenstufenvergüten (Abkühlen aus dem austenitischen Zustand und Halten bis zur vollständigen Umwandlung im Bainitgebiet,

23 Diese Bezeichnung ehrt den Namen des englischen Forschers E. Stead (1851–1923).

danach weitere Abkühlung) wird eine Verbesserung der Zähigkeit von Gussteilen erreicht. Verschleißteile werden üblicherweise einer Oberflächenhärtung unterzogen.

Trotz der relativ niedrigen Zugfestigkeit und der fehlenden Bruchdehnung ist Gusseisen mit Lamellengraphit ein sehr wertvoller Werkstoff. Er weist besondere technologische und anderen Eigenschaften, wie z.B. gute Gießbarkeit bei geringer Schwindung, hohe Druck- und Biegefestigkeit, sehr gute Gleiteigenschaften, gute Korrosionsbeständigkeit auf. Dank der ausgesprochenen Fähigkeit, mechanische Schwingungen zu dämpfen, findet er eine breit gefächerte Anwendung, z.B. in Maschinengehäusen.

Aus diesem wertvollen Werkstoff werden beispielsweise Motoren- und Kompressorenblöcke, Getriebegehäuse, Gehäuse für Elektromotoren und Pumpen, Maschinengestelle, Ofenteile, diverse Armaturen, Kanaldeckel und ähnliche Teile gegossen.

3.3.1.2 Die Kugelform

Werden einem schwefelarmen Gusseisen bestimmter Zusammensetzung im flüssigen Zustand einige Hundertstel Prozent Magnesium oder Cer und danach noch ca. 0,5% Silizium zugeführt, folgt eine Kristallisation des Graphits in Form kleiner und regelmäßig verteilter Kügelchen (Abb. 3.30). Man bezeichnet diesen hochwertigen Grauguss als **Gusseisen mit Kugelgraphit**. Gebräuchlich sind auch die Bezeichnungen **duktiles Gusseisen** oder **Sphäroguss**.

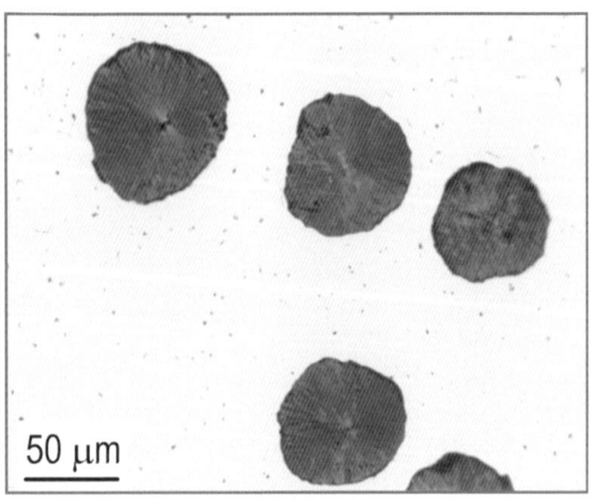

ungeätzt

Abb. 3.30: Graphitkugeln im ungeätzten Gusseisen mit Kugelgraphit.

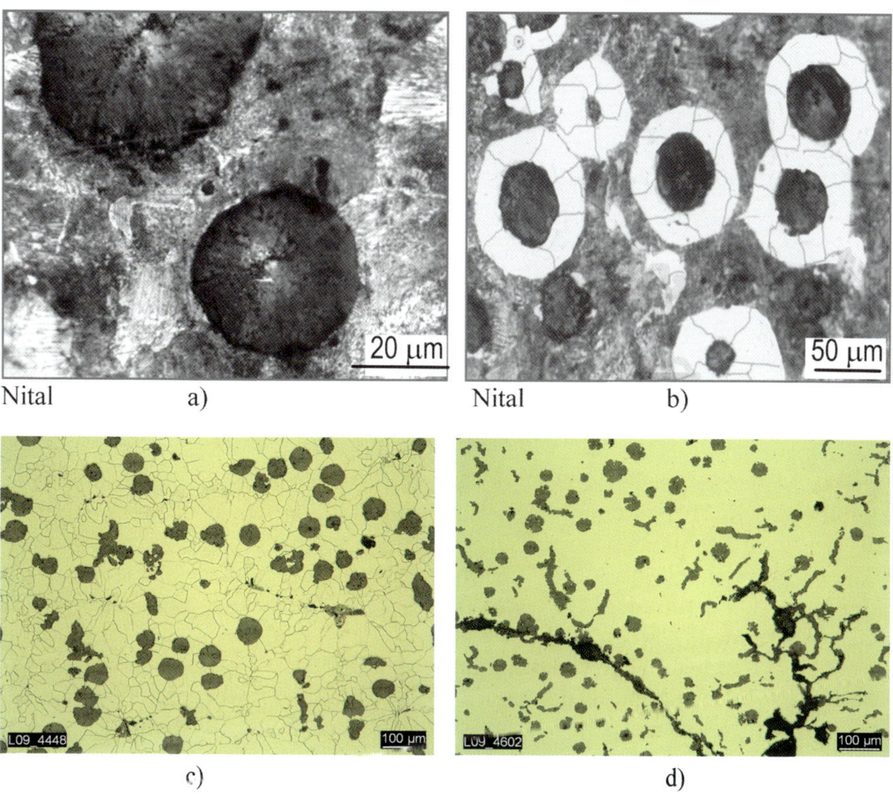

Abb. 3.31: Gefüge von Gusseisen mit Kugelgraphit: a) perlitische Matrix; b) perlitisch-ferritische Matrix; c) ordnungsgemäße Ausbildung des Gefüges von ferritischem GJS 400; d) Ausbildung von Dross in GJS 400.

Genormtes Gusseisen mit Kugelgraphit

In Abb. 3.21 sind die Normen für die jeweilige Gusseisensorte aufgeführt. Gusseisen mit Kugelgraphit wird nach DIN EN 1563:2019 und DIN EN 1564:2012 mit GJS bezeichnet. Die Bezeichnung EN-GJS-700-2 weist darauf hin, dass eine Mindestzugfestigkeit von 700 MPa und eine Bruchdehnung von 2% einzuhalten sind. Mit größer werdender Wanddicke werden die angegebenen Anforderungswerte kleiner.

Das Gefüge der Matrix, das nach dem Ätzen mit Nital zum Vorschein kommt, besteht in den meisten Fällen aus Perlit (Abb. 3.31a); es kann aber auch perlitisch-ferritisch sein, wobei der Ferrit üblicherweise charakteristische Höfe (ringförmige Säume) um die Graphitkugeln bildet (Abb. 3.31b).

Zeigt der Kugelgraphit gemäß Abb. 3.31c und d eine Abweichung von der ordnungsgemäßen Ausbildung, wird er als „Dross" bezeichnet. **Dross** findet man vorzugsweise an der Gussteiloberfläche oder unter der Gusshaut, oft vergesellschaftet mit Gasblasen und Zunder. Diese Bereiche können zusätzlich nicht aufgelöste Impfmittelreste, Sand- und Schlackeneinschlüsse in Verbindung mit Graphitanreicherungen enthalten. Sie erscheinen im Bruchgefüge als schwarze Flecken bzw. Hohlstellen. Die Dross-Gefügestrukturen beeinflussen das Festigkeitsverhalten bzw. das Anrissverhalten des Bauteils negativ und treten vorwiegend in oberflächennahen Bereichen auf. Diese Abweichungen vom ordnungsgemäßen Gefügezustand lassen sich auf der Schliffoberfläche über den matten Glanz erkennen.

Das Matrixgefüge lässt sich im Zuge einer Wärmebehandlung verändern. Durch eine Glühbehandlung des perlitischen Gusseisens mit Kugelgraphit bei ca. 750 °C mit folgender langsamer Abkühlung kann z.B. eine ferritische Matrix erzeugt werden (Abb.3.32a). Durch ein Vergüten (Näheres dazu s. Abschnitt 3.6.2) kann wiederum der Matrix das Gefüge eines hochangelassenen Martensits verliehen werden (Abb. 3.32b).

Ausferritisches (frühere Bezeichnung „bainitisches") **Gusseisen** mit Kugelgraphit (ADI – austempered ductile iron) erhält man bei Zulegieren von Silizium in Kombination mit einer besonderen Wärmebehandlung (Austenitisieren, Ab-

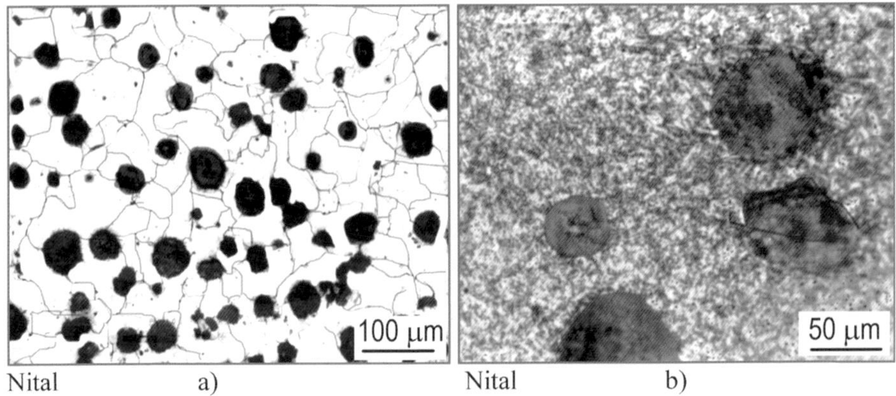

Abb. 3.32: Gefüge von Gusseisen mit Kugelgraphit: a) ferritische Matrix (nach einer Glühbehandlung) und b) mit angelassenem Martensit als Matrix (nach dem Vergüten).

kühlen und isothermes Halten bei rd. 300 °C). Es stellt sich ein austenitisch-ferritisches Grundgefüge aus nadligem Ferrit und kohlenstoffgesättigtem Austenit ein. Es weist eine höhere Zähigkeit und Festigkeit auf.

Die mechanischen Eigenschaften von Sphäroguss kommen den Eigenschaften von Stahlguss sehr nah. Die recht hohe Festigkeit und die für viele Anwendungen ausreichende Bruchdehnung in Verbindung mit weiteren, im vorherigen Abschnitt aufgezählten mechanischen und technologischen Eigenschaften, machen Gusseisen mit Kugelgraphit zu einem hervorragenden und für hochbeanspruchte Gussteile geeigneten Werkstoff.

Aus Gusseisen mit Kugelgraphit werden beispielsweise Motorenblöcke, Getriebegehäuse, Kurbelwellen, Zahnräder, Pleuelstangen, Radnaben, Rohrleitungen und ähnliche Werkstücke hergestellt.

3.3.1.3 Gusseisen mit Vermiculargraphit

Die frühere Bezeichnung von **Gusseisen mit Vermiculargraphit** lautet Kompaktgraphit oder Graupelgraphit. Die Herstellung beruht auf einer geeigneten Schmelzenführung und **Impfung** der Schmelze[24]. Eine von mehreren Möglichkeiten, eine andere geometrische Form der Graphitteilchen anzusteuern, beruht auf der Behandlung der Schmelze mit geringen Mengen von Cer oder Magnesium als Sphärolitbildner bei gleichzeitiger Zugabe von Titan und Aluminium als Hemmer der Sphärolitbildung.

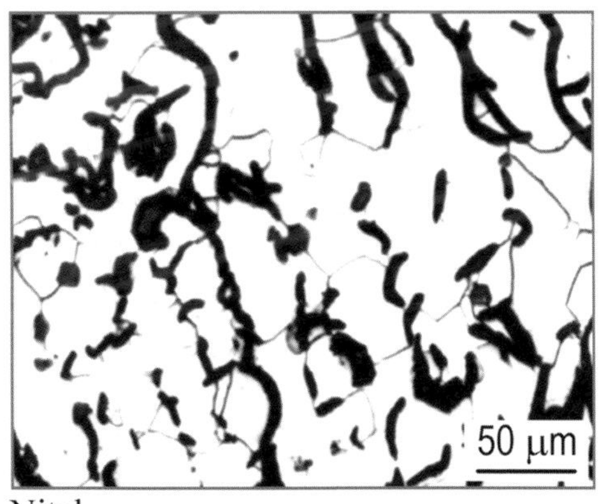

Abb. 3.33: Grauguss mit Vermiculargraphit.

24 In der Metallurgie versteht man unter Impfen (Modifizieren) die Einführung in die Schmelze kurz vor der Formauffüllung, geringe Mengen metallischer oder auch nicht metallischer Elemente, zwecks Beeinflussung des Erstarrungsvorganges und -gefüges.

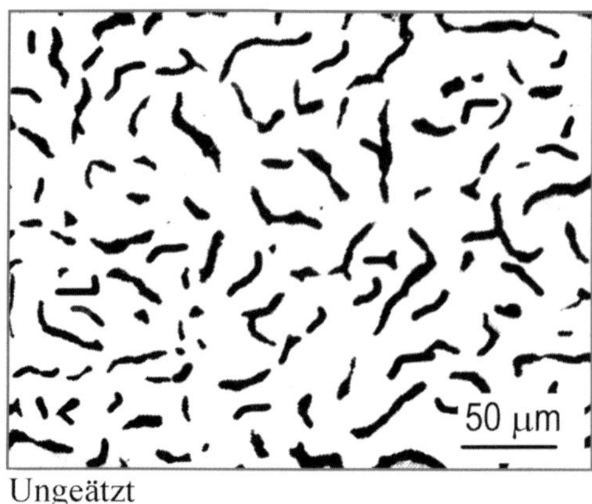

Abb. 3.34: Grauguss mit Vermiculargraphit.

Gusseisen mit Vermiculargraphit kann als eine Zwischenform von Lamellengraphit und Kugelgraphit angesehen werden.

Die geometrische Form von Vermiculargraphit stellt kleine, deutlich abgerundete Teilchen dar, die jedoch nicht wie im Gusseisen mit Kugelgraphit getrennt voneinander in der Matrix auftreten, sondern wie Glieder einer Kette aneinander gereiht und in eine ferritische oder ferritisch-perlitische Matrix eingebaut sind (Abb. 3.33 und Abb. 3.34). Die in unterschiedlichen Ebenen und Richtungen vorliegenden Graphitteilchen-Ketten sind zu einem dreidimensionalen Netzwerk miteinander verknüpft, was besonders deutlich beim Kompaktgraphit zu beobachten ist.

Der Unterschied zwischen beiden Graphitformen scheint lediglich in den verschiedenen Wachstumsrichtungen des Graphits zu liegen. Wachsen die Kompaktgraphitteilchen, ähnlich wie der Kugelgraphit, senkrecht zur Grundebene des hexagonalen Graphitgitters aus, vergrößern sich die Vermiculargraphitteilchen bevorzugt parallel zur Grundebene dieses Gitters, also genauso wie im Falle des Lamellengraphits. Zudem treten im Gefüge von Grauguss mit Kompaktgraphit vereinzelt Graphitkugeln auf.

Genormtes Gusseisen mit Vermiculargraphit

In Abb. 3.21 sind die Normen für die jeweilige Gusseisensorte aufgeführt. Gusseisen mit Vermiculargraphit wird nach DIN EN 16079:2012 mit GJV bezeichnet. Die Bezeichnung EN-GJV-400 weist darauf hin, dass eine Mindestzugfestigkeit von 400 MPa einzuhalten ist. Mit größer werdender Wanddicke werden die angegebenen Anforderungswerte kleiner.

3.3.1.4 Die Flockenform

Die flockige Graphitform ist für den so genannten **Temperguss** typisch. Temperguss entsteht aus untereutektischem weißem Gusseisen, dem sogenannten **Temperrohguss**, und zwar durch sein langzeitiges Glühen bei Temperaturen von ca. 1000 °C mit nachfolgender sehr langsamer Abkühlung. Während dieser Glühbehandlung zerfällt das Gefüge des weißen Gusseisens zunächst in Graphit und Austenit. Während der anschließenden langsamen Abkühlung scheidet sich Graphit aus dem Austenit aus, der an die bereits bei höheren Temperaturen ausgebildeten Graphitflocken heranwächst. Bei ca. 738 °C zerfällt schließlich der Austenit in Perlit, der je nach Abkühlungsgeschwindigkeit im Gefüge vorhanden bleibt oder ebenfalls teilweise bzw. gänzlich in Graphit und Ferrit zerfällt.

Infolge der hier beschriebenen Gefügeumwandlungen stellt sich im gesamten Gussstück ein einheitliches Gefüge ein, das bei Raumtemperatur aus einer ferritischen oder ferritisch-perlitischen Matrix mit gleichmäßig verteilten **Temperkohleflocken** (Graphitflocken) besteht (Abb. 3.35). Dieses Gefüge entsteht jedoch nur dann, wenn das langzeitige Glühen und das folgende langsame Abkühlen in einer neutralen Atmosphäre, z.B. im Quarzsand oder in einem neutralen Gas, stattfinden. Der so behandelte Gusswerkstoff wird als **schwarzer Temperguss** bezeichnet.

Nital

Abb. 3.35: Gefüge eines schwarzen Tempergusses: dunkle Temperkohleflocken in ferritischer Matrix.

Weil während der langzeitigen Glühbehandlung dem Gussstück kein Kohlenstoff entzogen wird, andererseits aber zu hohe Anteile von Temperkohle im Gefüge die Festigkeit der Fertigteile mindert, soll der Kohlenstoffgehalt im Temperrohguss den Grenzwert von etwa 2,8% nicht überschreiten.

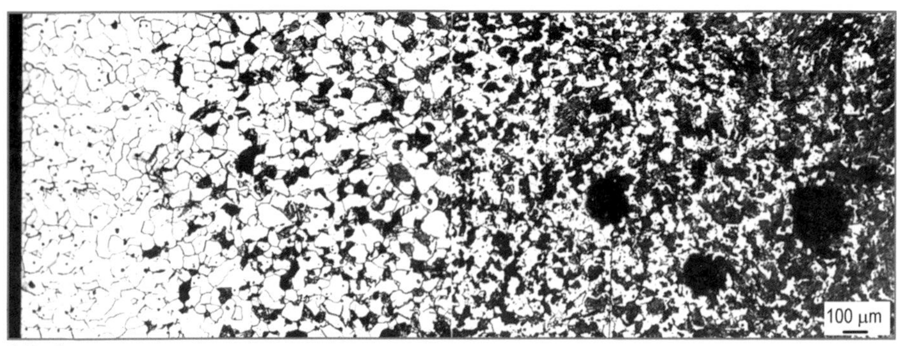

Nital

Abb. 3.36: Gefüge eines weißen Tempergusses: ferritische Randzone, ferritisch-perlitischer Übergangsbereich und perlitischer Kern mit Graphitflocken.

Aus neutral geglühtem Temperguss werden Gussstücke mit größerer Wanddicke hergestellt, wie z.B. Schalthebel, Kurbelwellen, Bremstrommeln und Getriebegehäuse.

Findet die langzeitige Glühung des Temperrohgusses in einer sauerstoffreichen Atmosphäre statt, z.B. im Eisenerz oder in einem oxidierenden Gasgemisch, kommt es zu einer Entkohlung der Werkstücke. Den so behandelten Werkstoff bezeichnet man wegen seiner hell aussehenden Bruchoberfläche als **weißen Temperguss**.

Die entkohlte Zone kann in der Praxis eine Tiefe bis zu ca. 4 mm erreichen. Je nach Wandstärke und Glühdauer wird folglich entweder nur die Randzone oder der gesamte Querschnitt des behandelten Gussstückes entkohlt. Demnach verändert sich das Gefüge des weißen Tempergusses mit zunehmender Entfernung von der Werkstückoberfläche, nämlich von einer rein ferritischen Randschicht über einen ferritisch-perlitischen Übergangsbereich bis zu einem perlitischen Kern mit Einlagerungen von Temperkohle (Abb. 3.36).

Dementsprechend sind auch die mechanischen Eigenschaften des entkohlten Tempergusses stark von der Wanddicke des Gussteils abhängig, allgemein jedoch mit den Eigenschaften des Sphärogusses vergleichbar.

Die Anwendung des entkohlten Tempergusses beschränkt sich eher auf dünnwandige Gussteile und reicht beispielsweise von einfachen Schraubzwingen, großen Schlüsseln, Auspuffrohren, Bremstrommeln, Kettengliedern bis zu komplizierten stoßfesten Gussteilen.

Genormter Temperguss

In Abb. 3.21 sind die Normen für die jeweilige Gusseisensorte aufgeführt. Temperguss wird nach DIN EN 1562:2019 mit GJMB (schwarzer Temperguss) bzw. GJMW (weißer Temperguss) bezeichnet. Die Bezeichnung EN-GJMB-550-4 weist darauf hin, dass eine Mindestzugfestigkeit von 550 MPa und eine Bruchdehnung von 4 % einzuhalten sind.

3.3.2 Hartguss – Schalenhartguss und meliertes Gusseisen

Hartguss weist eine hohe Beständigkeit Verschleiß auf und wird häufig im Bergbau, Erdbau, in Walzwerken und in der Fertigungsindustrie eingesetzt.

Die Verschleißbeständigkeit hängt vom Gefüge und der Härte für den jeweiligen Anwendungsfall ab. Die erforderlichen Gefügezustände und die Härte werden durch eine geeignete chemische Zusammensetzung, Abkühlungsbedingungen bzw. Wärmebehandlungen erreicht.

Beim **Schalenhartguss** werden die Zusammensetzung und die Erstarrungs- und Abkühlungsbedingungen, die für die Erscheinungsform des Kohlenstoffes im Gusseisen verantwortlich sind, so gesteuert, dass die Oberfläche eines Gussstückes als weißes Gusseisen (Abb. 3.37) und der Kern hingegen als Grauguss erstarrt.

Zwischen der als weißes Gusseisen erstarrten Oberfläche und dem als Grauguss erstarrten Kern des Gussstückes existiert eine Übergangszone, in der sowohl perlitische Bereiche mit Graphiteinlagerungen als auch ledeburitische Bereiche mit Primärzementit auftreten. Dieses Nebeneinander von ledeburitischen

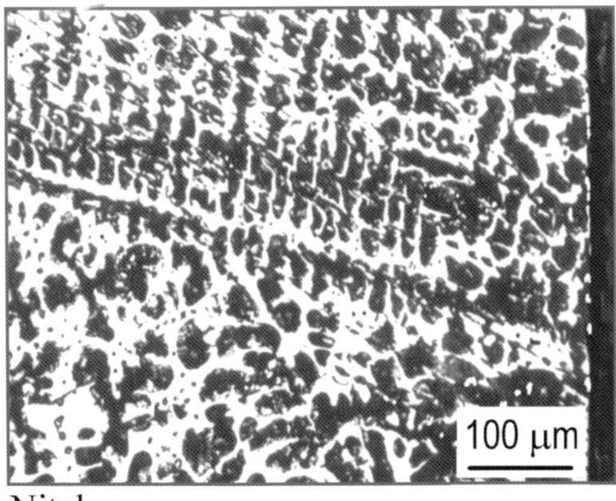

Abb. 3.37: Gefüge der Randzone eines Schalenhartgusses: Perlitkörner in Dendritenanordnung und umgewandelter Ledeburit.

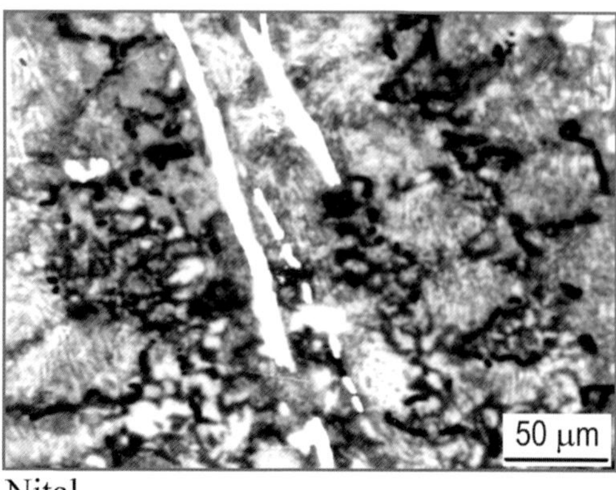

Abb. 3.38: Gefüge des melierten Gusseisens: helle Zementitlatten und dunkle Graphitfelder nebeneinander.

und graphithaltigen Bereichen ist ein Charakteristikum des melierten Gusseisens (Abb. 3.38).

Schalenhartguss wird in Kokillen vergossen und findet z.B. Anwendung bei der Herstellung von Walzen für die Hütten- und Papierindustrie.

Infolge einer langzeitigen Glühbehandlung zwischen 900 °C und 950 °C mit nachfolgender langsamer Abkühlung kann der Zementit des melierten Gusseisens in Graphit umgewandelt und dadurch ein ferritisches Graugussgefüge erzeugt werden.

Genormtes verschleißbeständiges Gusseisen

In Abb. 3.21 sind die Normen für die jeweilige Gusseisensorte aufgeführt. Temperguss wird nach DIN EN 12513:2011 mit GJN bezeichnet. Die Bezeichnung EN-GJN-HB400 weist darauf hin, dass eine Härte von 400 HBW einzuhalten ist.

3.4 Praktische Tipps für die Präparation von Gusseisen

Die Klassifizierung von Graphit durch visuelle Auswertung ist ein bewährtes Verfahren, das in der Gießereiindustrie als Mittel zur schnellen Bestimmung der Mikrostruktur des Graphits in einem Gussstück aus Gusseisen anerkannt ist. In der DIN EN ISO 945-1:2019 werden hierzu Richtreihen vorgestellt.

Das Trennen von weißem Gusseisen kann wegen des harten Grundgefüges bzw. der weichen Graphiteinlagerungen zu Problemen führen (Ausbrüche, Zerstörung der natürlichen Form der Graphiteinlagerungen). Diese lassen sich durch die Verwendung einer CBN (Cubic Boron Nitride)-Trennscheibe reduzieren. Ein Trennen durch Erodieren ist ebenfalls geeignet.

Die Erhaltung der wahren Form und Größe der Graphitlamellen, -kugeln oder -flocken ist wegen der geringen Haftung der Ausscheidungen und ihrer Weichheit schwierig und erfordert eine behutsame Präparation (Schleifen, Polieren). Während des Schleifens wird das Grundgefüge über den Graphit geschmiert. Diese Verschmierung muss durch gründliches Diamantpolieren entfernt werden.

Form, Größe und Verteilung des Graphits und eventuelle Gussporen lassen sich am besten vor dem Ätzen im polierten Schliff beurteilen.

Gusseisen ist korrosionsanfällig, es empfiehlt sich, wasserfreie Präparationsmittel zu verwenden. Die Reinigung sollte rasch mit kaltem Wasser durchgeführt werden. Zur Vermeidung von Korrosionsflecken sollte gründlich mit (wasserfreiem) Alkohol in einem kräftigen, warmen Luftstrom rasch getrocknet werden. Die Proben dürfen nicht nass aufbewahrt werden. Bereits ein kurzzeitiges Lagern im nassen Zustand kann zu Korrosionsflecken führen.

3.5 Fehler und Probleme bei der Gefügeinterpretation

Tabelle 3.4: Probleme bei der Gefügeinterpretation von Gusseisen, deren Auswirkungen sowie die Ursachen und Behebung.

Problem	Auswirkung	Ursache und Behebung
Wahre Form des Graphiteinschlusses erkennen	Falsche Beurteilung der Größe, Art und Verteilung	Ungenügender Abtrag des durch das Schleifen verschmierten Grundgefüges Nicht ausreichende Diamantpolitur und Endpolitur Kontrolle im Lichtmikroskop bei Vergrößerungen > 100fach vornehmen: Beurteilung, ob Graphit vollständig poliert oder herausgerissen wurde. Gut auspolierter Graphit ist grau.
Kein Graphit im polierten/geätzten Schliff erkennbar	Falsche Beurteilung der Größe, Art und Verteilung	Falsche Präparation: Schleif- und Polierstufen anpassen. Kein elektrolytisches Polieren einsetzen
Korrosionsflecken	Fehlinterpretation des Gefüges / Graphit-Ausscheidung	Wasserhaltige Präparationsmittel vermeiden. Mit wasserfreiem Alkohol reinigen und spülen.
Kratzer, Verformungen in ferritischer/austenitischer Matrix	Fehlinterpretation des Gefüges / Graphit-Ausscheidung	Nicht angepasste Präparation → Planschleifen mit Siliziumkarbidpapier mit anschließendem Feinschleifen und Polieren mit Diamant. Ggf. kurze Endpolitur mit Siliziumoxid

3.6 Der im Eisengitter gelöste Kohlenstoff – Umwandlungsgefüge des Stahls

Die Betrachtung des Fe-C-Zustandsdiagramms (Abb. 3.1) lässt erkennen, dass sich der Kohlenstoff bis zu 2% im γ-Eisengitter und nur bis zu knappen 0,02% im α-Eisengitter auflösen kann, und dass die feste Lösung des Kohlenstoffes im γ-Eisengitter, der Austenit, unter metastabilen oder stabilen Bedingungen nur oberhalb von 723 °C bzw. 738 °C existenzfähig ist.

Die Praxis zeigt jedoch, dass durch eine Abkühlung, die von den stabilen oder quasistabilen Bedingungen abweicht, nicht nur der Existenzbereich des Austenits, sondern auch die Löslichkeit des Kohlenstoffes im α-Eisengitter deutlich verändert werden können. Infolge einer entsprechend schnellen Abkühlung kann nämlich die Existenz des Austenits auf Temperaturbereiche ausgedehnt werden, die deutlich unterhalb von 723 °C liegen. Gleichzeitig ist es durch eine schnelle Abkühlung möglich, den gesamten Kohlenstoff, den der unterkühlte Austenit besitzt, in das neu entstehende α-Eisengitter einzubauen.

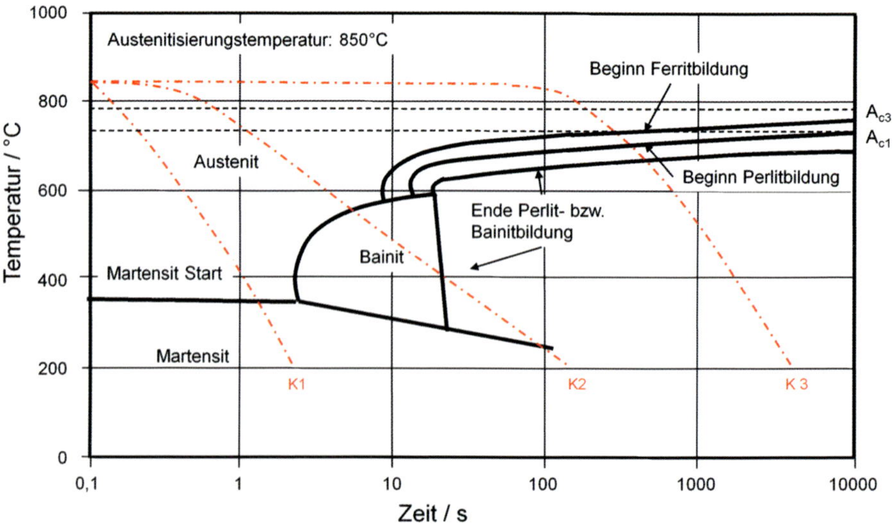

Abb. 3.39: Kontinuierliches ZTU-Diagramm eines untereutektoiden Stahls. Die eingezeichneten Abkühlungskurven K1, K2 und K3 entsprechen Abkühlungsgeschwindigkeiten, die zur Entstehung drei verschiedener charakteristischer Umwandlungsgefüge führen (bei der M_f-Temperatur, die im Falle unlegierter Stähle ebenfalls nur vom Kohlenstoffgehalt abhängt, endet die Umwandlung des Austenits in Martensit).

Der Existenzbereich und die Zerfallsbedingungen des unterkühlten und somit instabilen Austenits können einem **Zeit-Temperatur-Umwandlungs-Diagramm**, kurz **ZTU-Diagramm** (Abb. 3.39), entnommen werden.

ZTU-Diagramme sind wichtige und für die praktische Wärmebehandlung von Stählen unentbehrliche Informationsträger, aus denen auf eine einfache Weise die Korrelation zwischen der Geschwindigkeit beim Abkühlen eines Stahls aus dem austenitischen Bereich und dem entstehenden Gefüge und Härte erkennbar sind. Der Stahl muss vorher austenitisiert, d.h. eine ausreichend lange Zeit oberhalb der Austenitisierungstemperatur gehalten werden. Jeder Stahl weist eine spezifische Austenitisierungstemperatur auf. Bei unlegierten Kohlenstoffstählen entspricht sie der Linie GSE im Eisen-Kohlenstoffdiagramm.

Für einen Großteil der für die Wärmebehandlung geeigneten Stähle wurden bereits ZTU-Diagramme erstellt und in entsprechenden Sammlungen, wie z.B. in https://www.stahldaten.de/de/pub/home/ZTU-Datenbank zusammengestellt.

3.6.1 Zerfall des unterkühlten Austenits

3.6.1.1 Das Härtegefüge

Eine sehr rasche Abkühlung des Austenits, die z.B. der Abkühlungskurve **K1** in Abb. 3.39 entspricht und praktisch durch das Wasserabschrecken realisiert werden kann, bewirkt, dass der unterkühlte Austenit noch tief unter der A_1-Temperatur, nämlich bis zur M_S-Temperatur existieren kann. Die **M_S-Temperatur** ist die Temperatur (s = Start), bei der die Umwandlung des unterkühlten Austenits in die neue Phase **Martensit** beginnt.

Martensit[25], der als eine feste, übersättigte Lösung des Kohlenstoffes im α Eisengitter beschrieben werden kann, besitzt ein tetragonalraumzentriertes Gitter, ist sehr hart und sehr spröde.

Beim Unterschreiten der M_S-Temperatur wandelt sich der unterkühlte Austenit diffusionsfrei und sukzessive in Martensit um. Dieser Vorgang hält bis zur **M_f-Temperatur** (f = Finish/Ende) an.

In unlegierten Stählen hängt die M_S-Temperatur allein vom Kohlenstoffgehalt ab und beträgt ca. 400 °C bis 460 °C für kohlenstoffärmere und ca. 270 °C bis 300 °C für kohlenstoffreichere untereutektoide Baustähle. In übereutektoiden Werkzeugstählen beginnt die Martensitbildung etwa bei 260 °C.

Das Erzeugen eines martensitischen Gefüges wird in der Praxis im Zuge des technologischen Vorganges **Härten** realisiert. Das Härten von Stählen beruht auf dem Erwärmen des Werkstückes auf ca. 30 °C bis 50 °C über die GSK-Linie

25 Benannt nach Adolf Martens (1880–1914), dem deutschen Forscher u.a. auf dem Gebiet der Metallographie und des Mikroskopenbaus.

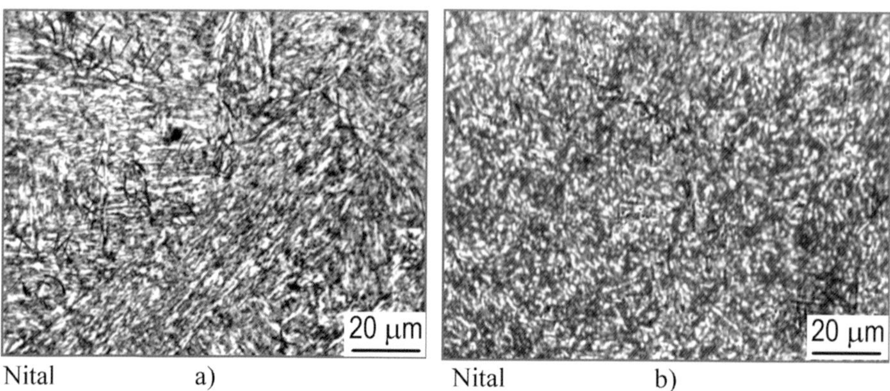

Abb. 3.40: Härtegefüge: a) Martensitnadeln eines unlegierten Stahls mit ca. 0,6% C, b) gestaltloser Martensit eines Stahls mit ca. 0,8% C.

(Abb. 3.1), einem Halten bei dieser Temperatur (ca. 1 Minute lang pro 1 mm Wandstärke) und folgendem Abschrecken in Wasser oder Öl.

Im Schliffbild zeigt sich in der Regel der Martensit, übrigens nach einem recht trägen Ätzverhalten, als ein nadeliges Gebilde (Abb. 3.40a). Nur in eutektoiden Stählen, bei denen Härtetemperatur und -zeit exakt eingestellt werden können, kann ein nadelloser (gestaltloser) Martensit, auch **Hardenit** genannt, erzeugt werden (Abb. 3.40b). Dieser ist im Allgemeinen nicht anätzbar und erscheint im Lichtmikroskop weiß.

Eine genauere Betrachtung des Härtegefüges, vor allem bei höheren Vergrößerungen, lässt erkennen, dass der Martensit grundsätzlich zwei unterschiedliche geometrische Formen aufweisen kann.

Einmal werden im Härtegefüge Bündel (Pakete) paralleler Latten innerhalb der ehemaligen Austenitkörner beobachtet (Abb. 3.41). In der Fachliteratur nennt man diesen Martensit entsprechend **Lattenmartensit**. Er entsteht vornehmlich beim Härten kohlenstoffarmer Stähle mit weniger als 0,4% C und bei höheren Austenitisierungstemperaturen. Charakteristisch für den Lattenmartensit, der in der Fachliteratur auch als **massiver Martensit** bekannt ist, ist eine hohe Versetzungsdichte[26] . Bei höherlegierten (martensitischen) 9–10%CrMo-Stählen mit Zusätzen von karbidbildenden Elementen wie W, V, Nb stellt sich Martensit eher in körniger Struktur dar (Abb. 3.41 rechts). Dies ist auch auf den vergleichs-

26 Als Versetzungen werden linienhafte Baufehler im Kristallgitter bezeichnet. Unter Versetzungsdichte versteht man die auf das Kristallvolumen bezogene Länge der Versetzungen mit der Einheit m/m^3. Je höher die Versetzungsdichte umso stärker ist die Auswirkung auf die Anhebung der Festigkeit.

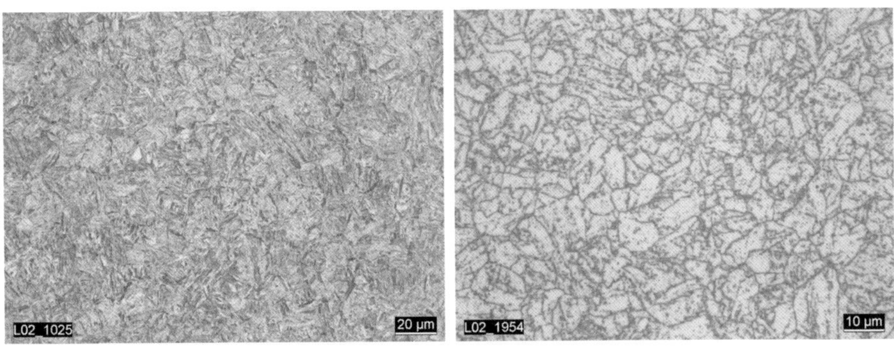

Abb. 3.41: Links: Lattenmartensit; rechts: körniger Martensit. Geätzt mit Nital (links, C45) bzw. mit Pikrinsalzsäure (rechts, 9% Cr).

Nital

Abb. 3.42: Plattenmartensit, auch Nadelmartensit genannt.

weise geringen Gehalt von C zurückzuführen: die Martensitlatten weisen eine geringere Dichte an Fe_3C Karbiden an den Lattengrenzen auf.

Das Härtegefüge kohlenstoffreicher Stähle mit ca. 0,8 und mehr Prozent Kohlenstoff besteht hingegen vornehmlich aus so genanntem Plattenmartensit. In der deutschen Fachliteratur bezeichnet man den **Plattenmartensit** auch als **Nadelmartensit**. Im englischen Schrifttum nennt man ihn **acicular martensite**. Bei ausreichender Auflösung des Mikroskops lassen sich diese Martensitplatten in der Tat als unregelmäßige, zweidimensionale Figuren erkennen (Abb. 3.42 und Abb. 3.43).

Abb. 3.43: Grobnadeliger Plattenmartensit mit Restaustenit (helle Bereiche) und Härterissen.

Elektronenmikroskopisch kann an dünnen Folien nachgewiesen werden, dass die Martensitplatten oft in sich sehr stark verzwillingt sind.

Im Härtegefüge unlegierter und niedriglegierter Stähle mit einem mittleren Kohlenstoffgehalt treten beide oben beschriebenen Martensitformen nebeneinander auf.

Die hohe Versetzungsdichte von Martensitlatten wie auch die hohe Dichte von Zwillingen in den Martensitplatten stellt einen Zustand dar, in dem praktisch alle Gleitmöglichkeiten und Zwillingsbildungen ausgeschöpft sind.

Es ist somit verständlich, dass Stähle nach dem Härten enorm fest und gleichzeitig sehr spröde sind.

Die in der Anfangsphase der γ/α-Umwandlung gebildeten Martensitlatten bzw. -platten erreichen oft eine Länge, die identisch ist mit dem Durchmesser

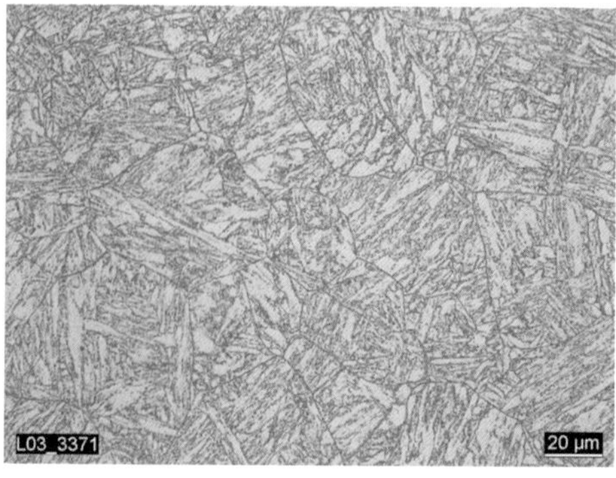

Abb. 3.44: Martensit und Korngrenzen des ehemaligen Austenits (9%Cr-Stahl nach Anlassen).

des Austenitkorns, in dem sie entstanden sind. Dies bedeutet, dass ein Abschrecken eines stark überhitzten grobkörnigen Austenits zur Entstehung eines ebenfalls grobnadeligen Martensits führt.

Die Größe der Austenitkörner vor ihrer Abschreckung, d.h. vor der Martensitbildung, kann auf eine einfache Weise durch eine Spezialätzung mikroskopisch nachgewiesen werden (Abb. 3.44). Das für die Entwicklung ehemaliger Austenitkorngrenzen im Härtegefüge geeignete Ätzmittel besteht aus einer **gesättigten wässrigen Pikrinsäurelösung** [2], [6]. Um die Benetzung der Schliffoberfläche durch das Ätzmittel zu begünstigen, werden dieser Lösung einige Tropfen Spülmittel zugegeben. Die Möglichkeiten der Sichtbarmachung von Korngrenzen zur Bestimmung von Korngrößen werden in der DIN EN ISO 643:2020 explizit behandelt [6], [7].

Ein grobnadeliges Härtegefüge ist in der Praxis unerwünscht, und zwar wegen schlechter mechanischer Eigenschaften des nach dem Härten angelassenen Stahls, aber auch wegen der Gefahr der Rissbildung.

Ebenfalls unerwünscht sind Härtegefüge mit größeren Anteilen von **Restaustenit** (Abb. 3.43), die stets dann vorhanden sind, wenn die Temperatur des Abschreckmittels oberhalb der M_f-Temperatur des gehärteten Stahls liegt. Als Restaustenit werden nicht umgewandelte γ-Mk bezeichnet.

Ein Härten aus zu niedriger Austenitisierungstemperatur führt wiederum i.d.R. wegen der nicht vollständigen Auflösung des Ausgangsgefüges zu einem Mischgefüge mit Eigenschaften, das die gestellten Anforderungen (Festigkeit, Härte) nicht erfüllt. Dabei wird das Ausgangsgefüge nicht vollstandig aufgelöst, sodass sich Reste davon im Gefüge nach dem Härten finden. Ferritische Anteile werden beobachtet, wenn ein ferritisch-perlitischer Zustand austenitisiert wird. Auch das Unterschreiten kritischer Abkühlungsgeschwindigkeiten während des Härtens kann dazu führen, dass sich kein vollständiges martensitisches Gefüge bildet.

Die Folgen des Härtens aus zu hoher oder zu niedriger Austenitisierungstemperatur bzw. des unsachgemäßen Abschreckens lassen sich durch erneutes Härten beseitigen. Die lichtoptische Beurteilung des damit verbundenen Gefüges ist bei extremen Abweichungen der Härtetemperaturen möglich, bei geringen Abweichungen jedoch schwierig (siehe Abb. 3.45). In Grenzfällen sollte die Messung der Härte mit hinzugezogen werden. In Tabelle 3.5 sind Hinweise für eine Beurteilung aufgeführt, wobei zu beachten ist, dass der erkennbare Effekt wesentlich von der Stahlsorte beeinflusst wird.

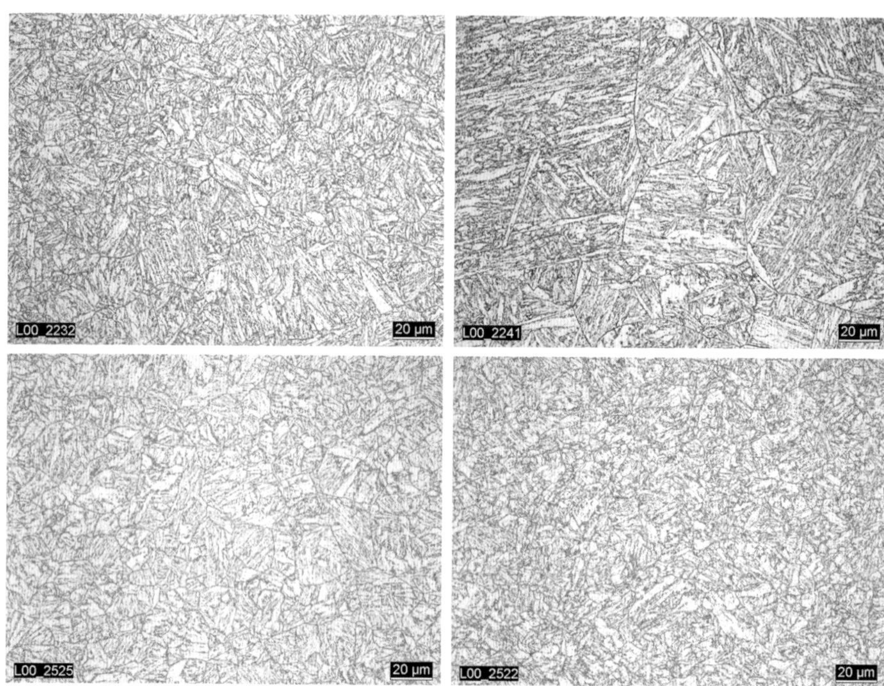

Abb. 3.45: Auswirkungen abweichender Wärmebehandlungsparameter auf die Ausbildung des martensitischen Gefüges bei einem 10%CrMo-Stahl. Oben links: Anforderungszustand (1050 °C-1h / L – 760 °C-2h / L; 219 HV 10), oben rechts: zu hoch austenitisiert (1150 °C-1h / L – 760 °C-2h / L; 222HV 10); unten links: zu niedrig angelassen (980 °C-1h / L – 760 °C-2h / L; 219HV 10); unten rechts: zu hoch angelassen (1050 °C-1h / L – 850 °C-2h / L; 207HV 10).

Tabelle. 3.5: Auswirkungen unzulässiger Wärmebehandlungsparameter beim Härten auf die Gefügeausbildung von umwandlungsfähigen Stählen.

Härtetemperatur	**Auswirkung im lichtoptischen Gefüge**
Deutlich zu hoch	Grobes Austenitkorn, grobe Martensitnadeln, Härte deutlich über der Anforderung, u.U. Ausbildung von Härterissen
Deutlich zu niedrig	Keine oder wenig ausgeprägte Nadelstruktur, nicht umgewandelte (ferritische) Bereiche, Härte deutlich unter der Anforderung,
Anlasstemperatur	**Auswirkung im lichtoptischen Gefüge**
Deutlich über dem zulässigen Wert	Erkennbare Auflösung der Karbidausscheidungen und „verwaschene" Nadelstruktur; Härteabfall
Deutlich unter dem zulässigen Wert	Lichtoptisch nicht erkennbar; erhöhte Härtewerte

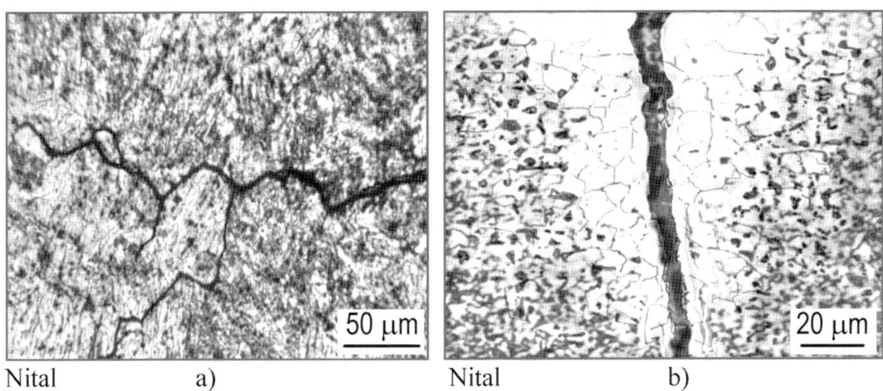

Nital a) Nital b)

Abb. 3.46: a) Martensit mit Härterissen, b) Riss mit entkohlten Ufern.

Nicht reparabel durch eine wiederholte Behandlung sind hingegen **Härterisse** (Abb. 3.46a), die in der Härtepraxis nicht selten vorkommen und durch unsachgemäßes Härten, z.B. durch eine zu hohe Austenitisierungstemperatur oder ein zu schroffes Abschrecken verursacht werden. Härterisse lassen sich anhand zweier charakteristischer Merkmale eindeutig und einfach unter dem Mikroskop nachweisen. Diese Risse verlaufen in der Regel **interkristallin**, d.h. entlang der Korngrenzen, und weisen zudem nicht entkohlte Rissufer auf. Lassen sich hingegen im Schliffbild Risse mit entkohlten Ufern erkennen (Abb. 3.46b), zeugt dies eindeutig von der Existenz dieser Risse bereits vor dem Austenitisieren. Durch ein nachfolgendes Anlassen in Luftatmosphäre kann sich der Riss (bei oxidierenden Werkstoffen) mit Zunder füllen. Der interkristalline Charakter eines Risses kann allerdings auch noch andere Ursachen haben, wie z.B. bei der Spannungsrisskorrosion oder der Relaxationsrissbildung (Bildung von interkristallinen Rissen vorwiegend in Härtungsgefügen bei der nachfolgenden Wärmebehandlung oder im Betrieb bei höheren Temperaturen), siehe auch [7].

Nicht alle Stähle können gehärtet werden. Geeignet zum Härten sind lediglich Stähle ausreichender Reinheit, wie z.B. Qualitäts- und Edelstähle, die zudem einen ausreichenden Kohlenstoffgehalt aufweisen.

Bei Stählen geringer Reinheit, wie z.B. unlegierte Qualitätsstähle (frühere Bezeichnung: Grundstähle), kann eine ungleichmäßige Verteilung von Eigenschaften im Querschnitt nach einem etwaigen Härten vorliegen. Sie sind deshalb für das Härten ungeeignet. Die Ursache hierfür sind einerseits zu hohe Anteile von nichtmetallischen Einschlüssen und andererseits Seigerungseffekte als Folge zu hohen Phosphor- und Schwefelgehalts.

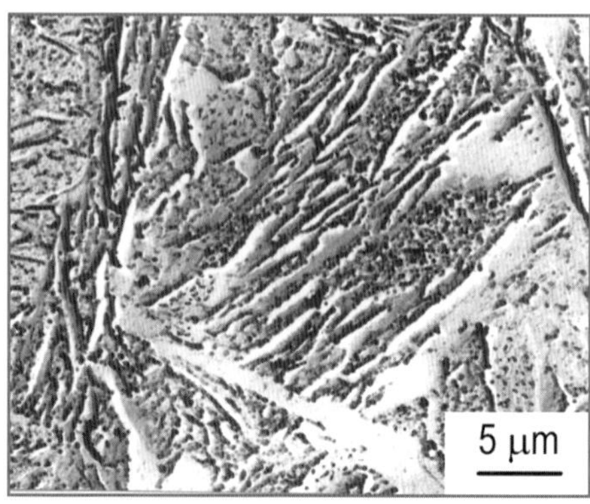

Abb. 3.47: TEM-Aufnahme eines selbstangelassenen Martensits eines Stahls mit ca. 0,2% C; sehr feine Karbidteilchen als Folge des bereits während des Abschreckens begonnenen Martensitzerfalls.

Kohlenstoffarme Stähle mit weniger als 0,2% C werden wiederum deshalb nicht gehärtet, weil sie keinen nennenswerten Härteanstieg nach dem Abschrecken aufweisen. Die Ursache für den ausbleibenden Härteanstieg ist die hohe M_S-Temperatur dieser Stähle, die in der Nähe von ca. 500 °C liegt und ein Selbstanlassen des Martensits bereits während seiner Abkühlung möglich macht.

Ein elektronenmikroskopisches Gefügebild eines kohlenstoffarmen Stahls mit erkennbaren Selbstanlasseffekten zeigt Abb. 3.47.

3.6.1.2 Das Zwischenstufengefüge (Bainit)

Entspricht die Abkühlung des Austenits der Kurve **K2** (Abb. 3.39), wird der unterkühlte Austenit in das sogenannte **Zwischenstufengefüge**, auch **Bainit**[27] genannt, umgewandelt.

Ein typisches Zwischenstufengefüge besteht aus nadeligem, versetzungsreichem und an Kohlenstoff übersättigtem Ferrit und aus lichtmikroskopisch nicht auflösbaren Zementitteilchen, wobei die Versetzungsdichte und die Übersättigung an Kohlenstoff im bainitischen Ferrit nicht so stark wie im Martensit ausgeprägt sind.

Wegen der starken Dispersion der Zementitteilchen ist ein Zwischenstufengefüge außerordentlich anfällig auf den Angriff eines Ätzmittels. Deshalb stellt oft ein Gefüge, das gänzlich aus Bainit besteht, unter dem Lichtmikroskop ein

27 benannt nach E. C. Bain, englischer Forscher u.a. auf dem Gebiet der Wärmebehandlung und Gefügeumwandlungen im Stahl.

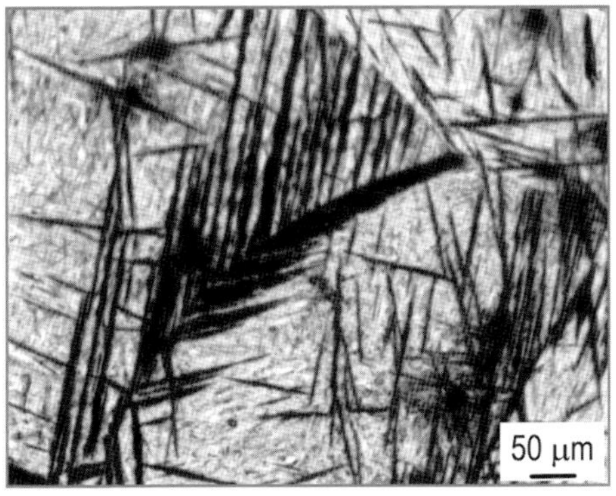

Nital

Abb. 3.48: Stahlgefüge nach unvollständiger Zwischenstufenumwandlung: dunkle Zwischenstufennadeln in heller Martensitmatrix.

fast einheitlich dunkles Bild dar und ist für den Betrachter schwer interpretierbar.

Lichtmikroskopisch lassen sich die Zwischenstufennadeln nur dann mühelos feststellen, wenn die bainitische Umwandlung nicht vollständig abgeschlossen und der Austenit teilweise z.B. in Martensit umgewandelt wurde (Abb. 3.48).

Auch umgeben von anderen Gefügebestandteilen wie Ferrit oder Perlit sind die Zwischenstufennadeln lichtmikroskopisch gut zu erkennen.

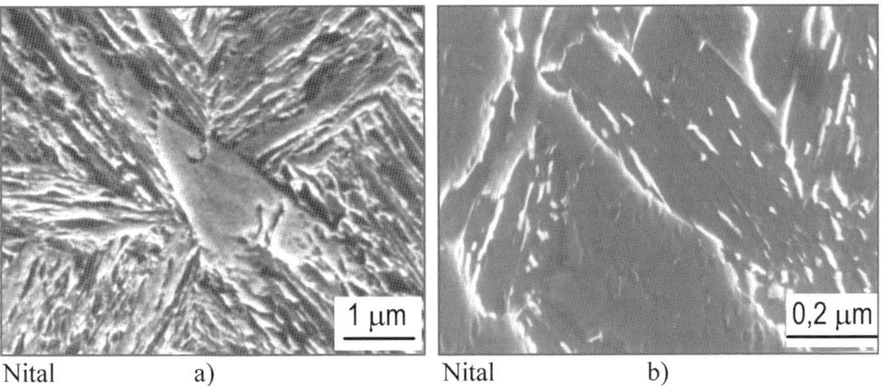

Nital a) Nital b)

Abb. 3.49: a) und b) REM-Aufnahmen des oberen Zwischenstufengefüges bei unterschiedlichen Vergrößerungen.

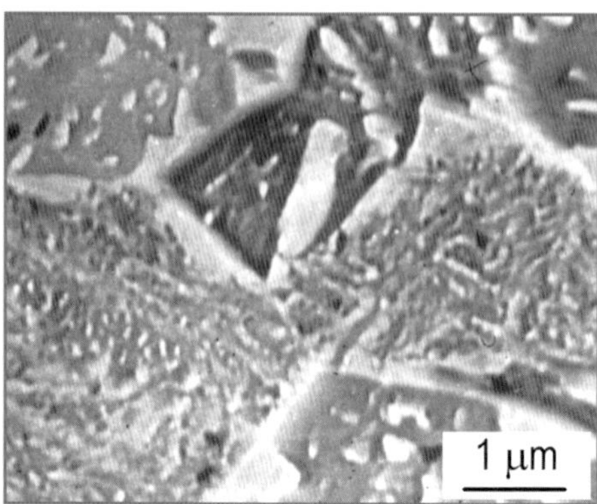

Lackabdruck

Abb. 3.50: TEM-Aufnahme: unteres und stellenweise oberes Zwischenstufengefüge.

Elektronenmikroskopische Durchstrahlungsaufnahmen an dünnen Folien aber auch Aufnahmen von Lackabdrücken lassen eine gewisse Orientierung der dispersen Zementitteilchen im Zwischenstufengefüge erkennen. Im **oberen Bainit**, der bei Umwandlungstemperaturen von etwa 460 °C bis 360 °C entsteht, sind die Zementitteilchen zueinander und auch zu den Längsachsen der Bainitnadeln parallel angeordnet und bevorzugt an den Korngrenzen, aber auch innerhalb dieser Nadeln verteilt (Abb. 3.49a und Abb. 3.49b).

Im **unteren Bainit**, der nah oberhalb der M_S-Temperatur entsteht, weisen hingegen die Zementitteilchen einen bestimmten Winkel zueinander und zu den bainitischen Nadelachsen auf (Abb. 3.50).

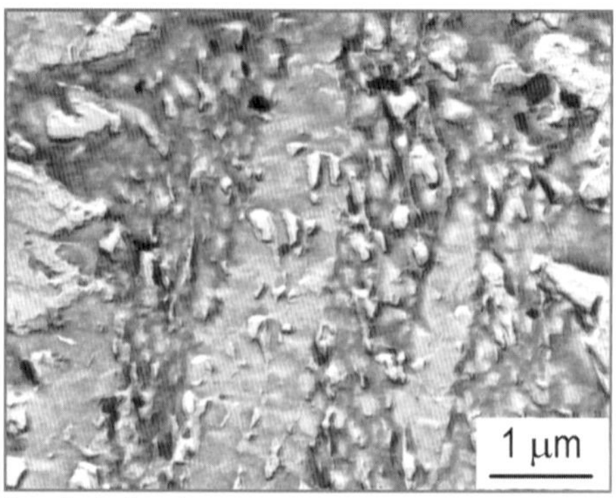

Lackabdruck

Abb. 3.51: TEM-Aufnahme: körniges Zwischenstufengefüge.

Unter bestimmten Abkühlungsbedingungen kommt es zur Ausbildung gemischter Gefüge, in denen sowohl Bereiche des unteren als auch des oberen Zwischenstufengefüges auftreten (Abb. 3.50). Weiterhin kann auch noch das Gefüge des körnigen Bainits zum Vorschein kommen (Abb. 3.51).

3.6.1.3 Die Perlitbildung

Kühlt der Austenit entsprechend der Kurve **K3** (Abb. 3.39) langsam ab, was durch eine Luft- oder Ofenabkühlung erreicht werden kann, zerfällt der Austenit eines untereutektoiden Stahls, wie es bereits im Abschnitt 3.1.1.1 dieses Kapitels beschrieben wurde, zunächst teilweise in Ferrit. Der restliche Teil des Austenits wandelt sich danach bei 723 °C in Perlit um.

Mit zunehmender Abkühlungsgeschwindigkeit im ferritisch-perlitischen Bereich verringert sich der Anteil des Ferrits im Umwandlungsgefüge und der Anteil des Perlits nimmt zu. Gleichzeitig werden mit zunehmender Unterkühlung die Perlitlamellen feiner, bis sie schließlich lichtmikroskopisch nicht mehr aufgelöst werden können (Abb. 3.15a).

Während einer langsamen Abkühlung übereutektoider Stähle geht der Perlitbildung wiederum eine Ausscheidung des Sekundärzementits aus dem Austenit voraus (siehe Abschnitt 3.1.1.3).

Bei einer gleichsam langsamen Abkühlung eines eutektoiden Stahls wandelt sich der unterkühlte Austenit gänzlich in Perlit um, wobei auch hier mit zunehmender Unterkühlung die Perlitlamellen feiner werden und Härte sowie Festigkeit deutlich zunehmen. Die Brinell-Härte eines eutektoiden Stahls mit feinstreifigem Perlitgefüge beträgt ca. 300 HBW und ist um ca. 100 HBW höher als die Härte eines Stahls mit groblamellarem Perlit.

3.6.2 Anlassgefüge

Wegen der ausgesprochenen Sprödigkeit und den enormen inneren Spannungen dürfen Werkstücke im gehärteten Zustand nicht verwendet werden. Jedem martensitischen Härten muss eine Wiedererwärmung – ein **Anlassen** – folgen.

Der Abbau von Härtespannungen und die Minderung der Sprödigkeit zu Gunsten einer zunehmenden Zähigkeit geschehen allerdings auf Kosten der Festigkeit und Härte. Durch eine gezielte Wahl der Anlassparameter Temperatur und Zeit können die mechanischen Eigenschaften behandelter Werkstücke weitgehend kontrolliert und den jeweils erforderlichen Betriebseigenschaften angepasst werden.

Die Eigenschaftsänderungen beim Anlassen sind die Folge von Gefügeveränderungen, die im Martensit während der Anlassbehandlung stattfinden.

Je nach Höhe der Anlasstemperatur (bei gleicher Anlassdauer, die in der Praxis zwischen etwa 0,5 Stunden und 2 Stunden liegt) und der durch diese Temperatur bedingten Vorgänge im Martensit unterscheidet man zwischen niedrigem, mittlerem und hohem Anlassen. Die nachfolgend angegebenen Temperaturen beziehen sich auf unlegierte C-Stähle. Hochlegierte Stähle werden bei deutlich höheren Temperaturen angelassen. Besonders in der 4. Stufe finden bei diesen Stählen zusätzliche Ausscheidungsvorgänge statt.

3.6.2.1 Gefüge nach niedrigem Anlassen (1. Anlassstufe)

Niedriges Anlassen unlegierter Stähle vollzieht sich im Temperaturbereich zwischen 150 °C und 250 °C, findet Anwendung für Werkzeuge und soll den Abbau von Härtespannungen sowie eine Minderung der Sprödigkeit bezwecken.

Während dieser Behandlung finden die ersten Veränderungen des Martensits statt. Der beim Härten zwangsläufig im α-Eisengitter eingeschlossene Kohlenstoff beginnt sich auszuscheiden, um submikroskopische Eisenkarbide, sogenannte **ε-Karbide**, der Zusammensetzung **Fe_2C** zu bilden. Der Zerfall des Martensits in der niedrigen Anlassstufe, verbunden mit der Ausscheidung von ε-Karbiden, kann nur elektronenmikroskopisch beobachtet werden; unter dem Lichtmikroskop sind noch keine Veränderungen des Martensits erkennbar.

Ein gewisser Hinweis für den Metallographen auf das Vorliegen eines niedrigangelassenen Martensits ist der Umstand, dass dieser Martensit sich leichter als der nicht angelassene Martensit ätzen lässt. Nach dem niedrigen Anlassen ist noch keine nennenswerte Härteminderung feststellbar. In der Praxis findet das Anlassen bei niedrigen Temperaturen besonders für Werkzeuge zum Abbau von Eigenspannungen (Härtespannungen) statt. Maschinenteile werden dagegen in der 2. oder 3. Anlassstufe auf optimale Festigkeit und Zähigkeit behandelt.

3.6.2.2 Gefüge nach mittlerem Anlassen (2. und 3. Anlassstufe)

Mittleres Anlassen ist eine Wiedererwärmung des gehärteten Stahls auf etwa 300 °C bis 400 °C. In diesem Anlassbereich setzt sich die Ausscheidung des Kohlenstoffes aus dem Martensit, jetzt bereits in Form submikroskopischer Zementitteilchen, fort. Auch die bei niedrigeren Anlasstemperaturen ausgeschiedenen ε-Karbide wandeln sich in kleine Zementitteilchen um. Lag im Härtegefüge Restaustenit neben dem Martensit vor, so zerfällt dieser Restaustenit in Ferrit und feine Zementitteilchen.

Des Weiteren beginnen bei den höheren Temperaturen der mittleren Anlassstufe der **Erholungsprozess** und die **Polygonisation** des versetzungsreichen Härtegefüges. Eine **Rekristallisation** der postmartensitischen Nadeln findet beim mittleren Anlassen allerdings noch nicht statt.

Alle hier genannten Gefügeveränderungen haben ebenfalls einen submikroskopischen Charakter und können nur elektronenmikroskopisch nachgewiesen werden. Das Anlassgefüge der mittleren Anlassstufe weist jedoch eine ausgesprochene Ätzfreudigkeit auf. Elektronenmikroskopische Aufnahmen von Lackabdrücken eines mittelhoch angelassenen Martensits zeigen Abb. 3.52 und Abb. 3.53. Die schwarzen Punkte in den Mikrobildern stellen extrahierte Zementitteilchen dar, die weißen sind hingegen Löcher in der Abdruckfolie oder Abdruckstellen von Erhöhungen im Gefügerelief.

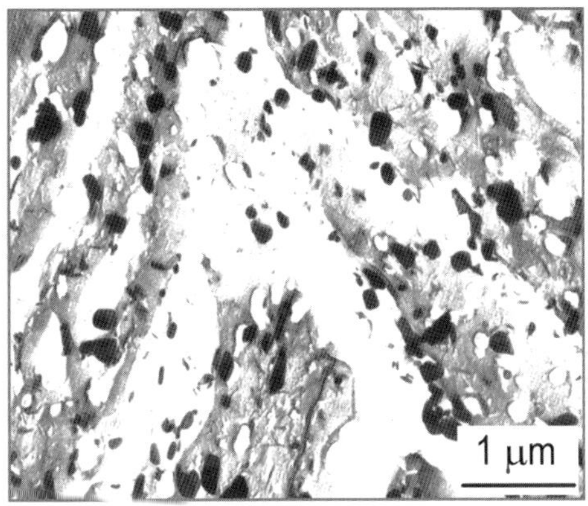

Abb. 3.52: TEM-Aufnahme eines bei 400 °C angelassenen Stahls: Zementitteilchen in ferritischer Matrix, in der die postmartensitischen Nadeln noch deutlich erkennbar sind.

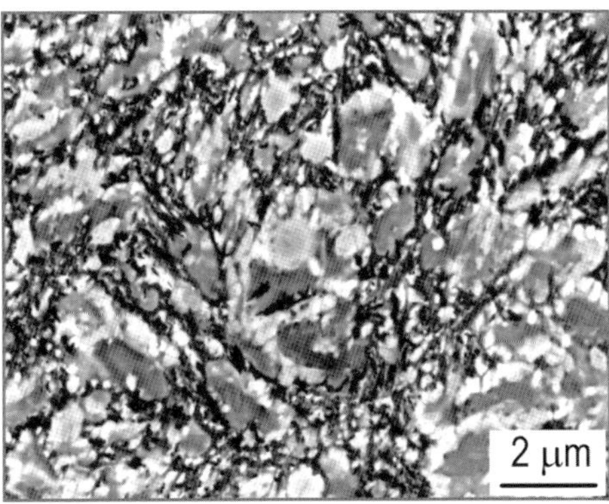

Abb. 3.53: TEM-Aufnahme eines bei 430 °C angelassenen Stahls: Zementitteilchen, zum Teil extrahiert, in postmartensitischer Matrix.

Nach dem mittleren Anlassen ist eine deutliche Senkung der Härte feststellbar und die behandelten Werkstücke zeichnet eine gute Elastizität aus. Deshalb ist das mittlere Anlassen eine typische Behandlung von Federn und dynamisch beanspruchten Werkzeugen.

3.6.2.3 Gefüge eines hoch angelassenen Stahls (4. Anlassstufe)

Diese Behandlung wird im Temperaturbereich zwischen etwa 500 °C und 650 °C realisiert und hat den Zweck, den behandelten Werkstücken eine gute Zähigkeit bei gleichzeitig hoher Festigkeit zu verleihen.

Beim hohen Anlassen finden folgende Gefügeveränderungen statt: Der Kohlenstoff scheidet nahezu gänzlich aus dem übersättigten α-Eisengitter in Form von Zementit aus.

Die hier, aber auch bei tieferen Anlasstemperaturen ausgeschiedenen Zementitteilchen koagulieren und nehmen lichtmikroskopisch erkennbare Größen an. Der in der mittleren Anlassstufe begonnene Polygonisationsprozess des ehemaligen Martensits wird beendet und eine Rekristallisation der postmartensitischen Nadeln setzt ein.

Das Gefüge des hochangelassenen Martensits kann lichtmikroskopisch bei höheren Vergrößerungen recht gut erkannt werden; es besteht aus ferritischer Matrix, in der kleine, rundliche Zementitteilchen dicht und regelmäßig verteilt sind (Abb. 3.54). Das lichtoptische Erscheinungsbild entspricht dem eines weichgeglühten Stahles. Eine Härtemessung kann den Unterschied hervorheben. Besonders deutlich zeigt sich dieser Gefügezustand bei einer elektronenmikroskopischen Betrachtung, wie das beispielsweise Abb. 3.55 erkennen lässt.

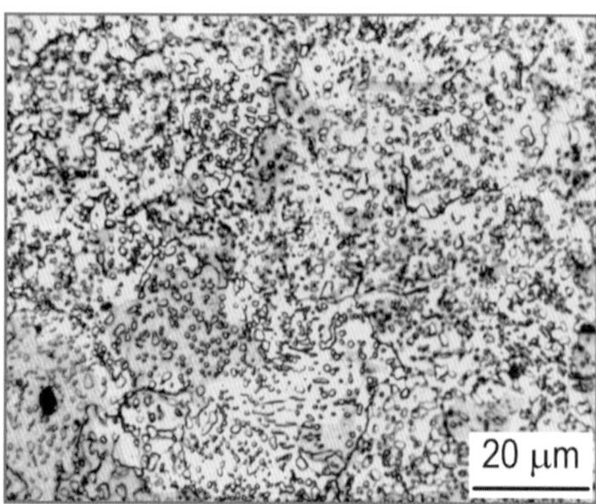

Nital

Abb. 3.54: Gefüge eines bei 600 °C angelassen Martensits: kleine und dicht verteilte Zementitteilchen in ferritischer Matrix.

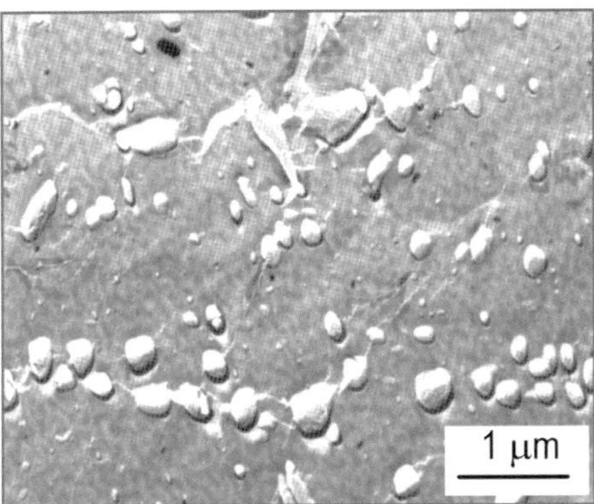

Lackabdruck

Abb. 3.55: TEM-Aufnahme des Gefüges eines hoch angelassenen Stahls: rundliche Zementitteilchen in ferritischer Matrix.

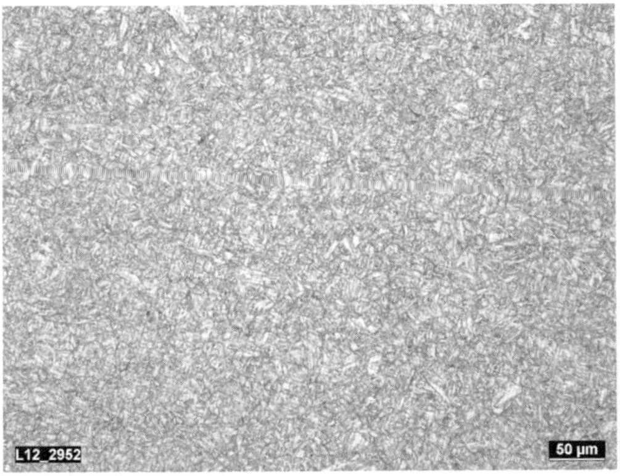

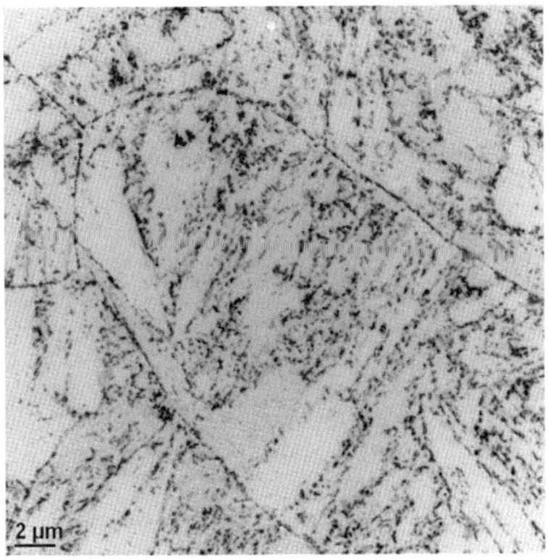

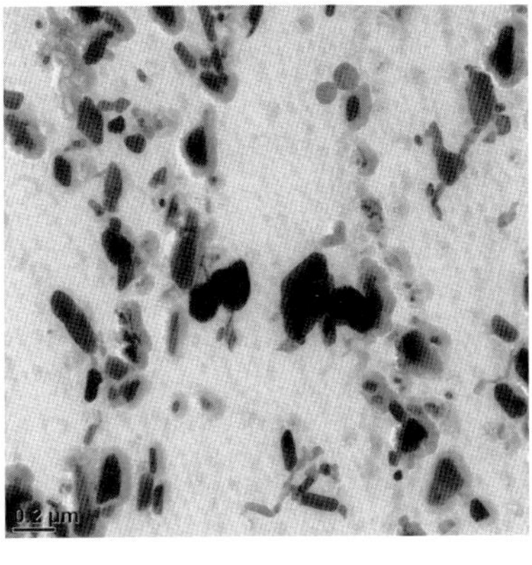

Abb. 3.56: Mikrogefüge eines bei 740 °C angelassenen martensitischen 10%CrMoV-Stahls (X10CrWMoVNb 9-2). Oben links: lichtoptische Aufnahme; Oben rechts und unten: TEM Aufnahme mit $M_{23}C_6$ und MX Ausscheidungen.

Die Verbindung von Härten und hohem Anlassen bezeichnet man als **Vergüten**, weil durch diese Behandlung eine optimale Kombination von Festigkeitseigenschaften und Zähigkeit bei einem günstigen Verhältnis von Zugfestigkeit und Streckgrenze erzielt werden kann. Vergüten ist eine typische Wärmebehandlung von z.B. dynamisch beanspruchten Maschinenteilen.

Bei hochlegierten Stählen mit Chrom, Molybdän, Vanadium oder Wolfram scheiden sich in der vierten Anlassstufe Sondercarbide bzw. Nitride aus: $M_{23}C_6$ $\{Cr_{23}C_6\}$, M_2X $\{\varepsilon\text{-}(Cr, V)_2N\}$; MX {V(C, N)}, {Nb (C, N)}. Bei besonders feiner Verteilung dieser Ausscheidungen erhöhen sie die Festigkeit bzw. Härte des Materials. Diese Härtesteigerungen können den Abfall der Härte von Martensit durch die temperaturbedingte C-Ausscheidung übertreffen. Die Anlasstemperatur dieser Stähle beträgt bis zu 780 °C (z.B. X10CrWMoVNb 9-2). Die nadlige Struktur des ursprünglichen Martensits wird hierbei nicht aufgelöst. Die feinen Ausscheidungen sind nur im REM bzw. TEM erkennbar und identifizierbar (Beispiel Abb. 3.56).

Gehärtete Stähle werden bis auf wenige Ausnahmen (z.B. bei Verschleißschichten) angelassen. Die Stahlzusammensetzung hat starken Einfluss auf die Anlasstemperatur. Dauer und Höhe wird auf die gewünschte Endhärte abgestimmt. Für die genormten Stähle kann auf sogenannte Anlassschaubilder der Stahlhersteller zurückgegriffen werden, die Härteverlauf in Abhängigkeit von der Anlasstemperatur darstellen.

Genormte härtbare Stähle

Alle Stähle mit einem ausreichenden Gehalt von Legierungselementen bzw. Kohlenstoff können gehärtet werden. Für eine Wärmebehandlung bestimmte Stähle sind in der Normenreihe DIN EN ISO 683 zusammengefasst. Darin enthalten sind unlegierte Stähle, wie z.B. die unterschiedlichen Güten des C40 (DIN EN ISO 683-1:2018) oder legierte Stähle wie z.B. 42CrMo4 (DIN EN ISO 683-2:2018).

3.7 Praktische Tipps für die Präparation und Gefügeinterpretation von Stählen mit Härtungsgefügen

Mithilfe eines Kleinlasthärteeindrucks können Härtungsgefüge besser interpretiert werden. So unterscheiden sich Perlit – Bainit – angelassener und nicht angelassener Martensit in der Härte. Hilfe bei der Härteinterpretation bietet das zugehörige ZTU Diagramm mit der Angabe von Härtewerten – allerdings muss berücksichtigt werden, dass die ZTU Diagramme ein eventuelles Anlassen nicht berücksichtigen. Auch die in der Normenreihe DIN EN 683 angegebenen Härtestreubänder für einzelne Stähle bei der Prüfung auf Härtbarkeit im Stirnabschreckversuch können zur Bewertung herangezogen werden.

Der Stirnabschreckversuch (Jominy Versuch, DIN EN ISO 642:2000) bietet die Möglichkeit, ein Härtungsgefüge unter vorgegebenen Abkühlbedingungen zu Vergleichszwecken zu erzeugen.

Werden Härteverläufe im Schliff ermittelt, z.B. zur Bestimmung der Einhärtungstiefe bei randschichtgehärteten Stählen, muss darauf geachtet werden, dass die Probennahme keinen Einfluss auf den Härteverlauf hat: beim Trennen muss auf ausreichende Kühlung sowie genügend Abstand zur späteren Schliffebene geachtet werden. Die gehärtete Randzone hebt sich beim Ätzen dunkel vom Grundgefüge ab.

Karbide können durch elektrolytische Präparationsverfahren ebenso wie bei der Anwendung grober Schleifmittel herausgelöst werden.

Als Ätzmittel werden üblicherweise Nital (niedriglegierte Stähle) bzw. Pikrin-Salzsäure (höherlegierte Stähle, z.B. warmfeste 10%Cr-Stähle) verwendet.

Nital
100 ml Ethanol 96%ig, 1 bis 10 ml Salpetersäure 65%ig

Pikrin – Salzsäure
100 ml Ethanol (96%ig), 2 bis 4 g Pikrinsäure, 50 ml 5%ige Salzsäure

3.8 Gefüge von Stählen mit mehrphasigem Gefüge

Bei Stählen mit mehrphasigem Gefüge (Tabelle 3.6), werden die Vorteile der unterschiedlichen Gefügephasen miteinander kombiniert. Das Grundgefüge besteht i.d.R. aus Ferrit und Bainit, in das Anteile an Restaustenit eingelagert sind und welches zusätzlich noch durch feinste Ausscheidungen verfestigt ist. Die Austenitanteile wandeln sich bei der Umformung in harten Martensit um, sodass der Stahl seine endgültige Festigkeit erst in der Verarbeitung zum fertigen Bauteil erhält. Die Stähle haben eine besondere Zusammensetzung mit Mikrolegierungselementen und erhalten ihre besondere Gefügausbildung durch spezifische Wärmebehandlungen, bei Flacherzeugnissen teilweise in Kombination mit dem Umformprozess. Sie weisen hohe Zugfestigkeiten bei gleichzeitiger guter Umformbarkeit (Bruchdehnungen bis zu 40%) auf.

Die besonderen Eigenschaften werden nur erreicht, wenn das Gefüge ordnungsgemäß ausgebildet ist, d.h. die erforderlichen Anteile der genannten Gefügephasen in einer vorgegebenen Verteilung aufweist.

Tabelle 3.6: Zusammenstellung von Mehrphasenstählen nach DIN EN 10338-2015.

Bezeichnung	Gefügebeschreibung	Beispiel
Ferritisch-bainitischer Stahl (F)	Bainit oder verfestigter Bainit in einer Matrix aus Ferrit oder verfestigtem Ferrit	HDT450F
Dualphasenstahl (X)	ferritisches und martensitisches Grundgefüge und möglicherweise mit Bainit als Zweitphase	HDT580X
Stahl mit durch Gefügeumwandlung bewirkter Plastizität (T)	ferritisches Grundgefüge, enthält Restaustenit. Während der Umformung kann der Restaustenit in Martensit umwandeln (TRIP-Effekt)	HCT690T
Komplexphasenstahl (C)	Mehrphasenmikrostruktur: enthält hauptsächlich Ferrit und Bainit. Martensit, angelassener Martensit, Restaustenit und Perlit können als Zusatzphasen vorhanden sein	HDT760C
Martensitischer Stahl (MS)	martensitisches Grundgefüge, enthält kleine Anteile von Ferrit und/oder Bainit	HDT1180G1
Mehrphasenstahl (MP)	Mehrphasenmikrostruktur: enthält deutliche Anteile von nicht-ferritischen Phasen, wie Bainit, Martensit und/oder angelassenen Martensit Alle Stähle, die nicht als ferritisch-bainitische Stähle, Komplexphasenstähle und martenitische Stähle bezeichnet werden	HCT1180G2

Die Identifizierung der Gefügephasen im Schliff bei Mehrphasenstählen stellt besondere Anforderungen an die Präparation. So ist die Bestimmung des (Rest)Austenitanteils problematisch, weil sich dieser bei herkömmlichen Ätzungen wenig von den anderen Phasen abhebt (Beispiel Abb. 3.57).

Wird die HNO_3-Ätzung mit einer Ätzung nach Klemm kombiniert, wird die Erkennbarkeit verbessert: der Restaustenit erscheint weiß (nicht angegriffen), der Ferrit blau und Bainit braun (Abb. 3.58).

> Ätzung nach Klemm I: Stammlösung 300 ml dest. Wasser – H_2O. 1000 g Natriumthiosulfat – $Na_2S_2O_3$ bei ca. 40° C auflösen (Teil des Salzes kristallisiert am Kolbenboden aus – Dauer bis zu einem Tag). Ätzlösung: 100 ml Stammlösung 2 g Kaliumdisulfit – $K_2S_2O_5$; Ätzdauer: ca. 1–2 Minuten bei RT.

Vergleichbare gute Resultate werden mit der **Interferenzschichtenmetallographie** erreicht. Das Interferenzschichten-Verfahren in der Auflichtmikros-

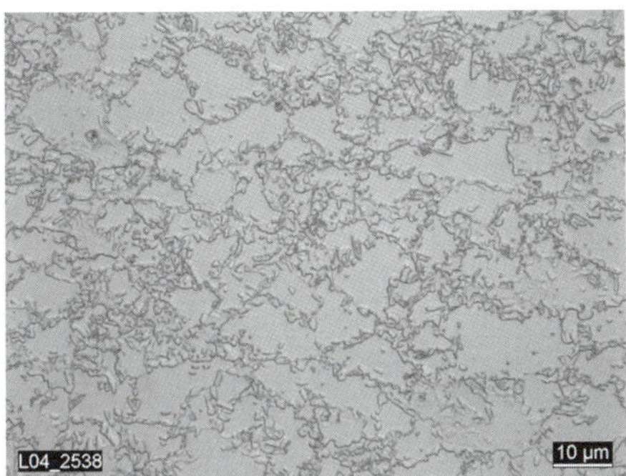

Abb. 3.57: TRIP-Stahl geätzt mit 3% alk. HNO_3.

Abb. 3.58: TRIP-Stahl geätzt mit 3% alk. HNO_3 + Ätzung nach Klemm.

Abb. 3.59: TRIP-Stahl Interferenzschichtenmetallographie: ZnSe bedampft.

kopie beruht darauf, dass auf eine polierte Probenoberfläche interferenzfähige Schichten aufgebracht und auf diese Weise Reflexions-Interferenzfilter aufgebaut werden. Die Wirkung einer solchen, zum Teil absorptionsfreien Schicht besteht darin, dass die auf der Objektoberfläche auftreffenden Lichtwellen durch Mehrfachreflexionen an den Grenzflächen Metall/Schicht und Schicht/Luft geschwächt werden, wodurch eine von den optischen Konstanten zweier benachbarter Phasen abhängige Kontraststeigerung zwischen den Gefügebestandteilen hervorgerufen wird. Diese Kontraststeigerung besteht nicht nur in einer Vergrößerung des Unterschiedes der Intensität des reflektierten Lichtes zwischen zwei Phasen, sondern auch in einer Vergrößerung des Farbkontrastes.

Abb. 3.59 zeigt das Ergebnis der Interferenzschichtenmetallographie. Der Austenit ist als hellere Phase deutlich zu erkennen.

Die Verfahrensschritte bei der Interferenzschichtenmetallographie sind für das Beispiel in Abb. 3.59 in Tabelle 3.7 zusammengestellt.

Tabelle 3.7: Präparationsschritte bei der Anwendung der Interferenzschichtenmetallographie.

Präparationsschritt	**Körnung Teilchengröße in μm**	**Abtrag In μm**
Siliziumkarbid-Nassschleifen	75	250
	59	150
	46	118
	26	92
	18	52
Diamant-Polieren	15	36
	6	30
	1	12
Tonerde-Polieren	0,3	2
	0,05	0,6
Ionenstrahl-Polieren	Winkel zwischen Ionenstrahl und Probe, Ionenstrom in mA	Polierzeit in min
	20°; 2,4	10

Anschließend wird die Oberfläche mit ZnSe[28] besputtert. Bei einer Dicke von rd. 120 nm stellt sich die gewünschte Kontrastverstärkung aus der Reflexion an Phasengrenze Luft/Schicht bzw. Phasengrenze Schicht/Objekt und der daraus resultierenden Interferenz der phasenverschobenen Wellen ein.

3.9 Praktische Übungen

Um eine gewisse Sicherheit im Umgang mit den vielfältigen Gefügebildern unterschiedlich behandelter Eisen-Kohlenstoff-Legierungen zu erlangen, werden folgende Übungen vorgeschlagen:

28 Beschichtungen können giftig sein, die entsprechenden Sicherheitsdatenblätter müssen unbedingt beachtet werden. Dies trifft auf ZnSe (Zinkselenid) besonders zu.

- Durchführung des Stirnabschreckversuchs nach DIN EN ISO 642:2000 (Abb. 3.60). Anfertigung eines Längsschliffes. Interpretation des Gefüges mit zunehmendem Abstand von der Stirnfläche und Verwendung von Härteeindrücken unter Zuhilfenahme des zugehörigen ZTU-Schaubildes.
- Glühen von Stahlproben im Ofen (Austenitisieren, Abkühlen mit unterschiedlichen Abkühlraten, Halten bei bestimmten Temperaturen). Anfertigung von Schliffen, Interpretation des Gefüges nach unterschiedlicher Glühbehandlung unter Verwendung von Härteeindrücken und des zugehörigen Fe-C-Diagrammes bzw. ZTU-Schaubildes, Besipiel Abb. 3.61a bis c.
- Gefügebilder folgender Graugussarten betrachten, skizzieren oder fotografieren und nach Normvorgaben beschreiben:
  - des ferritisch-perlitischen Graugusses mit Lamellengraphit,
  - des perlitischen und des perlitisch-ferritischen Sphärogusses sowie des schwarzen Tempergusses ferritischer Matrix.

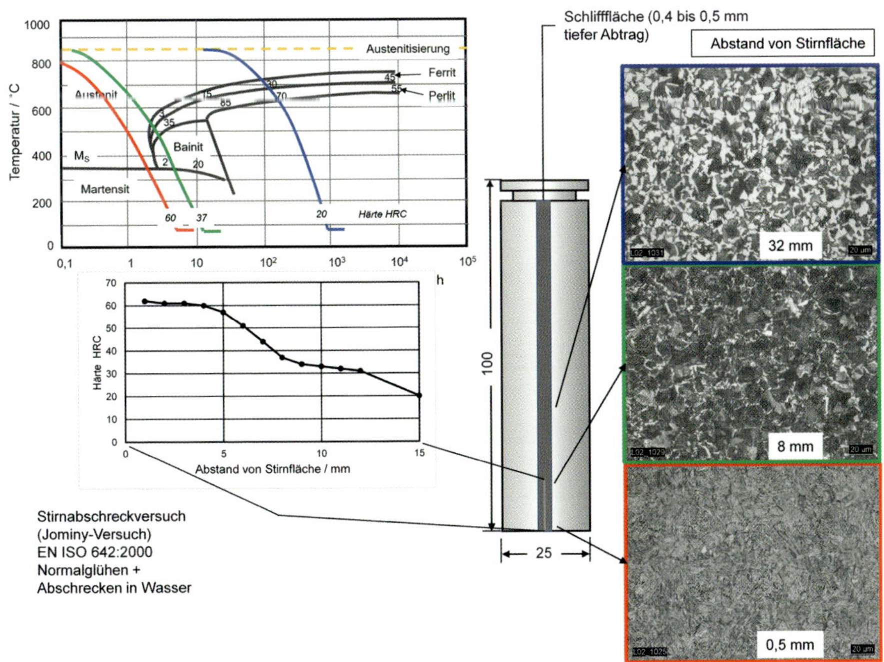

Abb. 3.60: Beispiel Stirnabschreckversuch.

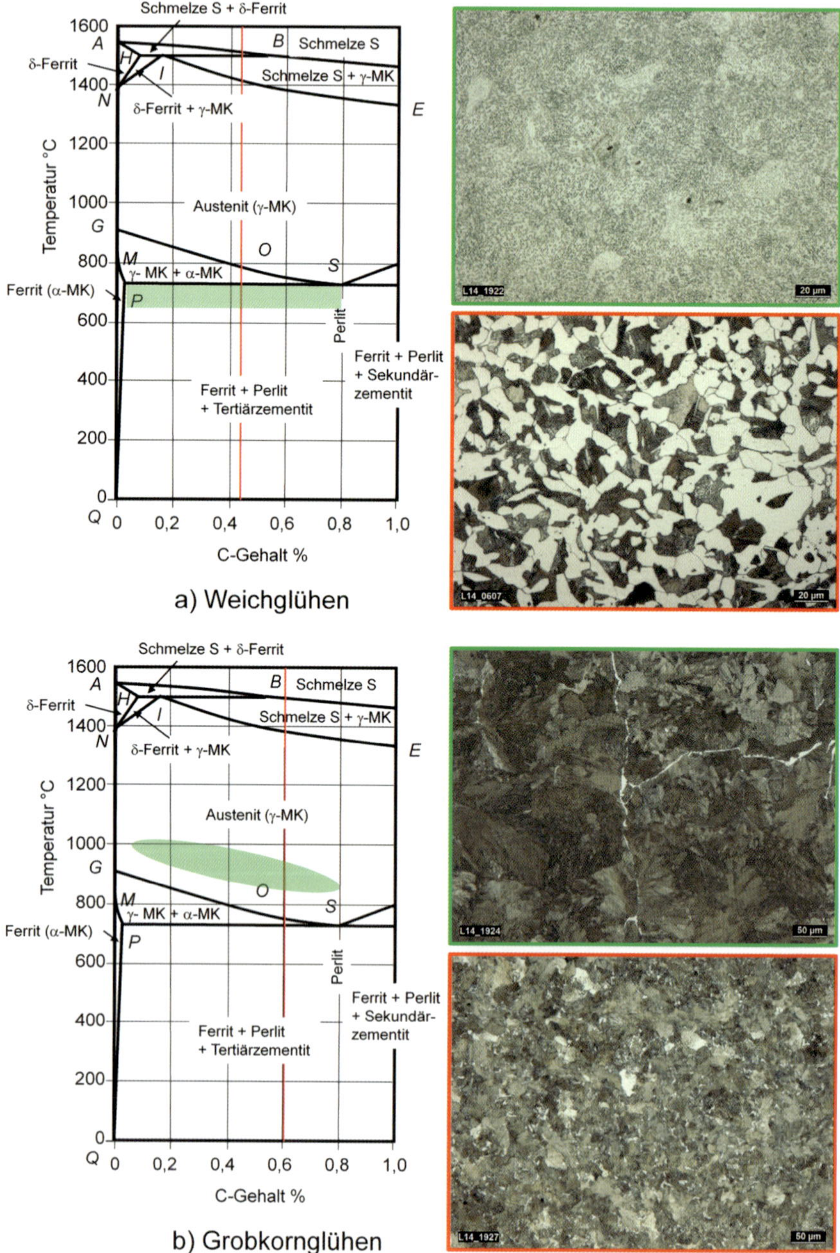

a) Weichglühen

b) Grobkornglühen

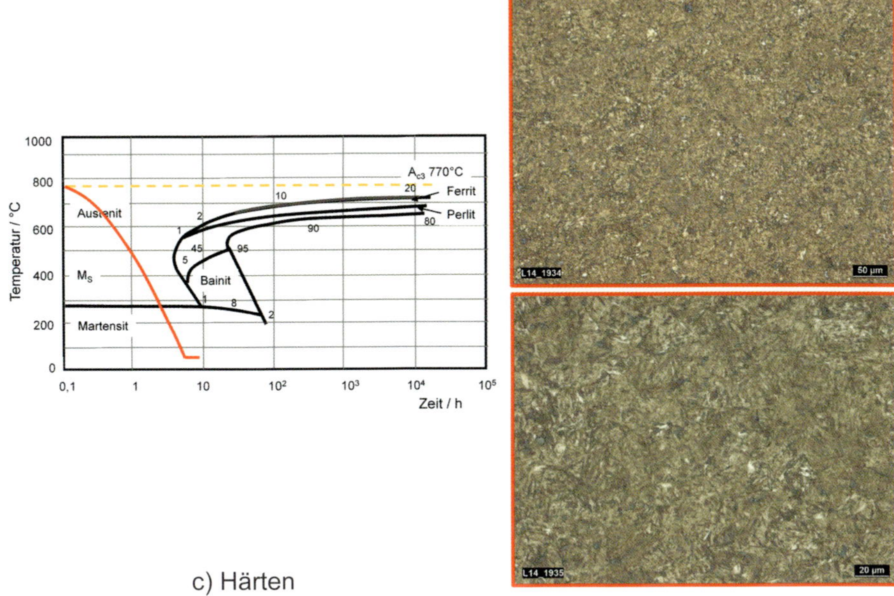

Abb. 3.61: Beispiele für Gefügeänderungen durch Wärmebehandeln: a: Weichglühen; b: Grobkornglühen; c: Härten.

4 Gefüge ausgewählter Nichteisenmetalle

Obwohl für viele Anwendungen Eisenlegierungen konkurrenzfreie Werkstoffe sind, gibt es dennoch zahlreiche Bereiche, in denen die spezifischen Eigenschaften der **NE-Metalle** besser den Betriebsanforderungen genügen als die der Eisenmetalle.

Verglichen mit den Eisenwerkstoffen besitzen NE-Metalle bei allgemein guten mechanischen und technologischen Eigenschaften eine bessere Korrosionsbeständigkeit gegen feuchte Luft und Wasser. In einigen Fällen weisen sie eine geringere Dichte auf. Bestimmte Legierungen sind funkenfrei, zeichnen sich oft durch sehr gute Gleiteigenschaften aus, vor allem in Zusammenspiel mit Stahl, und besitzen breit gestreute elektrische Eigenschaften, d.h. sie können je nach Zusammensetzung entweder als gute Leiter oder als Widerstandsmaterialien verwendet werden.

Die Klassifizierung von NE-Metallen erfolgt nach unterschiedlichen Kriterien. Nach dominierender Eigenschaft unterscheidet man beispielsweise zwischen **Leichtmetallen, Schwermetallen, Buntmetallen, Weißmetallen, Lagermetallen, Loten** usw.

Nach dem Formgebungsverfahren lässt sich wiederum zwischen **Knet-, Guss- und Sintermetallen** unterscheiden.

Knetlegierungen: die wichtigsten Eigenschaften der Knetlegierungen sind eine sehr gute Duktilität (plastische Verformbarkeit) und eine optimale Zerspanbarkeit. Sie werden fast ausschließlich zu Halbzeug verarbeitet, aus dem erst später die eigentlichen Werkstücke erstellt werden.

Gusslegierungen: weisen eine eher schlechte Verformbarkeit auf. Die mechanischen Eigenschaften des Gefüges werden durch den Erstarrungsvorgang (Abkühlgeschwindigkeit) bestimmt, der die Kristallisation beeinflusst.

Sinterlegierung: pulverförmiges oder granuliertes Metall wird in eine gewünschte Form gepresst („Grünling“), das anschließend unter Druck und Temperatur verdichtet wird. Die Bauteile weisen in der Regel eine mehr oder weniger hohe Porosität auf.

Bis auf wenige Ausnahmen sind technische NE-Metalle keine reinen Metalle, sondern Legierungen, die nach ihrem Grundelement benannt werden, wie z.B. **Kupferlegierungen** auf Kupferbasis, **Aluminiumlegierungen** auf Aluminiumbasis usw.

In Anbetracht der Vielfalt technischer NE-Metalle, aber auch wegen der beabsichtigten Einschränkung des Umfangs dieser Ausarbeitung, wird auf eine vollständige Behandlung der Gefügeproblematik dieser Werkstoffgruppe verzichtet und die Gefügebeschreibung nur auf ausgewählte NE-Metalle begrenzt.

4.1 Kupferlegierungen

Kupferlegierungen, auch allgemein als Buntmetalle bekannt, zählen mit einer Dichte von ca. 8,8 g/cm^3 zugleich zu den Schwermetallen.

Die besonderen Eigenschaften, die auch die Anwendung dieser Legierungen bestimmen, sind sehr gute Leitfähigkeit für Strom und Wärme, gute Korrosionsbeständigkeit gegen feuchte Luft und Wasser (auch gegen Meerwasser), ausgesprochene technologische Eigenschaften wie Gießbarkeit, Verformbarkeit, Zerspanbarkeit, Schweiß- und Lötbarkeit und nicht zuletzt recht gute mechanische Eigenschaften wie Festigkeit, Härte und Verschleißwiderstand.

Zu den wichtigsten Cu-Legierungen unter dem Aspekt der Anwendungshäufigkeit gehören:

- Kupfer-Zinn-Legierungen, so genannte **Zinnbronzen**, und
- Kupfer-Zink-Legierungen, auch **Messing** genannt.

Weitere Cu-Legierungen, deren Gefüge in diesem Buch ebenfalls behandelt werden, sind:

- Mehrstoff-Zinnbronzen, wie z.B. Kupfer-Zinn-Zink-Blei-Legierungen, unter dem Namen **Rotguss** bekannt oder auch Kupfer-Zinn-Phosphor-Legierungen, so genannte **Phosphorbronzen**,
- Kupferlegierungen mit Zink und anderen Elementen, wie z.B. Kupfer-Zink-Aluminium-Legierungen, allgemein als **Sondermessing** bezeichnet,
- Kupferlegierungen mit anderen Elementen als Zinn und Zink, die zu den Sonderbronzen (Spezialbronzen) zählen. Untergruppen dieser Sonderbronzen sind beispielsweise **Aluminiumbronzen, Bleibronzen** und **Berylliumbronzen**.
- Kupfer-Nickel-Legierungen, wie z.B. **Münzlegierungen** und **Widerstandslegierungen (Konstantan)** oder, Kupfer-Zink-Nickel-Legierungen, **Neusilber** genannt, die die Gruppe der technischen Cu-Legierungen schließen.

Die aufgezählten Kupferlegierungen können abhängig von der Menge der in ihnen enthaltenen Legierungselemente entweder **homogen** (einphasig, es liegt nur eine Phase – Kristallart vor) oder **heterogen** (mehrphasig) sein. Aufgrund der schlechten Löslichkeit des Legierungselementes stellt sich in diesem Fall mindestens eine zweite Phase bzw. Gefügebestandteil ein.

Es ist wichtig hervorzuheben, dass alle einphasigen Cu-Legierungen nach derselben Behandlung stets denselben Gefügecharakter, d.h. dieselben Kristallformen aufweisen. Im Gusszustand kommt bei schneller Abkühlung ein ausgeprägtes dendritisches Gefüge zum Vorschein, nach einer Kaltverformung weisen sie ein Zeilengefüge mit Gleitbändern (Gleitstufen) auf und nach einem Rekristallisationsglühen treten in allen Legierungen immer polyedrische Körner mit charakteristischen geradlinigen Korngrenzen und zahlreichen Zwillingskristallen auf.

Diese drei charakteristischen Gefügetypen einphasiger Kupferlegierungen unterschiedlicher Zusammensetzung werden schematisch in Abb. 4.1 dargestellt.

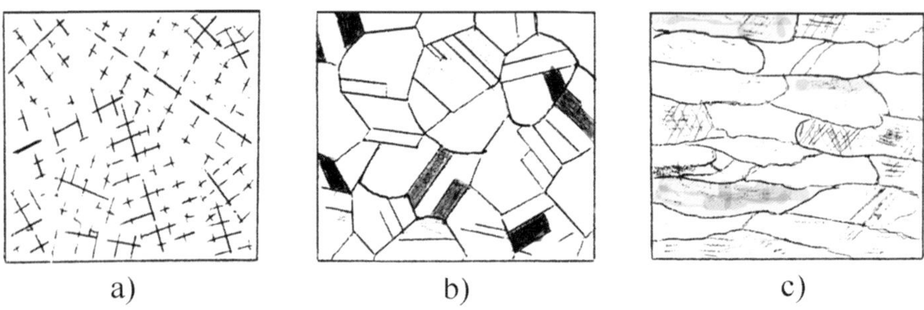

Abb. 4.1: Schematische Gefügebilder unterschiedlich behandelter einphasiger Cu-Legierungen: a) Gusszustand (Erstarrungsgefüge), b) homogenisiert nach der Erstarrung bzw. rekristallisiert nach einer Kaltverformung und c) kaltverformt nach vorangegangener Homogenisierung.

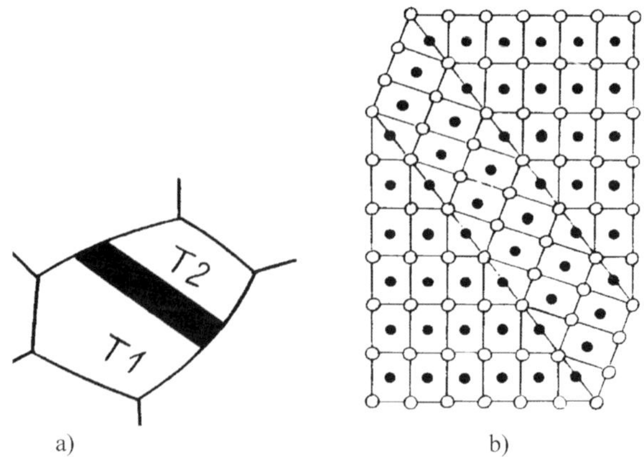

Abb. 4.2: Schematische Darstellung von Zwillingskristallen: a) verzwillingtes Korn mit zwei identisch orientierten Teilen T1 und T2, getrennt durch eine Zwillingslamelle (ein Zwillingsband) anderer Orientierung, b) zweidimensionales Kristallgitter eines verzwillingten Kupferkristalls.

Der Einfluss der chemischen Zusammensetzung auf das Gefüge von Cu-Legierungen kommt in der Regel erst bei höheren Anteilen von Legierungselementen zum Vorschein, und zwar in der Art und der Menge diverser Phasen.

Die große Ähnlichkeit von Gefügen unterschiedlich zusammengesetzter Kupferlegierungen stellt selbst erfahrene Metallographen oft vor die schwierige Aufgabe, einem bestimmten Gefügebild die entsprechende Legierungsart zuzuordnen. Hilfreich bei der Klärung dieser Frage kann die Betrachtung der Färbung des Materials sein. Eine eindeutige Lösung dieser Aufgabe ist allerdings erst durch die Kenntnis der Zusammensetzung möglich.

Ein weiteres Gefügecharakteristikum von Kupfer und Kupferlegierungen ist das häufige Auftreten sogenannter **Wachstumzwillinge**. Diese Zwillingskristalle entstehen im Gegensatz zu **Verformungszwillingskristallen** nicht durch die Einwirkung äußerer Kräfte, sondern während einer Glühbehandlung, z.B. beim Rekristallisationsglühen[29], und werden deshalb auch **Glühzwillinge** genannt.

In den kubisch flächenzentrierten Metallen stellen diese Zwillingskristalle, auch Zwillingslamellen genannt, ein streifenartiges Band eines Korns dar (Abb. 4.2a, Abb. 4.6 und Abb. 4.8), dessen (110)-Gitterebenen sich spiegelsymmetrisch zu den gleichnamigen Ebenen der beidseitigen Nachbarbereiche dieser **Zwillingslamelle** verhalten. Die Spiegelung erfolgt also in einer für die Zwillingslamelle und deren Nachbarbereiche gemeinsamen Ebene, der **Zwillingsebene** (Abb. 4.2b).

Diese Zwillingsebene, in Kupfer und Kupferlegierungen die (111)-Ebene, ist zugleich eine so genannte **kohärente Ebene**. Dies bedeutet, dass sie von Atomen gebildet wird, die alle sowohl zur Zwillingslamelle als auch zum Nachbarbereich dieser Lamelle gehören.

Die Schnittkante von Zwillingsebene und Schliffoberfläche ergibt im Schliffbild die **Zwillingsgrenze**. Im Schliffbild verlaufen Zwillingsgrenzen stets geradlinig und parallel zueinander (Abb. 4.8 und Abb. 4.29).

Die unter einem Winkel zueinander stehenden gleichnamigen Gitterebenen einer Zwillingslamelle und der sie beidseitig umgebenden Kornteile bewirken einen unterschiedlichen Ätzangriff bei der Schliffpräparation und andererseits auch eine differenzierte Lichtreflexion während der mikroskopischen Betrachtung. Beides führt zu auffälligen Kontrasten verzwillingter Körner im Schliffbild.

---

29 Rekristallisationsglühen ist eine Wärmebehandlung von durch Kaltverformung verfestigten Metallen mit dem Ziel, verformungsbedingte Gefüge- und Eigenschaftsveränderungen rückgängig zu machen. Dieser „Gefügeumbau", bei dem aus den verformten und versetzungsreichen Körnern neue Körner entstehen, kommt erst bei einer entsprechenden Temperatur – der Rekristallisationstemperatur – zustande, die erforderlich ist, um eine ausreichende Selbstdiffusion der Atome des verformten Materials zu ermöglichen. Die Rekristallisationstemperatur hängt somit von der Metallart aber auch vom Verformungsgrad ab.

Das Mikrogefüge fast aller Cu-Legierungen lässt sich mit der in Abschnitt 4.2 vorgeschlagenen Vorgehensweise präparieren und ätzen.

4.1.1 Cu-Sn-Legierungen, Zinnbronzen

Bronze ist eine Legierung aus den Metallen Kupfer (Cu) und Zinn (Sn). Man unterscheidet zwischen Knet- und Gusslegierungen. Knetlegierungen eignen sich zur Warm- und Kaltumformung durch Walz-, Press- und Ziehverfahren; sie enthalten neben Kupfer bis zu 8,5% Zinn. Gusslegierungen weisen in der Regel einen Zinnanteil zwischen 9 und 12% auf. Hyperzinnbronzen sind Knetlegierungen mit Zinnanteilen bis 17%. Sie werden durch Sprühkompaktieren hergestellt. Bronzen mit Zinnanteilen von 20% sind als Glockenbronze bekannt.

Bronze sind in der Regel keine reinen Zweistofflegierungen. Sie werden mit weiteren Legierungskomponenten und Zusätzen versehen. Dadurch lassen sich die Werkstoffeigenschaften gezielt einstellen. Bei Knetlegierungen werden vor allem Phosphor und Zink beigemengt, bei Gusslegierungen sind darüber hinaus Blei, Nickel und Eisen von Bedeutung. Derartige Legierungen werden auch als Mehrstoffbronzen bezeichnet.

Während reines Kupfer relativ weich ist, weist Bronze durch die Legierungskomponente Zinn eine hohe Festigkeit und Härte auf.

Eine Übersicht über die Zusammensetzungen und Produkte von Kupfer und Kupferlegierungen kann der DIN CEN/TS 13388:2020 entnommen werden.

Weitere Einzelheiten können https://www.kupferinstitut.de/kupferwerkstoffe/kupfer-legierungen entnommen werden.

4.1.1.1 Cu-Sn-Knetlegierungen

Technisch verwendbare Zinnbronzen enthalten bis zu 20% Sn, wobei der Bereich der **Knetlegierungen** bis zu ca. 9% Sn reicht.

Dem Cu-Sn-Zustandsdiagramm (Abb. 4.3) zufolge müssten eigentlich alle technischen Cu-Sn-Legierungen bei Raumtemperatur ein heterogenes Gefüge aufweisen. Selbst die zinnarmen Legierungen sollten laut Diagramm ein zweiphasiges Gefüge besitzen, das aus den auf dem kfz-Kupfergitter aufgebauten α-Mischkristallen und aus Kristallen der ε-Phase bzw. der δ-Phase bestünde. Die ε-Phase der Zusammensetzung **Cu_3Sn** zählt zu den so genannten **Elektronenphasen**[30]. Sie entsteht bei ca. 350 °C durch den eutektoiden Zerfall der δ-Phase,

30 Elektronenphasen, auch als Hume-Rothery-Phasen bekannt, zählen zu den intermetallischen Verbindungen, die zwei Charakteristika aufweisen: Einmal besteht in diesen Phasen ein konkretes stöchiometrisches Verhältnis beider Elemente und zum anderen nimmt das Verhältnis von Valenzelektronen und Atomen einer Elementarzelle nur ganz bestimmte Zahlenwerte an, z.B. 1,5 oder 1,75.

die ebenfalls zu den Elektronenphasen gehört und mit der Formel $\mathbf{Cu_{31}Sn_8}$ umschrieben werden kann.

Mikroskopische Beobachtungen widersprechen dem im Zustandsdiagramm dargestellten Phasenbild. Experimentell wird nämlich festgestellt, dass die unter üblichen Betriebsbedingungen z.B. als Kokillenguss oder Sandguss erstarrten und auf Raumtemperatur abgekühlten Zinnbronzen bis zu einem Sn-Gehalt von ca. 7% ein einphasiges, aus α-Mischkristallen bestehendes Gefüge haben. Einphasige Zinnbronzen sind sehr weich und duktil und bilden die Gruppe der **kaltverformbaren** Cu-Sn-Legierungen.

Die harte δ-Phase erscheint im Erstarrungsgefüge, und zwar als Bestandteil des (α+δ)-Eutektoids, erst ab einem Sn-Gehalt von mehr als ca. 7%, d.h. in **warmverformbaren** Zinnbronzen.

Bis zu einem Sn-Gehalt von ca. 9% ist der Anteil des (α+δ)-Eutektoids im Gefüge jedoch sehr gering und so kann aus praktischer Sicht dieses Eutektoid im Gefüge warmverformbarer Zinnbronzen vernachlässigt werden. Folglich können alle Cu-Sn-Knetlegierungen bei Raumtemperatur grundsätzlich als einphasig angesehen werden.

Die im Zustandsdiagramm Abb. 4.3 dargestellten Phasenverhältnisse sind nur durch ein Langzeitglühen erreichbar. Die Ursache für die dermaßen träge

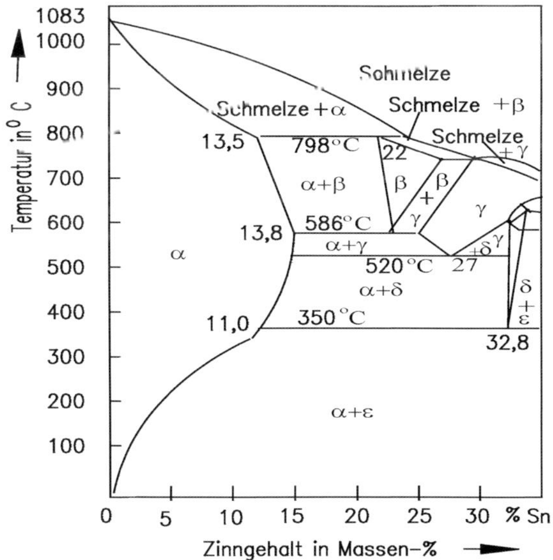

Abb. 4.3: Die Kupferecke des Cu-Sn-Zustandsdiagramms.

ablaufende Entmischung der α-Mischkristalle liegt in der äußerst geringen Diffusionsgeschwindigkeit von Sn-Atomen im Cu-Gitter.

Auch der eutektoide Zerfall der δ-Phase (δ → α+ε) vollzieht sich nur sehr langsam. Deshalb kommt in Legierungen, die selbst in Sandformen abgekühlt wurden, die δ-Phase und nicht die ε-Phase zum Vorschein.

Phasenverhältnisse in Zinnbronzen, die unter betrieblichen Bedingungen erstarrt und abgekühlt wurden, können den praktischen Zustandsschaubildern (Abb. 4.4) entnommen werden.

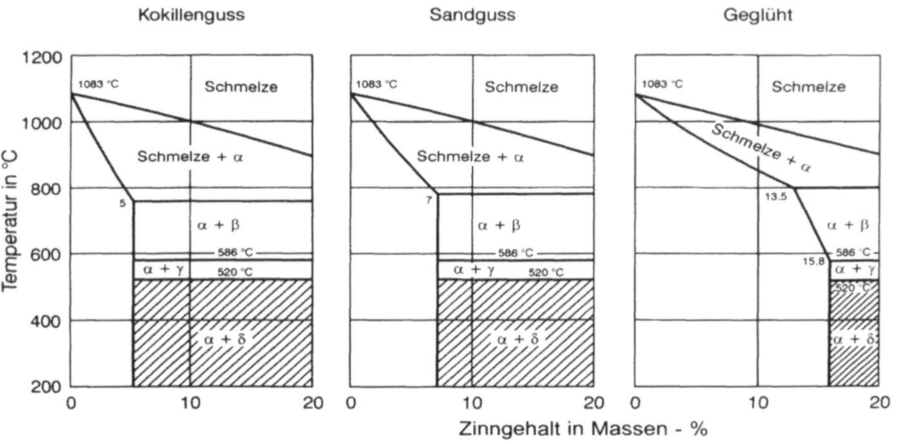

Abb. 4.4: Ausschnitte aus den Zustandsdiagrammen unterschiedlich erstarrter und abgekühlter Zinnbronzen (nach Gemeinschaftsarbeit: Kupfer-Zinn- und Kupfer-Zinn-Zink-Gusslegierungen, Informationsdruck des Deutschen Kupferinstituts, Düsseldorf 2004).

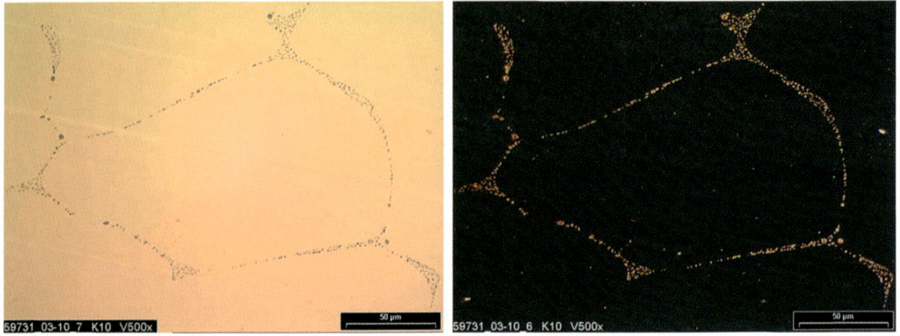

Abb. 4.5: Gefüge von Hüttenkupfer: (Cu – Cu_2O)-Eutektikum: Cu-ETP (E-Cu57), Gusszustand, ungeätzt; links: Hellfeld, rechts: Dunkelfeld.

Wegen des großen Intervalls zwischen der Liquidus- und Solidustemperatur neigen alle Zinnbronzen sehr stark zur Kristallseigerung und Dendritenbildung. Selbst die zinnärmeren Knetbronzen besitzen nach der Erstarrung ein ausgeprägtes Dendritengefüge (Abb. 4.7). Ergänzend wurde in Abb. 4.5 das Gefüge von Hüttenkupfer und in Abb. 4.6 das Gefüge des reinen Kupfers dargestellt.

Neben der Kristallseigerung ist in Zinnbronzen auch eine **umgekehrte Blockseigerung** feststellbar. Das bedeutet, dass die Zinnanteile in den äußeren Bereichen eines Gussstückes höher sind als in seiner Mitte.

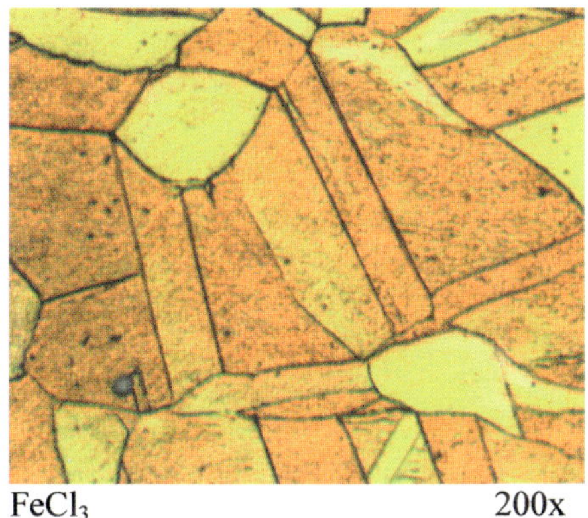

$FeCl_3$ 200x

Abb. 4.6: Gefüge des reinen Kupfers nach dem Homogenisieren: Cu-Kristalle in Polyeder- und Zwillingsform.

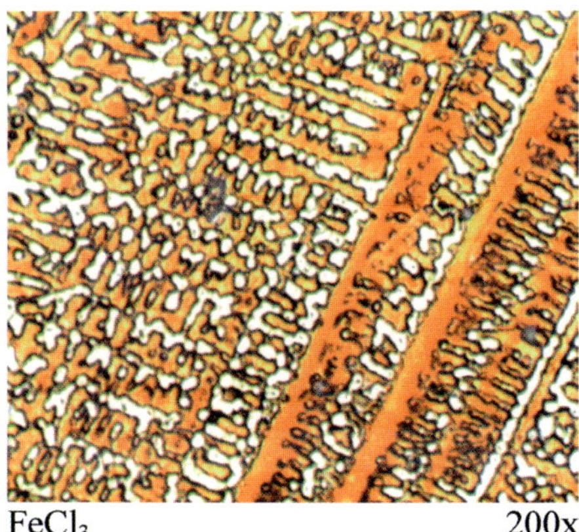

$FeCl_3$ 200x

Abb. 4.7: Erstarrungsgefüge einer Zinnbronze mit 6% Sn: inhomogene α-Mischkristalle in Dendritenanordnung.

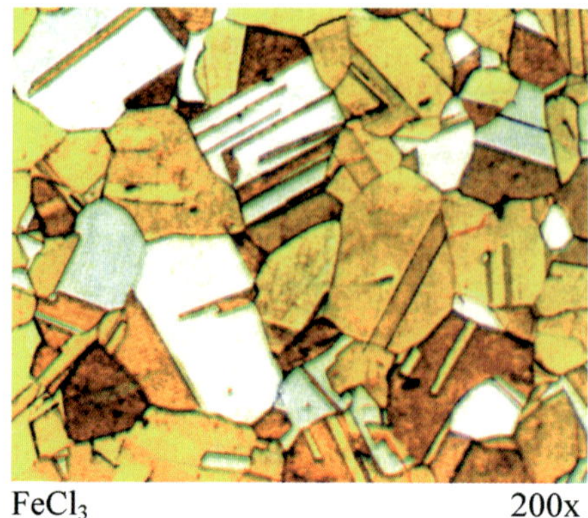

Abb. 4.8: Gefüge derselben Legierung nach Kaltverformung und Rekristallisation: homogene α-Mischkristalle in Polyeder- und Zwillingsform.

Durch Homogenisieren bei ca. 700 bis 800 °C und anschließendes mehrfaches Kaltverformen und Rekristallisieren können die genannten Seigerungseffekte und das Dendritengefüge beseitigt werden. Nach solch einer Behandlung besteht das Gefüge von Knetbronzen aus homogenen α-Mischkristallen in Polyederform mit charakteristischen geradlinigen Korngrenzen und zahlreichen Zwillingskristallen (Abb. 4.8).

Die starken Farbkontraste im Gefügebild homogenisierter Zinnbronzen sind auf das differenzierte Ätzverhalten unterschiedlich orientierter Körner und Zwillingskristalle zurückzuführen.

Die mechanischen Eigenschaften von Knetbronzen können durch eine Kaltverformung weitgehend verändert werden. Je nach Verformungsgrad kann beispielsweise die Zugfestigkeit von anfänglich ca. 350 N/mm^2 auf etwa 700 N/mm^2 angehoben werden, allerdings auf Kosten der abnehmenden Bruchdehnung. Das Gefüge kaltverformter Zinnbronzen zeigen Abb. 4.9a und Abb. 4.9b.

Der sehr breit gefächerte Anwendungsbereich von Knetbronzen wird neben den guten mechanischen Eigenschaften auch durch einen Komplex weiterer hervorragender Eigenschaften wie gute Leitfähigkeit für Wärme und Strom, ausgezeichnete Korrosionsbeständigkeit (auch gegenüber Salzwasser), ausreichende Resistenz gegen Lochfraß und Unempfindlichkeit gegen Spannungsrisskorrosion bestimmt.

Ausführliche Angaben bezüglich der Zusammensetzung, Kurzzeichen, Verarbeitung, Eigenschaften und Anwendungen von Cu-Sn-Knetlegierungen findet der interessierte Leser z.B. in den Werkstoffdatenblättern des Deutschen Kupferinstituts (https://www.kupferinstitut.de/wp-content/uploads/2019).

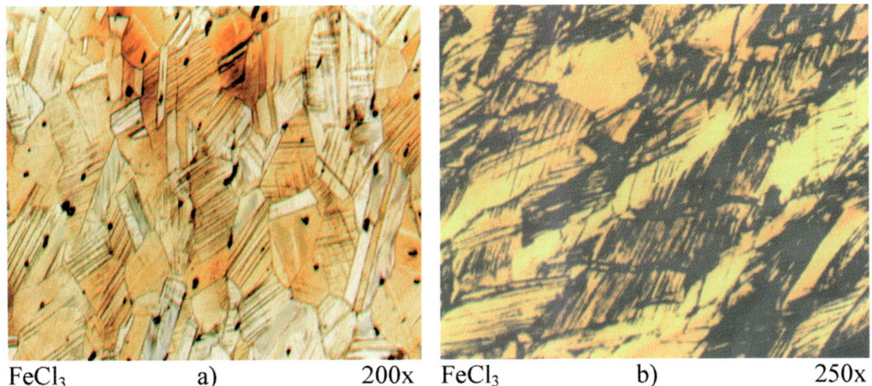

Abb. 4.9: Gefüge einer unterschiedlich stark verformten einphasigen Zinnbronze: a) Gleitbänder in den weniger verformten Körnern und b) gestreckte α-Mischkristalle, Zwillingskristalle mit gebogenen Grenzen und zahlreichen Gleitbändern nach stärkerer Verformung.

Genormte CuSn Legierungen

Die Erzeugnisformen Platten, Bleche, Bänder, Streifen und Ronden zur allgemeinen Verwendung sind z.B. in der DIN 1652:1998, Bänder für Federn und Steckverbinder in der DIN 1654:2019 aufgeführt. So wird z.B. CuSn4 und CuSn6 unter anderem für Federn und Membrane, Bolzen, Schrauben, Kontaktstifte in der Elektrotechnik und im Maschinenbau eingesetzt. Drähte werden in der DIN 12166:2016 erfasst. Legierungen mit höherem Zinngehalt, wie z.B. die CuSn8, sind auch bestens für Zahn- und Schneckenräder, Gleitlagerbuchsen mit guten Notlaufeigenschaften sowie für meerwasserbeständige Pumpenteile geeignet.

4.1.1.2 Cu-Sn-Gusslegierungen

Den größeren Teil von Zinnbronzen bilden Gusslegierungen mit einem Sn-Gehalt von 10% bis 20%. Verwendet werden diese Legierungen für Zahnräder, Schnecken- und Schraubenräder, Pumpengehäuse, Armaturen und Gleitlagerschalen. Aus Bronzen mit 20% Sn werden Glocken und ebenfalls Gleitlagerschalen gegossen.

Cu-Sn-Gusslegierungen haben nach der Erstarrung und Abkühlung auf Raumtemperatur in der Regel ein zweiphasiges Gefüge, das aus α-Mischkristallen in Dendritenform und dazwischen liegenden Bereichen des (α+δ)-Eutektoids besteht (Abb. 4.10 und Abb. 4.11).

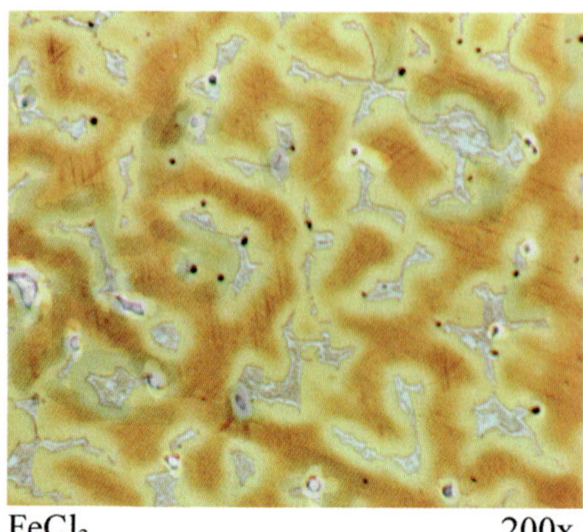

Abb. 4.10: Erstarrungsgefüge einer Zinnbronze mit 13% Sn: α-Mischkristalle in Dendritenform und Bereiche des (α+δ)-Eutektoids.

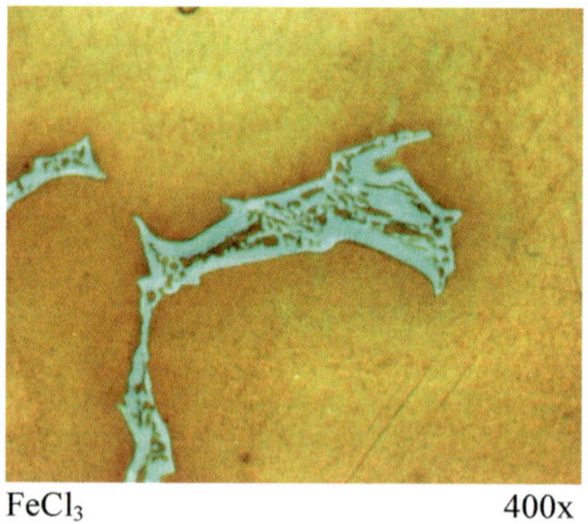

Abb. 4.11: Ausschnitt aus Abb. 4.10: die höhere Vergrößerung lässt das Eutektoid deutlicher erscheinen.

Wegen seiner hohen Härte ist das (α+δ)-Eutektoid in Gleitlagergefügen durchaus erwünscht und für den hohen Verschleißwiderstand maßgebend. Damit diese Verschleißeigenschaften erhalten bleiben, werden Cu-Sn-Lagerwerkstoffe nach der Erstarrung nicht homogenisiert.

Die Zugabe von einigen Prozenten von Blei, wie z.B. im Falle der CuSn-11Pb2-C, verbessert die Gleiteigenschaften und auch die Zerspanbarkeit des Materials. Anwendung findet diese Legierung beispielsweise für die Herstellung von Kolbenbolzenbuchsen. Angesichts des Bleizusatzes als dritter Komponente zählt diese Legierung zu den im Abschnitt 4.1.2 behandelten Mehrstoff-Bronzen.

4.1.1.3 Cu-Sn-Sinterlegierungen (Sinterbronzen)

Eine Vielzahl von feinporigen Filtern, Gleitlagerbuchsen, kleine Zahnräder usw. werden auf dem Wege der Pulvermetallurgie aus so genannten Sinterbronzen hergestellt. Das Gefüge einer gesinterten Cu-Sn-Gleitlagerbuchse zeigt Abb. 4.12.

Die in diesem Bild erkennbaren Poren sind erwünschte Hohlräume in der metallischen Matrix und keine ungewollten Materialfehler. Nach dem Sintern werden diese Hohlräume mit einem Schmiermittel, z.B. mit Öl, getränkt, um wartungsfreie Gleitlagerbuchsen oder Lagerbuchsen mit guten Notlaufeigenschaften herzustellen. Die Porosität eines Sinterlings kann je nach Bedarf in weiten Grenzen verändert werden, und zwar einmal durch den Druck beim Pressen des Pulvers und zweitens durch die Sinterparameter Temperatur und Zeit. In Abb. 4.13 ist die ausgeprägte Porosität eines gesinterten Ölfilters einer Ölheizanlage deutlich erkennbar.

Genormte CuSn Gusslegierungen

Zur Gruppe der Cu-Sn-Gussbronzen zählen z.B. die CuSn10-C. Der Anhang C steht für Gusslegierung. Neben der Bezeichnung nach der chemischen Zusammensetzung, z.B. CuSn10-C enthält 10% Sn, ist auch eine alpha-numerische Bezeichnung üblich. Im vorliegenden Fall CC480K: CC Gusslegierung, 480K Werkstoffnummer für Kupfer-Zinn Legierungen, wobei der Buchstaben für die unterschiedlichen Werkstoffgruppen steht. K bezeichnet im vorliegenden Fall die Gruppe der Kupfer-Zinn-Legierungen (vgl. DIN EN 1412:2017-01, Tabelle 1). Die (mechanischen) Eigenschaften und die Beschreibung der Gefüge sind in der DIN EN 1982:2017 aufgeführt.

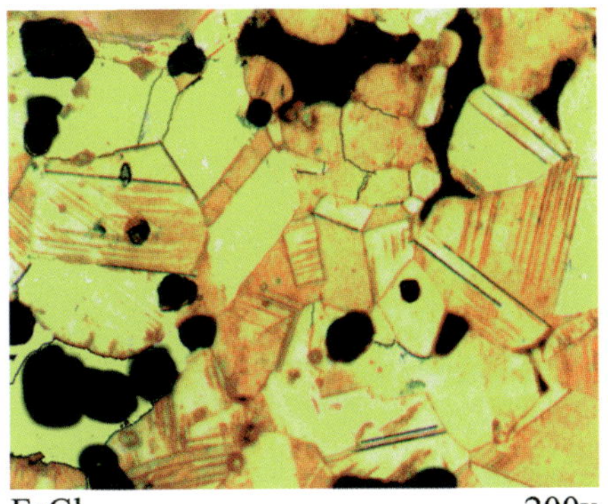

$FeCl_3$ 200x

Abb. 4.12: Gefüge einer gesinterten Gleitlagerbuchse: α-Mischkristalle mit zahlreichen Poren.

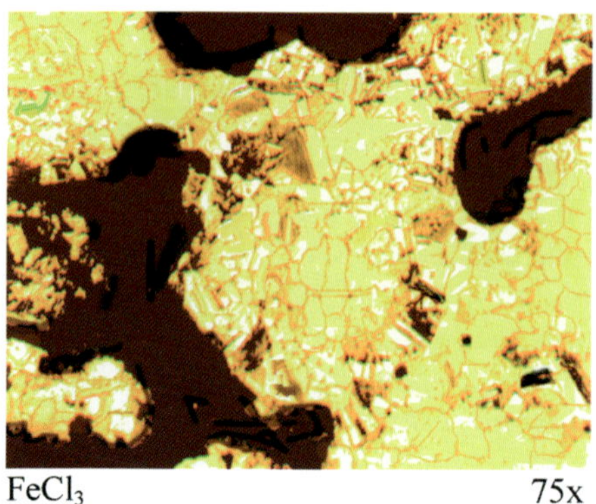

Abb. 4.13: Gefüge eines gesinterten Ölfilters mit ausgeprägter Porosität.

4.1.2 Mehrstoff-Bronzen

4.1.2.1 Mehrstoff-Knetbronzen

Werden den im Abschnitt 4.1.1.1 beschriebenen Cu-Sn-Knetlegierungen einige Prozente anderer Legierungselemente wie z.B. Zink, Blei oder Phosphor zugeführt, können die Gebrauchseigenschaften dieser Werkstoffe noch stärker beeinflusst und die Anwendungsbereiche entsprechend ausgedehnt werden, ohne dabei die Verformbarkeit wesentlich einzuschränken.

Das Gefügebild einer Cu-Sn-Zn-Pb-Legierung im Gusszustand zeigt Abb. 4.14.

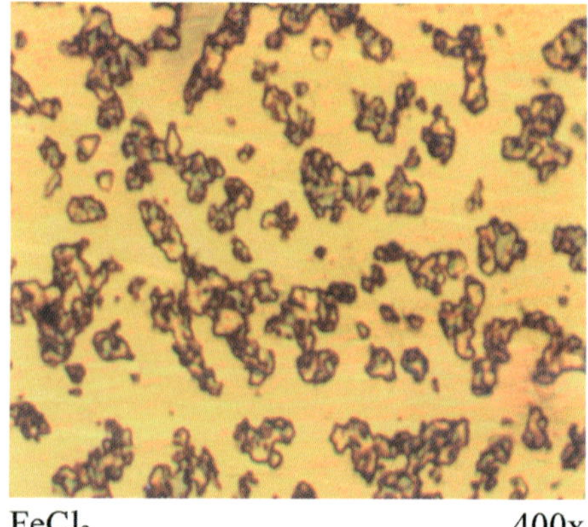

Abb. 4.14: Erstarrungsgefüge einer Cu-Sn-Zn-Pb-Legierung.

Genormte CuSn Knetlegierungen

Zu dieser Legierungsgruppe gehören z.B. die CuSn3Zn9 (CW454K) und die CuSn-5Pb1 (CW458K). Die den Produktformen (Walzflacherzeugnisse, Rohre, Stangen etc.) zuzuordnenden Gütenormen sind in der DIN CEN/TS 13388 (DIN SPEC 9700):2020 tabellarisch aufgeführt. So kann z.B. die Legierung CuSn5Pb1 (CW458K) der Produktform Stangen, Profile, Drähte der DIN EN 12164:2016 bzw. DIN EN 12166:2016 zugeordnet werden.

4.1.2.2 Mehrstoff-Gussbronzen

Sehr gut gießbar und ebenfalls für Gleitlager geeignet sind z.B. **Cu-Sn-Zn-Legierungen**, auch als **Rotguss** bekannt. Im Rotguss wird ähnlich wie in den Mehrstoff-Knetbronzen ein Teil von Zinn durch Zink ersetzt, was eine Minderung der Materialkosten bewirkt. Der Zinkanteil im Rotguss reicht bis zu 9%. Zwecks Verbesserung von Gießbarkeit und Zerspanbarkeit werden dem Rotguss oft 3% bis 7% Blei zugeführt, wie im Falle der CuSn7Zn4Pb7-C oder der CuSn-5Zn5Pb5-C. Besonders gute Gleiteigenschaften, vor allem unter Notlaufbedingungen, erlangen die beiden Legierungen im Schleudergussverfahren.

Das Erstarrungsgefüge von Rotguss (Abb. 4.15 und Abb. 4.16) ist heterogen und besteht aus α-Mischkristallen und gleichmäßig verteilten Bleiteilchen. Weil Zink die Neigung des Mischkristalls zur Seigerung verstärkt, treten oft im Rotgussgefüge, vor allem nach schnellerer Abkühlung und bei höheren Zinkanteilen, Bereiche des (α+δ)-Eutektoids auf.

Für Schneckenradkränze sind bleihaltige Mehrstoffbronzen nicht geeignet; für diese Anwendung werden bevorzugt Cu-Sn-Legierungen mit einem Nickelzusatz eingesetzt, wie z.B. die CuSn12Ni2-C.

Zur Gruppe der Mehrstoff-Gussbronzen gehören auch die so genannten **Phosphorbronzen**.

Weil Phosphor allgemein als Desoxidationsmittel bei der Herstellung von Bronzen eingesetzt wird, sind geringe Rückstände dieses Elements, üblicherweise von weniger als 0,1%, fast in allen Bronzen vorhanden. Durch dermaßen kleine Phosphormengen werden weder das Gefüge noch die Eigenschaften nennenswert beeinflusst und deshalb werden solche Legierungen nicht den Phosphorbronzen zugeordnet.

Technisch verwendbare Phosphorbronzen enthalten üblicherweise neben 6% bis 9% Sn ca. 0,2% bis ca. 1,5% Phosphor. Dabei werden nur Legierungen mit einem Zinngehalt von ca. 7% bis 9% und gleichzeitig mit mehr als 1% P im Gusszustand verwendet. Legierungen, deren Zinn- und Phosphorgehalt im unteren Grenzbereich liegen, sind hingegen plastisch verformbar.

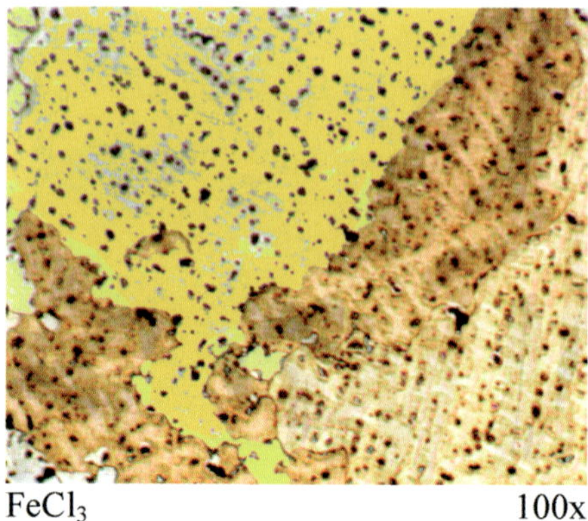

Abb. 4.15: Erstarrungsgefüge von Rotguss: α-Mischkristalle in Dendritenform.

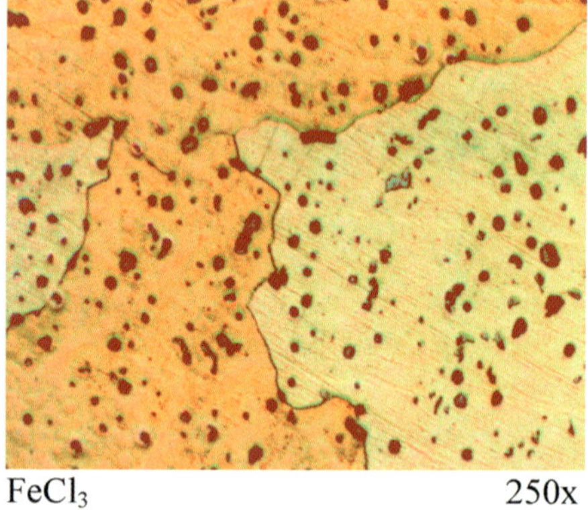

Abb. 4.16: Gefüge wie in Abb. 4.15, jedoch bei höherer Vergrößerung mit gleichmäßig verteilten Bleiteilchen.

Im Gefügebild von Phosphorgussbronzen kommen harte Cu_3P-Teilchen zum Vorschein (Abb. 4.17 und Abb. 4.18), deren Existenz mit Hilfe der Spektralanalyse im Rasterelektronenmikroskop nachgewiesen wurde.

Diese harten Kupferphosphide wirken sich günstig auf den Verschleißwiderstand aus und machen Phosphorbronzen zu einem geeigneten Werkstoff für Gleitlager sowie für Schnecken- und Zahnräder.

Neben der Verbesserung der Gießbarkeit und der Gleiteigenschaften bewirkt Phosphor eine Anhebung der Verfestigungsfähigkeit von Knetlegierungen.

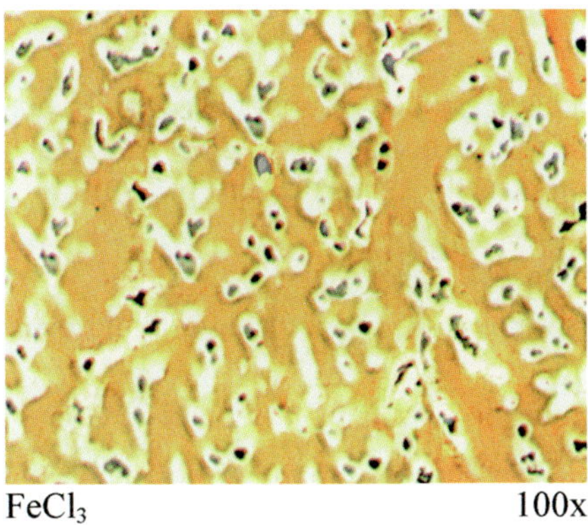

Abb. 4.17: Gefüge einer Phosphorbronze mit ca. 1% P im Gusszustand: α-Mk und dunkle Cu_3P-Teilchen.

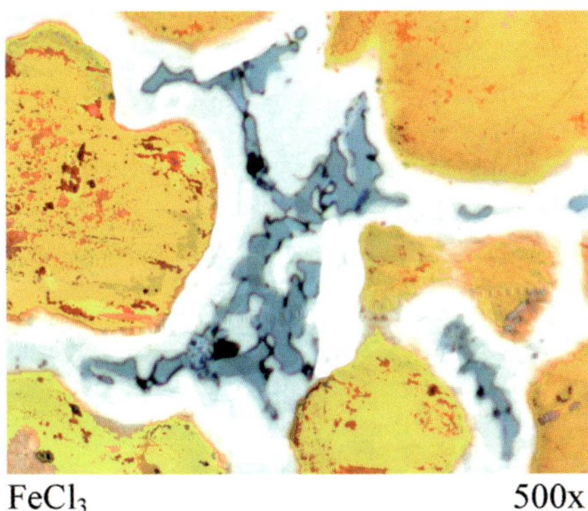

Abb. 4.18: Ausschnitt aus Abb. 4.17 bei höherer Vergrößerung. Die Cu_3P-Teilchen sind sehr deutlich erkennbar.

Durch zunehmenden Phosphorgehalt wird jedoch die Warmverformbarkeit verschlechtert und die elektrische Leitfähigkeit vermindert.

Weiteres über Cu-Sn-Gusslegierungen sowie Cu-Sn-Mehrstoff-Gusslegierungen findet der interessierte Leser z.B. in den Informationsschriften des Deutschen Kupferinstituts (https://www.kupferinstitut.de)

Genormte Mehrstoff-Gussbronzen

Die (mechanischen) Eigenschaften und die Beschreibung der Gefüge der genannten Mehrstoff-Gusslegierungen sind in der DIN EN 1982:2017 aufgeführt.

4.1.3 Speziallegierungen

Der Begriff Bronze wird technisch nur für Cu-Sn Legierungen angewendet. In der Vergangenheit war es üblich, auch andere Legierungen (ohne Sn) als Spezial- bzw. Sonderbronze zu bezeichnen. Zur Gruppe dieser Spezialbronzen (Sonderbronzen) wurden alle Kupferlegierungen ohne Zinn und Zink, wie z.B. **Aluminiumbronzen**, **Berylliumbronzen** und zinnfreie **Bleibronzen** gerechnet.

4.1.3.1 Kupfer-Aluminiumlegierungen (Aluminiumbronzen)

Aluminiumbronzen sind Legierungen, die im besonderen Maße sehr gute mechanische Eigenschaften mit ausgesprochener Korrosionsbeständigkeit verbinden. Sie werden als Zweistofflegierungen oder als Mehrstofflegierungen mit 2% bis 4% Fe und/oder 2% Mn und/oder 3% bis 5% Ni verwendet, unter anderem für hochbeanspruchte und korrosionsbeständige Teile im Schiffbau, Maschinenbau und in der chemischen Industrie.

Je nach Al-Gehalt und der aus dem Al-Anteil folgenden Formgebungsmöglichkeit unterscheidet man zwischen **Knetlegierungen** und **Gusslegierungen**.

Knetlegierungen enthalten 5% bis 10% Al. Bis zu einem Al-Gehalt von 8% sind sie homogen und kaltverformbar. Im Zuge einer Kaltverformung können Festigkeit, Dehngrenze und Härte wesentlich angehoben werden. Bei einem Verformungsgrad von 40% erreicht die Zugfestigkeit einer Cu-Al-Legierung mit 8% Al Werte von etwa 850 N/mm^2. Mehrphasige Legierungen lassen nur noch eine Warmverformung zu.

Anwendung finden Cu-Al-Knetlegierungen z.B. für Rohre in der Salzindustrie und für funkensichere Werkzeuge im Bergbau, als Lagerbuchsen für Flugzeugfahrgestelle, für mechanisch und chemisch hochbeanspruchte Zahnräder,

Genormte Kupfer-Aluminiumlegierungen

Knetlegierungen

Cu-Al Legierungen sind nach DIN EN 1412:2017 der Werkstoffgruppe 300 bis 349 G zuzuordnen. Die (mechanischen) Eigenschaften werden je nach Produktform in unterschiedlichen DIN EN Normen aufgeführt: z.B. CuAl10Ni5Fe4 (CW307G) oder CuAl10Fe1 (CW305G) für Stangenmaterial in der DIN EN 12163:2016, für Profile und Rechteckstangen in der DIN EN 12167:2016, für Vormaterial für Schmiedestücke in der DIN EN 12165:2016 bzw. Schmiedestücke in der DIN EN 12420:2014. In der DIN EN 1653:1997+A1:2000 werden für Platten, Bleche und Ronden, z.B. der Legierung CuAl9Ni3F2 (CW304G) die entsprechenden Kennwerte aufgeführt.

Gusslegierungen

Als Beispiele können hier nach DIN EN 1982:2017 die CuAl10Fe5Ni5-B (CB333G) / Blockmetall und CuAl10Fe5Ni5-C (CC333G) / Gussstück genannt werden.

Schneckenradkränze, Spindeln, Schrauben und Wellen im Maschinenbau, für Matrizen in der Umformtechnik und für Teile in der Elektrotechnik.

Gusslegierungen besitzen in der Regel 10% bis 12% Al und zudem, ähnlich wie die Knetlegierungen, einige Prozente an Fe, Mn und Ni. Al-Gusslegierungen können als Sand-, Kokillen-, Schleuder- oder Strangguss vergossen und sehr vielseitig eingesetzt werden. Zum Beispiel werden Cu-Al-Gusslegierungen für die Herstellung von Schaufelrädern und Laufrädern für Kondensatpumpen, Rohre und Platten in Salzwasserverdampfungsanlagen, für Bauteile von Meerwasserpumpen und der chemischen Industrie, für höchstbeanspruchte Schrauben- und Schneckenräder sowie für Gleitlagerschalen mit hoher Stoßbelastung verwendet.

4.1.3.1.1 Erstarrungsgefüge von Kupfer-Aluminiumlegierungen (Aluminiumbronzen)

Das Gefügebild von Aluminiumbronzen bei Raumtemperatur, insbesondere das Gefüge von heterogenen Gusslegierungen, ist recht kompliziert und seine Beschreibung ein recht schwieriges Unterfangen, da mehrere Faktoren in gegenseitiger Wechselwirkung die Phasenverhältnisse beeinflussen. Hilfreich bei der Entschlüsselung des Gefüges heterogener Cu-Al-Gusslegierungen sind entsprechende ZTU-Diagramme.

Der in Abb. 4.19 gezeigte Ausschnitt aus dem Cu-Al-Zustandsdiagramm kann hingegen lediglich als eine vereinfachte Darstellung angesehen werden.

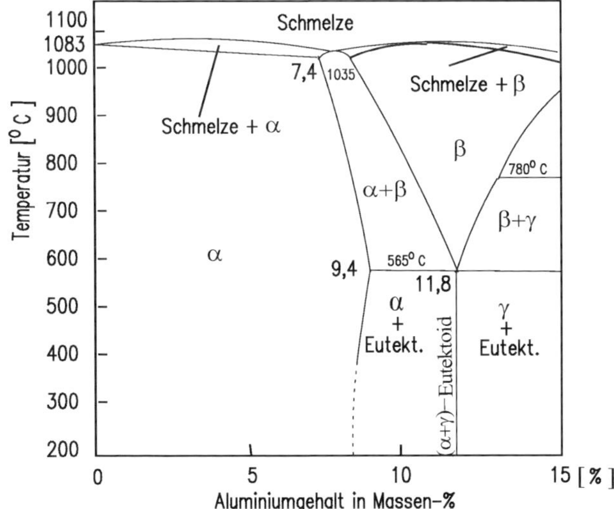

Abb. 4.19: Die Kupferecke des vereinfachten Cu-Al-Phasendiagramms.

Die im vereinfachten Cu-Al-Diagramm vorkommenden Phasen lassen sich nur bei einer mäßigen Abkühlung des Gussstückes, wie z.B. beim Sandguss oder Kokillenguss, einstellen.

Sowohl eine rasche Abkühlung als auch andererseits eine sehr langsame Abkühlung mit Geschwindigkeiten von weniger als 2 °C/min bewirken eine starke Veränderung des in Abb. 4.19 dargestellten Phasenbildes.

Das endgültige Phasengleichgewicht von Al-Bronzen kann erstaunlicherweise erst bei Abkühlungsraten von weniger als 1 °C/min erreicht werden.

Trotz gewisser Vereinfachung ist das obige Zustandsdiagramm dennoch fürs Erste eine brauchbare Handhabe bei der Phasenanalyse von Cu-Al-Legierungen. So können z.B. eindeutig Phasen festgestellt werden, die abhängig vom Al-Gehalt während der Erstarrung entstehen. Dabei lässt sich Folgendes erkennen:

Al-Bronzen mit bis zu 7,4% Al weisen unmittelbar nach der Erstarrung ein einphasiges Gefüge auf, das aus kubisch flächenzentrierten, auf dem Kupfergitter aufgebauten, **α-Mischkristallen** (α-Mk) besteht und bis zur Raumtemperatur unverändert bleibt.

Zwischen ca. 7,4% Al und ca. 9% Al erstarren Al-Bronzen zweiphasig und zwar als ein Gemisch aus α-Mischkristallen und β-Mischkristallen. Die β-Mk zählen zu den so genannten Sekundärmischkristallen und sind auf der kubisch-raumzentrierten **Cu_3Al**-Elektronenphase aufgebaut. Das bei Raumtemperatur vorkommende Gefüge dieser Legierungen ist abhängig von der Abkühlungsgeschwindigkeit nach der Erstarrung und kann unterschiedlich sein – s. folgender Abschnitt.

Oberhalb von etwa 9% Al erstarren aus der Schmelze ausschließlich Kristalle der β-Phase, die ebenfalls abhängig von der Abkühlungsgeschwindigkeit im festen Zustand ein unterschiedliches Gefüge bei Raumtemperatur ergeben können.

4.1.3.1.2 Gefügeveränderungen von Aluminiumbronzen beim Abkühlen im festen Zustand

Da die Löslichkeit von Aluminium im Kupfergitter bis 565 °C mit sinkender Temperatur zunimmt und die β-Phase zu Gunsten der α-Phase sukzessive abgebaut wird, können langsam abgekühlte Al-Bronzen mit einem Al-Gehalt von bis zu 9%, die zweiphasig erstarrten, bei Raumtemperatur dennoch einphasig erscheinen. Einphasige Aluminiumbronzen sind gut warm- und kaltverformbar.

Ab ca. 9% Al kommt bei Raumtemperatur allmählich ein zweiphasiges, bei Mehrstoffbronzen gar ein mehrphasiges Gefüge zum Vorschein. Die plastischen Eigenschaften verschlechtern sich und das Material lässt nur noch eine Warmverformung zu. Schließlich sind Al-Bronzen mit mehr als ca. 9,4% Al (in der Praxis mit mehr als 10% Al) wegen des hohen Anteils spröder Phasen bzw. Gefügebestandteile nur noch als Gusslegierungen verwendbar.

Das Gefügebild von Cu-Al-Gusslegierungen bei Raumtemperatur hängt vornehmlich von zwei Einflussfaktoren ab:

Einerseits bestimmt das vom Al-Gehalt abhängige Erstarrungsgefüge das Gefüge bei Raumtemperatur, andererseits kontrolliert die Abkühlungsgeschwindigkeit des Gussstückes nach seiner Erstarrung bzw. Wiedererwärmung Veränderungen des Erstarrungsgefüges. Gefüge von Mehrstofflegierungen werden zudem durch das Auftreten weiterer Phasen, wie z.B. der $FeAl_3$-Phase oder diverser **NiAl**-Verbindungen, bereichert.

Die Erstarrungsgefüge von Al-Bronzen in Abhängigkeit vom Al-Gehalt wurden bereits in der vorangehenden Seite beschrieben.

Während die einphasig als α-Mischkristalle erstarrten Legierungen keinerlei Gefügeveränderungen sowohl bei langsamer als auch bei rascher Abkühlung im festen Zustand erfahren, sind in den zweiphasig als α-Mk + β-Mk oder in den einheitlich als β-Mk erstarrten Legierungen folgende Gefügeveränderungen während der Abkühlung möglich:

Bei langsamer Abkühlung, wie z.B. beim Sandguss, findet zunächst ein sukzessiver Abbau der β-Mk zu Gunsten der α-Phase statt. Dieser Abbau hält bis zur Temperatur der eutektoiden Umwandlung von 565 °C an und bewirkt, dass Gefüge von Legierungen mit bis zu ca. 9,4% Al bei 565 °C fast nur noch aus α-Mk bestehen. Weil sich ab 565 °C die Löslichkeit von Aluminium im Kupfergitter kaum noch ändert, bleibt das überwiegend einphasige α-Mk-Gefüge bis zur Raumtemperatur erhalten (Abb. 4.20).

In Legierungen mit mehr als 9,4% Al vollzieht sich bei langsamer Abkühlung ebenfalls eine sukzessive, jedoch nicht mehr vollständige β/α-Umwandlung. Die

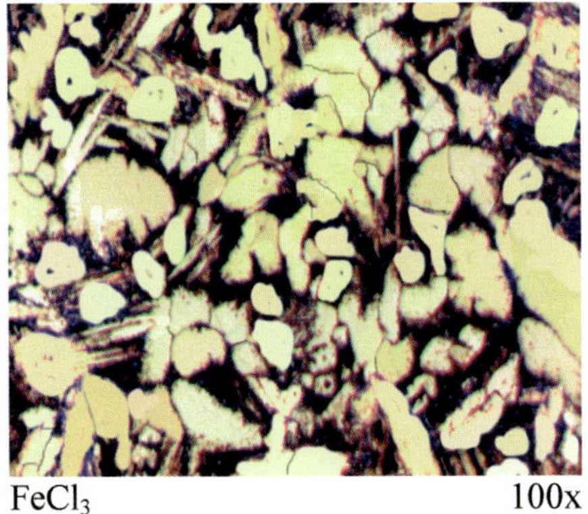

$FeCl_3$ 100x

Abb. 4.20: Gefüge einer Al-Bronze mit ca. 9% Al nach langsamer Abkühlung aus dem (α+β)-Gebiet: helle α-Mk und dunkle umgewandelte β-Bereiche.

noch übrig gebliebenen β-Mk, die mittlerweile einen Al-Gehalt von 11,8% erreicht haben, zerfallen bei 565 °C in das spröde **(α+γ_2)-Eutektoid**, wobei die γ_2-Phase der intermetallischen Verbindung Al_2Cu_8 entspricht. Demzufolge besteht bei Raumtemperatur das Gefüge langsam abgekühlter Guss-Aluminiumbronzen mit üblichen 9,5% bis 11% Al aus α-Mk und Bereichen des (α+γ_2)-Eutektoids (Abb. 4.21). Liegt der Al-Gehalt einer Cu-Al-Legierung in der Nähe der eutektoiden Zusammensetzung von 11,8%, entsteht bei langsamer Abkühlung ein Gefüge, das ausschließlich aus dem (α+γ_2)-Eutektoid besteht (Abb. 4.22).

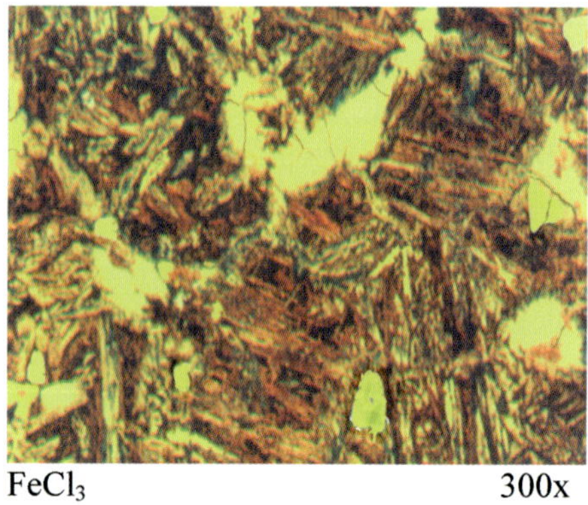

$FeCl_3$ 300x

Abb. 4.21: Gefüge einer Al-Gussbronze mit ca. 10% Al nach langsamer Abkühlung aus dem β-Gebiet: α-Mk (hell) und Bereiche des (α+γ_2)-Eutektoids.

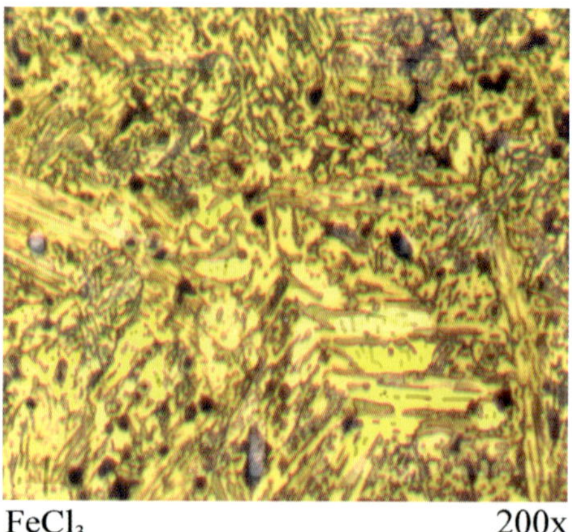

$FeCl_3$ 200x

Abb. 4.22: Gefüge einer Al-Gussbronze mit ca. 11% Al nach langsamer Abkühlung aus dem β-Gebiet: (α+γ_2)-Eutektoid.

Kühlen hingegen typische Guss-Aluminiumbronzen mit 9,5% bis 11% Al, die je nach Al-Gehalt als (α+β)-Gemisch oder gänzlich als β-Phase erstarrt sind, beschleunigt ab, z.B. in einer Kokille oder im Luftstrom, werden der Abbau der β-Phase verzögert und die eutektoide Umwandlung dieser Phase teilweise oder gänzlich unterdrückt. Bei Raumtemperatur stellt sich unter diesen Bedingungen ein Gefüge ein, das in den als (α+β) erstarrten Legierungen aus α-Mischkristallen und nadeligen Kristalliten einer unterkühlten und geordneten **β_1-Phase** besteht (Abb. 4.23). Bei den einheitlich als β-Phase erstarrten Legierungen kommt bei beschleunigter Abkühlung auf Raumtemperatur konsequenterweise ein Gefüge zu Stande, in dem ausschließlich Nadeln der unter-kühlten β_1-Phase vorkommen.

Werden Legierungen mit ca. 9,5% Al bis 11% Al aus dem (α+β)-Gebiet bzw. aus dem β-Gebiet noch schneller abgekühlt, beispielsweise durch ein Wasserabschrecken, bleibt die β/α-Umwandlung weitgehend aus und im Zuge einer diffusionsfreien Umwandlung entsteht aus den Körnern der β-Phase ein nadeliges, dem Martensit ähnliches Gefüge der stark unterkühlten β'-Phase. Folglich besteht bei Raumtemperatur das Gefüge von Gussstücken, die aus dem (α+β)-Gebiet abgeschreckt wurden, aus Kristallen der α-Phase und aus Nadeln der β'-Phase. Ein Abschrecken aus dem β-Gebiet führt zu einem Gefüge, das grundsätzlich aus Nadeln der β'-Phase aufgebaut ist, in dem nur noch geringe Anteile der α-Phase sowohl an den Korngrenzen als auch im Korninneren zu beobachten sind.

Diese geringen Anteile der α-Phase werden während des Abschreckens, nämlich vor dem Eintreten der martensitischen Umwandlung der β-Phase gebildet.

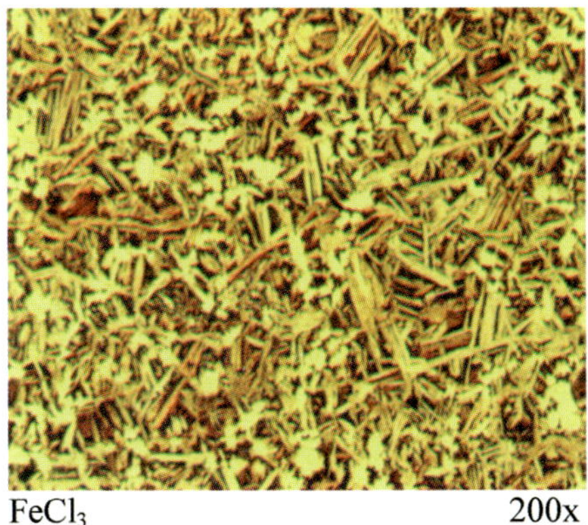

$FeCl_3$ 200x

Abb. 4.23: Gefüge einer Al-Gussbronze mit ca. 10% Al nach schneller Abkühlung aus dem β-Gebiet: helle α-Mischkristalle und Nadeln der unterkühlten β_1-Phase.

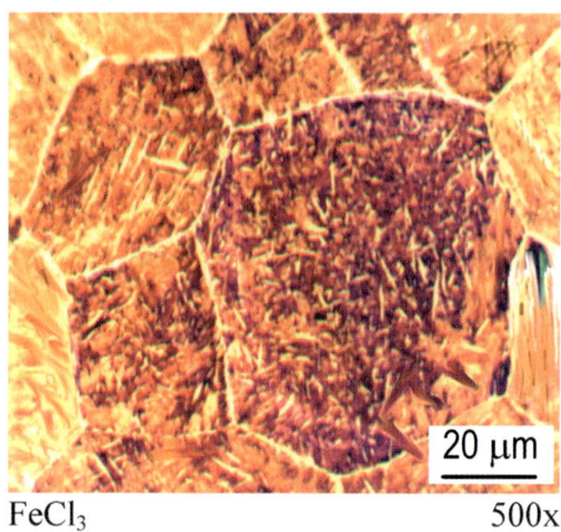

$FeCl_3$ 500x

Abb. 4.24: Gefüge einer Al-Bronze mit ca. 10% Al, die aus dem β-Gebiet abgeschreckt wurde: Körner der β-Phase, die martensitisch in Nadeln der β'-Phase umgewandelt sind.

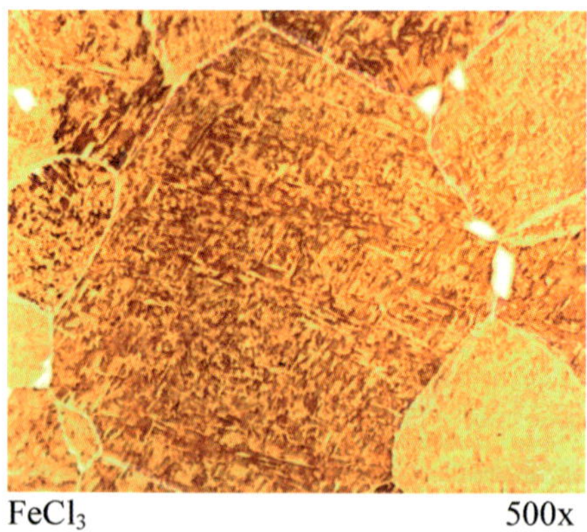

$FeCl_3$ 500x

Abb. 4.25: Ähnliches Gefüge wie in Abb. 4.24. Das Härten aus einer etwas tieferen Temperatur lässt einige α-Mk (helle Körner) im Härtegefüge erscheinen.

Der Anteil der α-Phase im Härtegefüge wird durch die Höhe der Härtetemperatur beeinflusst wird. Damit ein Härtegefüge ohne Einlagerungen der α-Phase zu Stande kommt (Abb. 4.24 und Abb. 4.25), muss die Härtetemperatur im einphasigen β-Bereich, d.i. oberhalb von ca. 900 °C, liegen.

Liegt die Haltetemperatur vor dem Abschrecken unterhalb von etwa 900 °C, befindet sich das Material, vor allem bei einem Al-Gehalt von weniger als ca. 10%, im (α+β)-Gebiet. Weil sich beim Abschrecken nur die β-Phase martensitisch umwandelt, werden die vor dem Abschrecken im Gefüge vorhandenen

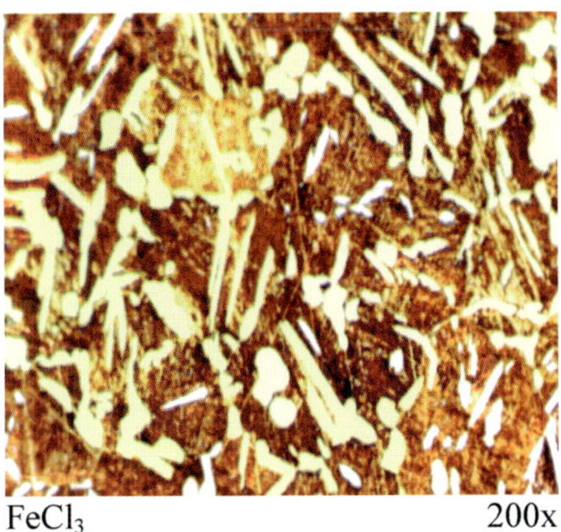

Abb. 4.26: Gefüge einer Al-Bronze mit ca. 10% Al, die aus dem (α+β)-Gebiet abgeschreckt wurde: α-Mk (helle Körner) und nadeliger β'-Martensit (dunkle Bereiche).

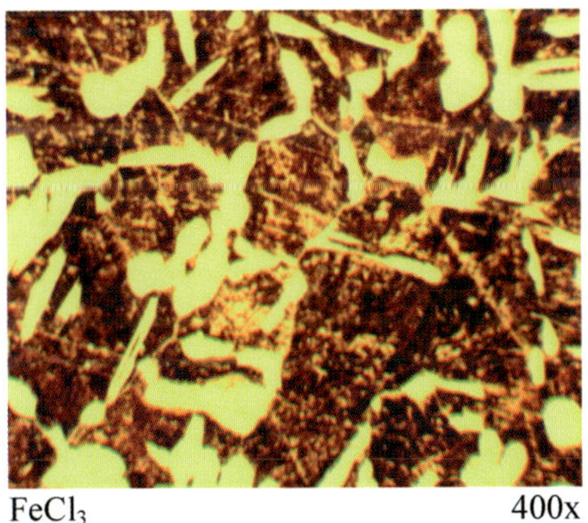

Abb. 4.27: Ausschnitt aus Abb. 4.26 – bei höherer Vergrößerung.

α-Mischkristalle unverändert in das Härtegefüge übertragen (Abb. 4.26 und Abb. 4.27).

4.1.3.2 Kupfer-Beryllium-Legierungen (Berylliumbronzen)

Berylliumbronzen zählen zu den aushärtbaren Kupferlegierungen. Dank ihrer Fähigkeit, Mischkristalle zu bilden, die mit sinkender Temperatur eine abnehmende Löslichkeit des Berylliums im Kupfergitter aufweisen (Abb. 4.28), kann in die-

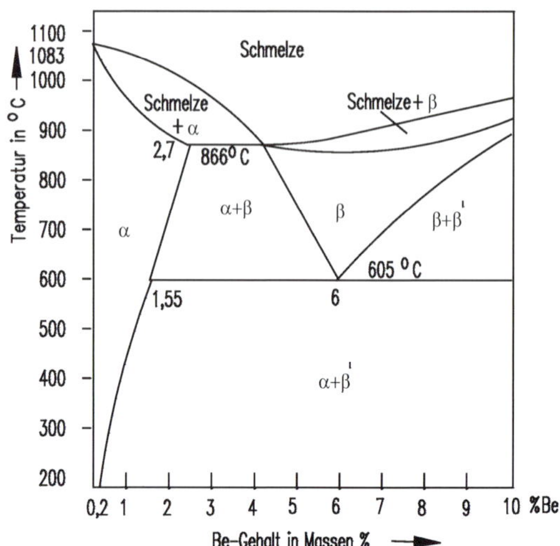

Abb. 4.28: Die Kupfer-Ecke des Cu-Be-Zustandsdiagramms.

sen Legierungen ein Dispersionshärten durch die Ausscheidung von die Versetzungsbewegungen behindernden Teilchen, wirkungsvoll angewendet werden.

Cu-Be-Legierungen mit 0,3% bis 0,7% Be und ca. 2% Co oder 2% Ni werden für Stromleitungen und elektronische Schaltelemente höherer Festigkeit eingesetzt.

Nach einem Lösungsglühen bei etwa 780 °C und folgendem Wasserabschrecken haben diese Bronzen eine Zugfestigkeit von ungefähr 450 N/mm²

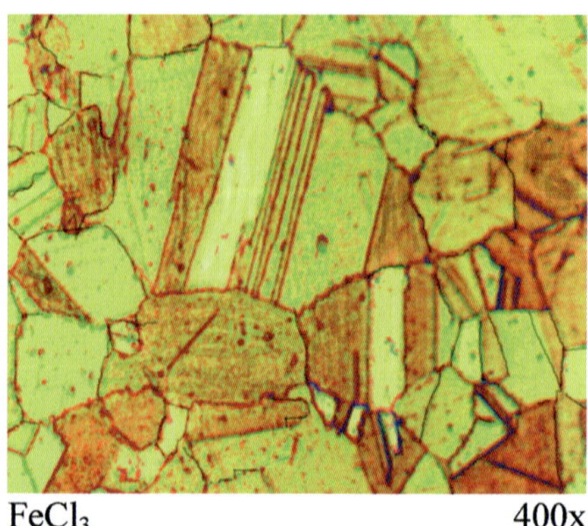

$FeCl_3$ 400x

Abb. 4.29: Gefüge einer Berylliumbronze mit ca. 1% Be nach dem Lösungsglühen und Wasserabschrecken: α-Mk in Zwillingsform.

und eine Bruchdehnung von mehr als 30%. Sie sind in diesem Zustand gut verformbar und ebenfalls gut zerspanbar. Das Gefüge einer Be-Bronze nach dem Lösungsglühen und Wasserabschrecken zeigt Abb. 4.29. Durch Auslagern des abgeschreckten Materials bei ca. 320 °C kommt es zu einer Ausscheidung disperser CuBe-Teilchen und dadurch zu einer erheblichen Festigkeitszunahme. In diesem Zustand weisen Berylliumbronzen mit ca. 2% Be eine Zugfestigkeit von ca. 1300 N/mm², eine Vickers-Härte von ca. 380 N/mm² und eine Bruchdehnung von etwa 3% bis 10% auf. Die bei tieferen Auslagerungstemperaturen ausgeschiedenen **CuBe-Teilchen** haben einen submikroskopischen Charakter und sind lichtmikroskopisch nicht feststellbar. Lediglich eine gewisse Vergröberung

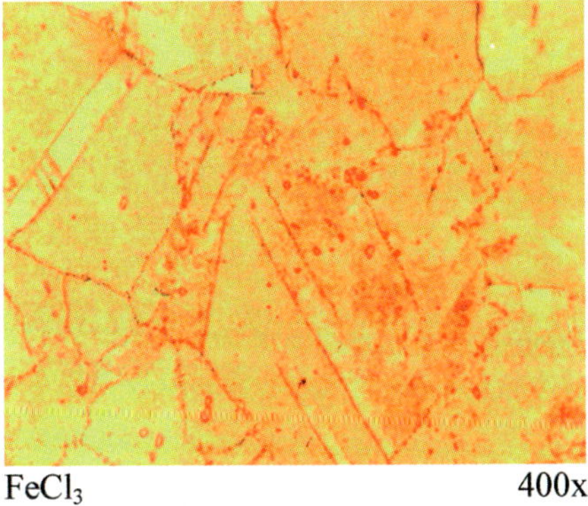

$FeCl_3$ 400x

Abb. 4.30: Gefüge derselben Legierung wie in Abb. 4.29 nach dem Aushärten bei 320 °C: kaum auffällige Veränderungen der Korngrenzen.

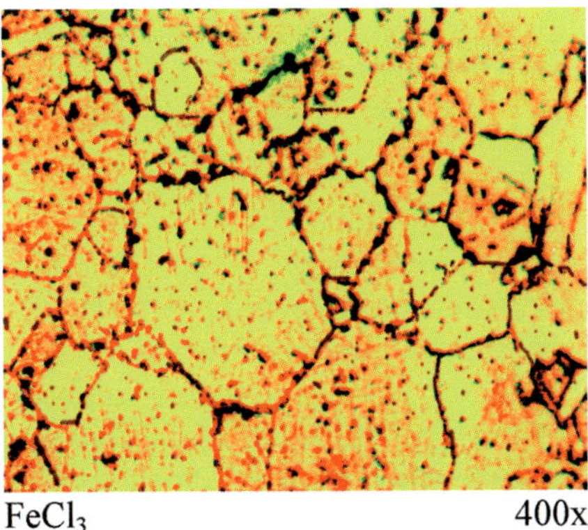

$FeCl_3$ 400x

Abb. 4.31: Gefüge derselben Bronze wie in Abb. 4.29, jedoch im Zustand der Überalterung: mikroskopisch erkennbare CuBe-Teilchen im Korninneren und an den Korngrenzen.

von Korngrenzen lässt auf eine Veränderung der Mischkristalle schließen (Abb. 4.30). Erst infolge einer Überalterung, die durch ein Auslagern bei Temperaturen oberhalb von ca. 400 °C zustande kommt, sind die Ausscheidungen unter dem Lichtmikroskop erkennbar (Abb. 4.31).

Eine Kaltumformung vor dem Auslagern führt zur zusätzlichen Anhebung der Festigkeitseigenschaften, allerdings auf Kosten einer geminderten Bruchdehnung. So können nach einer dem Auslagern vorangegangenen Kaltverformung Zugfestigkeitswerte bis zu 1500 N/mm^2 bei einer Bruchdehnung von etwa 3% erreicht werden.

Die hervorragenden mechanischen Eigenschaften in Verbindung mit guter Korrosionsbeständigkeit, ausbleibender Funkenbildung und fehlenden magnetischen Eigenschaften bestimmen die Verwendung ausgehärteter Berylliumbronzen z.B. für funkenfreie Werkzeuge bei Arbeiten in explosionsgefährdeten Räumen, für verschleißbeständige, funkenfreie und nichtmagnetische Maschinenteile wie z.B. Wälzlager und Gleitlager im Flugzeugbau sowie für korrosionsbeständige und hochfeste Spiral- und Blattfedern.

Hinweis:
Weil Beryllium und seine Legierungen nicht uneingeschränkt zu den ungefährlichen Metallen gehören, ist auch der Umgang mit Berylliumbronzen nicht unbedenklich. Um folgenschwere Lungenerkrankungen zu vermeiden, müssen bei sämtlichen Arbeitsprozessen, bei denen Berylliumoxide, berylliumhaltige Dämpfe bzw. berylliumhaltiger Rauch oder Staub freigesetzt werden, die vorgeschriebenen Sicherheitsvorkehrungen streng eingehalten und die zugelassenen Grenzwerte dieser Schadstoffe in der Atemluft laufend kontrolliert werden.

Weiteres zu Berylliumbronzen kann der interessierte Leser z.B. dem Internet entnehmen, z.B. https://www.matthey.ch/fileadmin/user_upload/downloads/Fichiers_PDF/CuBe_comp_sansTM_al.pdf.

4.1.3.3 Kupfer-Chrom-Legierungen

Eine weitere aushärtbare Cu-Legierung ist die CuCr1Zr mit ca. 1% Cr und 0,03% bis 3% Zr. Nach einem Lösungsglühen bei 950 °C bis 980 °C, nachfolgendem Abschrecken und anschließendem Aushärten bei ca. 450 °C weist diese Legierung eine Zugfestigkeit von etwa 470 N/mm^2 und eine Bruchdehnung von 8% auf. Neben der hohen Festigkeit sind auch gute Verschleißeigenschaften und ebenfalls eine sehr gute elektrische Leitfähigkeit anzuführen. Diese Eigenschaften machen die Cu-Cr-Zr-Legierung zu einem geeigneten Werkstoff für hochbeanspruchte Teile in der Elektroindustrie und in Beschleunigeranlagen.

Das Gefüge dieser Legierung ist nach dem Lösungsglühen homogen und besteht aus kubisch flächenzentrierten α-Mischkristallen. Im ausgehärteten Zustand treten fein verteilte **Chrom-** und **Cr_2Zr-Teilchen** in der α-Matrix auf.

Genormte CuBe und CuCr-Legierungen

Zu den CuBe-Legierungen zählen z.B. die CuCo2Be (CW104C) und die CuNi2Be (CW110C). Im Maschinen- und Werkzeugbau werden hingegen Legierungen mit ca. 1,5% bis 2,5% Be, wie z.B. die CuBe2 (CW101C) oder die CuBe2Pb (CW102C) (in Automatenqualität) verwendet. Die den Produktformen (Walzflacherzeugnisse, Rohre, Stangen etc.) zuordenbaren Gütenormen sind in der DIN CEN/TS 13388 (DIN SPEC 9700):2020 tabellarisch aufgeführt. So kann z.B. die Legierung CuCo2Be (CW104C) in der Produktform Stangen, Profile, Drähte der DIN EN 12163:2016, DIN EN 12166:2016 bzw. DIN EN 12167:2011 zugeordnet werden. Anforderungen an die CuNi2Be (CW110C) in der Produktform Walzflacherzeugnisse finden sich in DIN EN 1652:1998, DIN EN 1654:2019, DIN EN 13148:2010 und DIN EN 14436:2004. CuBe2Pb (CW102C) in der Produktform Stangen wird in DIN EN 12164:2016 bzw. DIN EN 12166:2016 geführt.

CuCr1Zr (CW106C) in der Produktform Stangen, Profile, Drähte wird DIN EN 12163:2016, DIN EN 12166:2016 bzw. DIN EN 12167:2011 geführt.

4.1.3.4 Kupfer-Blei-Legierungen (Bleibronzen)

Bleibronzen enthalten zwischen 6% und 25% Pb und werden als Zweistoff- bzw. Dreistofflegierungen oder als Mehrstofflegierungen im Gusszustand für hochbeanspruchte Gleitlagerschalen bei hohen Umfangsgeschwindigkeiten auch als Verbundguss verwendet. Bleibronzen sind zudem meerwasserbeständig.

Blei ist in Kupfer nicht löslich und tritt somit im Gefüge in reiner Form als rundliche Einschlüsse auf. Eine schnelle Erstarrung der Schmelze in Kokillen bzw. in Schleudergießanlagen macht es möglich, kleine rundliche Bleiteilchen in regelmäßiger Verteilung in der Kupfermatrix erstarren zu lassen (Abb. 4.32), trotz der starken Neigung des Bleis zur **Schwerkraftseigerung,** d.h. einer Entmischung im schmelzflüssigen Zustand aufgrund der größeren Dichte.

Genormte CuPb-Legierungen

Dreistofflegierungen wie z.B. CuSn5Pb20-C (CC497K) sind in der DIN EN 1982:2017 aufgeführt. Diese enthält neben den Eigenschaften auch Angaben zur Gefügeausbildung und Korngrößen.

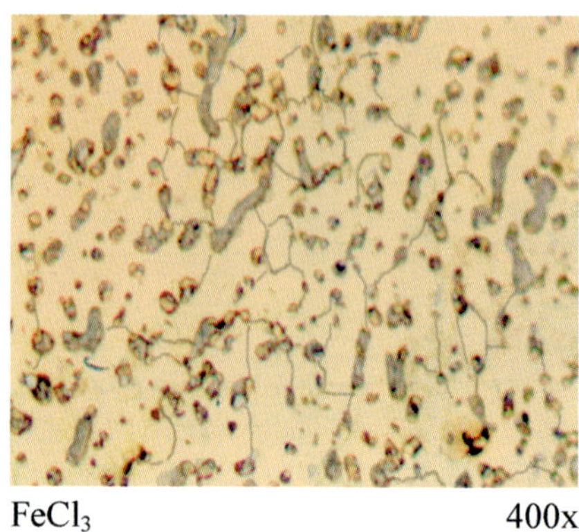

Abb. 4.32: Erstarrungsgefüge einer Pb-Bronze mit 15% Pb: Bleiteilchen in einer α-Mk-Matrix.

4.1.4 Cu-Zn-Legierungen (Messing)

Der Zinkgehalt technisch verwendbarer Cu-Zn-Legierungen liegt zwischen 5% und 45%. Die Klassifizierung von Cu-Zn-Legierungen kann, übrigens wie bei allen anderen Legierungsgruppen auch, unter drei Gesichtspunkten geschehen: Aus der Sicht der Formgebungsmöglichkeit kann zwischen Knet-, Guss- und Sintermessing unterschieden werden. Gefügemäßig ist wiederum eine Unterteilung in einphasige und mehrphasige Legierungen möglich. Schließlich lässt

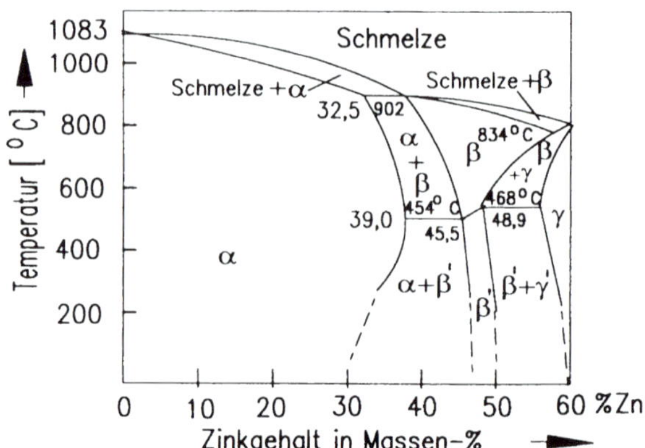

Abb. 4.33: Die Kupfer-Ecke des Cu-Zn-Zustandsdiagramms.

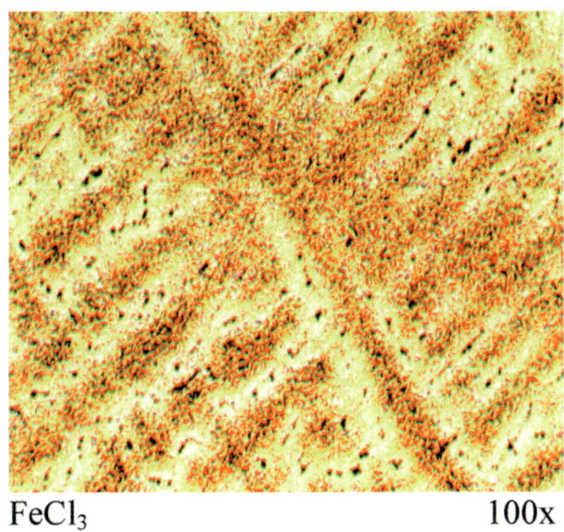

$FeCl_3$ 100x

Abb. 4.34: Erstarrungsgefüge einer Cu-Zn-Legierung mit ca. 30% Zn: Inhomogene α-Mk in Dendritenform.

sich Messing unter dem Aspekt der Zusammensetzung in Zweikomponentenlegierungen, Legierungen mit Bleizusatz und Mehrkomponentenlegierungen (**Sondermessing**) mit Zusätzen von Al, Sn, Fe, Ni und/oder Mn unterteilen. Legierungen mit bis zu 30% Zn werden auch als **Tombak** bezeichnet.

Dem Cu-Zn-Zustandsdiagramm (Abb. 4.33) zufolge besteht bei Raumtemperatur das Gleichgewichtsgefüge von Cu-Zn-Legierungen bis zu einem Zn-Gehalt von ca. 33% ausschließlich aus α-Mischkristallen, die eine feste Lösung von Zinkatomen im kubisch flächenzentrierten Kupfergitter darstellen.

Dieses Gleichgewichtsgefüge kann allerdings nur durch ein extrem langsames Abkühlen oder durch ein langzeitiges Glühen erstarrter Gussstücke erreicht werden. Legierungen, die unter üblichen Betriebsbedingungen abkühlen, sind auch noch bei einem höheren Zn-Gehalt, nämlich bis zu ca. 37% Zn einphasig bei Raumtemperatur.

Cu-Zn-Legierungen, deren Gefüge bei Raumtemperatur ausschließlich aus α-Mischkristallen besteht, bezeichnet man in der Metallographie kurz als α-Messing.

Trotz des geringen Temperaturintervalls zwischen Liquidus- und Soliduslinie neigen Cu-Zn-Legierungen ähnlich stark wie Bronzen zur Kristallseigerung und Dendritenbildung, selbst bei einem geringeren Zn-Gehalt. Ein typisches Erstarrungsgefüge von α-Messing zeigt Abb. 4.34. Durch das Homogenisieren bei ca. 650 °C können die Seigerungen beseitigt und die Dendriten umkristallisiert werden (Abb. 4.35).

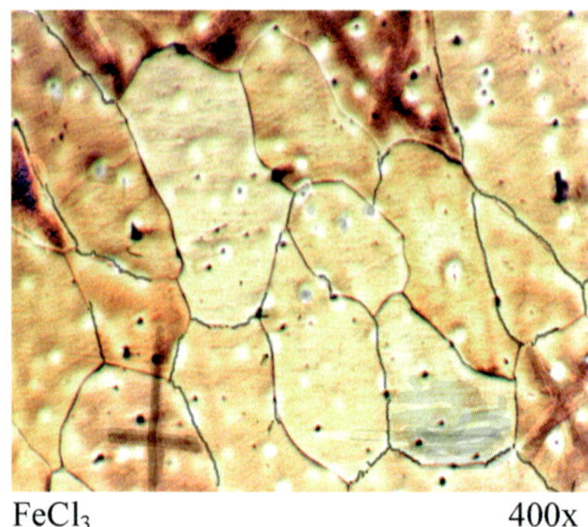

Abb. 4.35: Gefüge derselben Legierung wie in Abb. 4.34 jedoch nach dem Homogenisieren: umkristallisierte α-Mk mit noch erkennbaren Dendritenspuren.

4.1.4.1 Cu-Zn-Knetlegierungen

Wie bereits erwähnt, unterscheidet man bezüglich des Gefügeaufbaus zwischen einphasigen und zwei- bzw. mehrphasigen Knetlegierungen.

4.1.4.1.1 Einphasige Cu-Zn-Knetlegierungen

Das Gefüge einphasiger Cu-Zn-Knetlegierungen (Abb. 4.36) besteht aus weichen und duktilen α-Mischkristallen, die dem Werkstoff eine hervorragende Kaltverformbarkeit verleihen. Eine andere positive Eigenschaft dieses homoge-

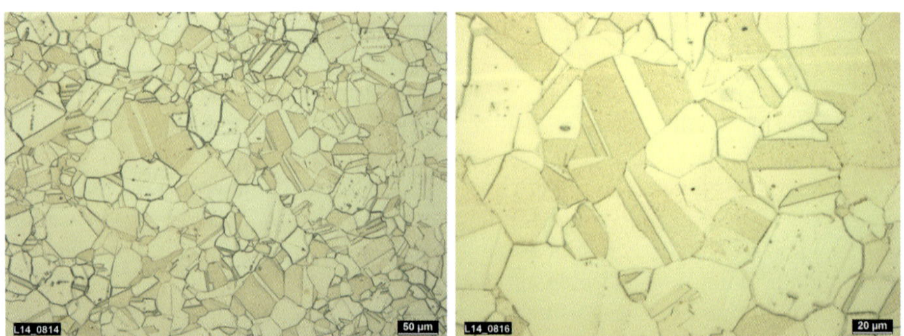

Abb. 4.36: Gefüge einer bleihaltigen Cu-Zn-Legierung, geätzt mit einer wässrigen 10%igen Ammoniumpersulfatlösung.

nen Gefügezustandes ist die ausreichende Korrosionsbeständigkeit gegen feuchte Luft und Wasser. Anwendung findet einphasiges Messing für Rohre, Wärmetauscher und Wasserarmaturen, als Material für Lötfahnen und Kontaktstifte in der Elektrotechnik, ferner für Schrauben und Beschläge aller Art, für tiefgezogene Hülsen, Blasinstrumente sowie Kunstgegenstände.

Zu den einphasigen Cu-Zn-Legierungen, die die Gruppe der **kaltverformbaren Knetlegierungen** bilden, gehören beispielsweise CuZn15 (CW502L), CuZn30 (CW505L) und CuZn36 (CW507L).

Durch einen geringen Bleizusatz von 0,5% bis 3% wird die Zerspanbarkeit des Materials verbessert. Blei, das in der Matrix nicht aufgelöst werden kann, bildet kleine und regelmäßig verteilte Teilchen, die als Spanbrecher beim Trennen fungieren. Zu den bleihaltigen Cu-Zn-Knetlegierungen zählen z.B. die CuZn39Pb3 (CW614N; alte Bezeichnung Ms58), und die CuZn37Pb0,5 (CW600N).

Eine Kaltverformung nach einer vorangegangenen Homogenisierung bewirkt eine Anhebung von Festigkeit und Härte des α-Messings. Besonders gut geeignet für eine Kaltverformung sind einphasige Cu-Zn-Legierungen mit einem Zn-Gehalt von etwa 30%, wie z.B. die CuZn30. Nach der Kaltverformung kann in dieser Legierung die Zugfestigkeit Werte bis zu ca. 550 N/mm^2 erreichen. Das Gefüge eines verformten α-Messings stellt die Abb. 4.37 dar.

Ist während der Kaltverformung eine Verfestigung erreicht worden, die eine weitere Verformung unmöglich macht, wird ein Rekristallisationsglühen durchgeführt, um die Verfestigung abzubauen und erneut zu verformen.

Die Rekristallisation von α-Messing beginnt bei ca. 350 °C; abgeschlossen ist dieser Vorgang jedoch erst bei ca. 500 °C. Ein typisches Rekristallisations-

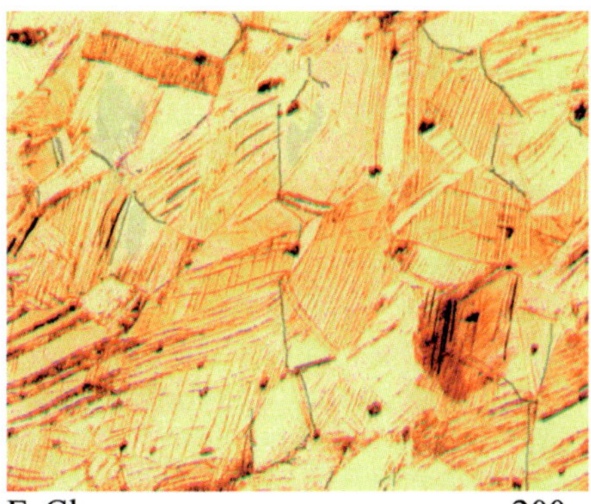

$FeCl_3$ 200x

Abb. 4.37: Gefüge eines 30% kaltverformten α-Messings: gestreckte Mischkristalle mit zahlreichen Gleitbändern.

Abb. 4.38: Gefüge von α-Messing nach Kaltverformung und Rekristallisation: homogene α-Mischkristalle in Polyeder- und Zwillingsform.

gefüge eines α-Messings mit polyedrischen Körnern geradliniger Korngrenzen und mit vielen Zwillingskristallen zeigt Abb. 4.38.

Kaltverformtes oder im Zuge anderer technologischer Maßnahmen verspanntes Messing neigt stark zur **Spannungsrisskorrosion**[31], z.B. in ammoniakhaltigen Gasen. Durch ein Rekristallisationsglühen mit folgender langsamer Abkühlung oder durch ein Spannungsarmglühen bei Temperaturen zwischen 200 °C und 300 °C kann die Gefahr der Rissbildung behoben werden.

4.1.4.1.2 Zweiphasige Cu-Zn-Knetlegierungen

Tritt im Gefüge bei Raumtemperatur eine zweite Phase, nämlich die β'-Phase auf, so spricht man vom zweiphasigen **(α+β)-Messing**. Die β'-Phase, die zu den Elektronenphasen zählt und mit der Formel CuZn umschrieben werden kann, besitzt ein geordnetes krz-Gitter und ist hart und spröde. Sie entsteht bei ca. 455 °C aus der ungeordneten, aber ansonsten ihr ähnlichen kubisch raumzentrierten β-Phase. Im Schliffbild erscheinen die Körner der β'-Phase nach einer Ätzung in einer FeCl3-Lösung dunkelbraun bis schwarz, während sich die α-Mischkristalle überwiegend hell präsentieren (Abb. 4.39 und Abb. 4.40).

Die Phasenverhältnisse bei Raumtemperatur, d.h. die Anteile von α- und β'-Körnern im Messinggefüge, hängen nicht allein vom Zn-Gehalt ab, sondern auch ganz entscheidend von der Abkühlungsgeschwindigkeit des Gussstückes nach der Erstarrung bzw. nach seiner Wiedererwärmung:

31 Bildung von Rissen im Gefüge bei Anwesenheit von äußeren Spannungen oder Eigenspannungen sowie Medium.

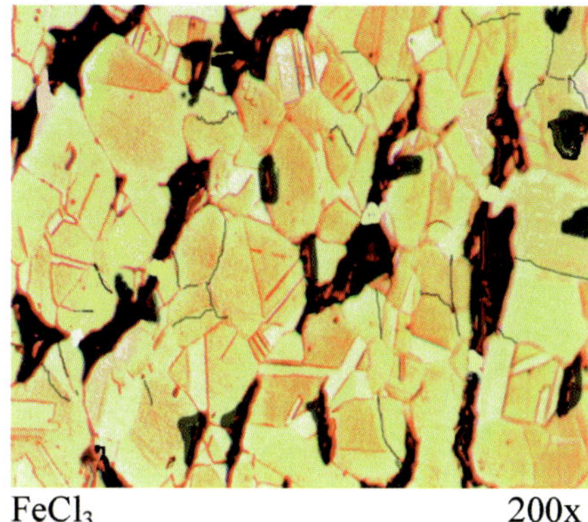

Abb. 4.39: Heterogenes Messinggefüge: helle Bereiche der α-Mischkristalle und dunkle Körner der β'-Phase.

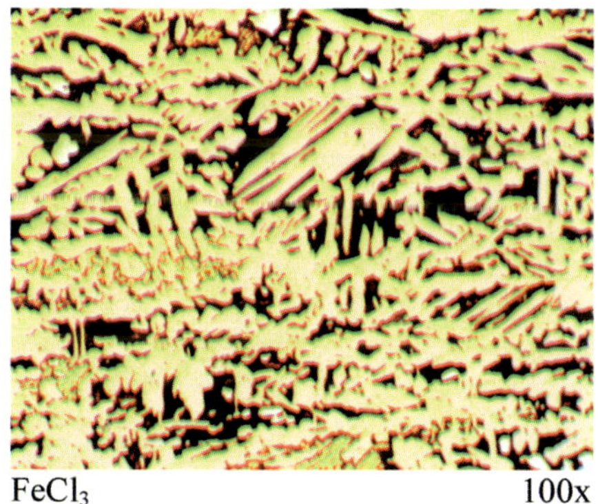

Abb. 4.40: Heterogenes Gefüge eines stranggepressten Messings mit 40% Zn: helle α-Mk und dunkle β'-Körner.

Im langsam abgekühlten Messing tritt die β'-Phase erst ab einem Zn-Gehalt von ca. 38% neben Körnern der α-Phase auf.

Kühlt das Material schneller ab, wie z.B. beim Kokillenguss, so können kleine Mengen der β'-Phase bereits bei weniger als ca. 36% Zn im Gefüge auftreten (Abb. 4.41), die allerdings durch ein Homogenisieren wieder aufgelöst werden können.

Nimmt die Abkühlungsgeschwindigkeit aus dem (α+β)-Gebiet noch stärker zu, z.B. durch Wasserabschrecken, so kann selbst bei einem Zn-Gehalt von nur noch 34% ein zweiphasiges Gefüge bei Raumtemperatur erzwungen werden

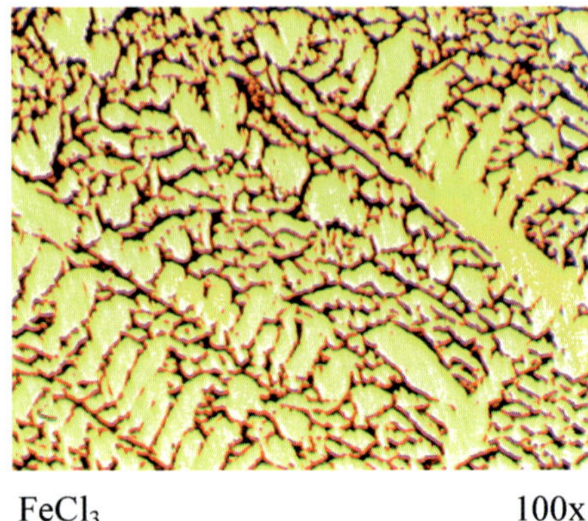

Abb. 4.41: Heterogenes (α+β)-Gefüge eines als Kokillenguss erstarrten Messings mit 35% Zn.

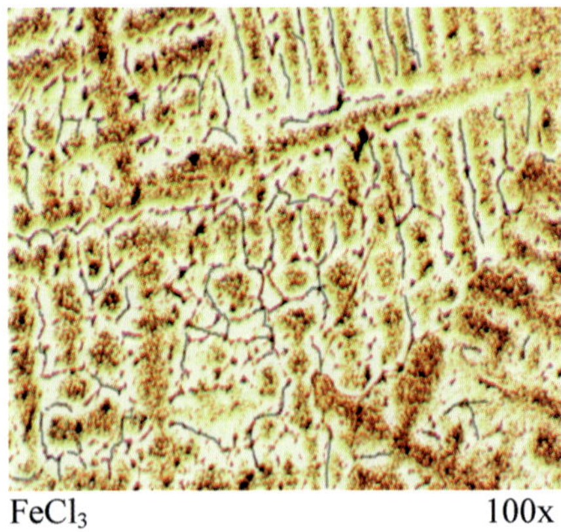

Abb. 4.42: Heterogenes (α+β)-Gefüge eines nach der Erstarrung in Wasser abgeschreckten Messings mit 33% Zn: α-Phase mit dunkler β-Phase an den Korngrenzen.

(Abb. 4.42), nämlich als Folge der Unterdrückung der β/α-Umwandlung. Vergleichsweise stellt Abb. 4.43 das Gefüge derselben Legierung nach einer langsamen Luftabkühlung aus dem (α+β)-Gebiet dar; in diesem Fall haben sich Körner der β-Phase wieder aufgelöst und infolgedessen bei Raumtemperatur ein einphasiges Gefüge eingestellt, das aus homogenen α-Mk besteht.

Wie wesentlich das Messinggefüge durch die Abkühlungsgeschwindigkeit beeinflusst werden kann, lassen auch Abb. 4.44 und Abb. 4.45 deutlich erken-

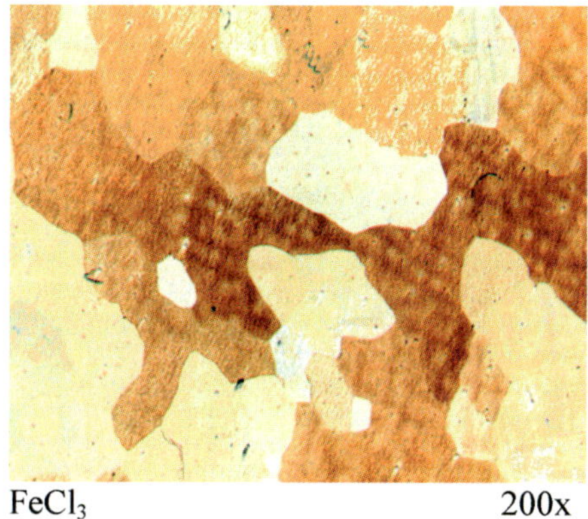

Abb. 4.43: Gefüge desselben Materials wie in Abb. 4.42, jedoch nach langsamer Abkühlung aus dem (α+β)-Gebiet: homogene α-Mischkristalle.

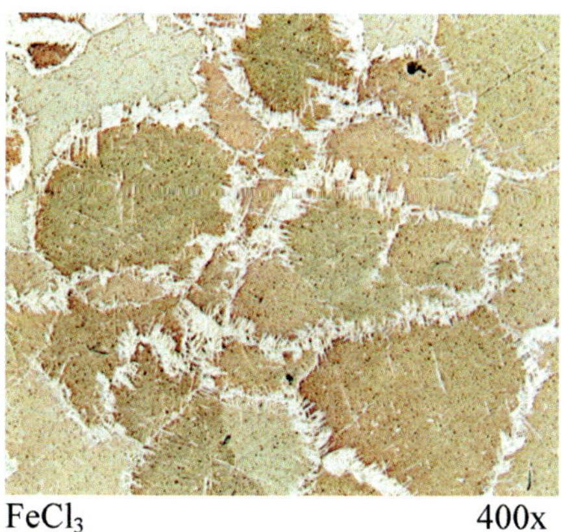

Abb. 4.44: Gefüge eines Messings mit 48% Zn nach Wasserabschreckung aus dem β-Gebiet: β-Mischkristalle (dunkle Körner) und Ablagerungen der hellen α-Phase an den Korngrenzen.

nen. Abb. 4.44 zeigt nämlich das Gefüge eines bei 850 °C, d.h. im β-Gebiet homogenisierten und danach in Wasser abgeschreckten Messings mit 48% Zn. Abb. 4.45 zeigt hingegen das Gefüge derselben Legierung nach einer langsamen Luftabkühlung aus 850 °C. Während im ersten Fall ein fast reines β-Gefüge zu Stande kommt – ebenfalls als Folge der Unterdrückung der β /α-Umwandlung – entsteht im zweiten Fall ein zweiphasiges Gefüge, das je zur Hälfte aus α-Mischkristallen und Körnern der β'-Phase besteht.

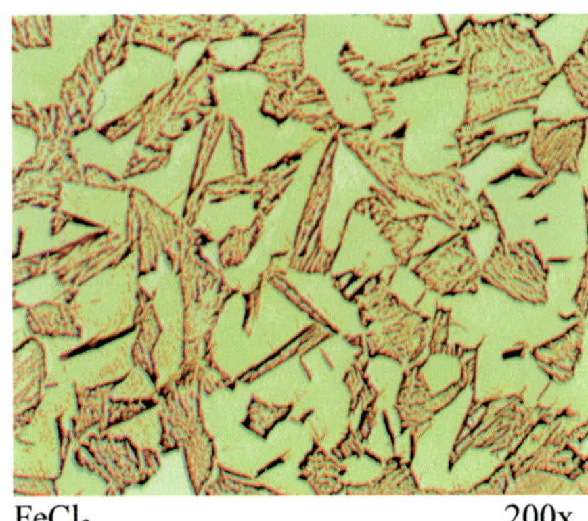

Abb. 4.45: Gefüge derselben Legierung wie in Abb. 4.44, jedoch nach langsamer Abkühlung aus dem β-Gebiet: gleiche Anteile von hellen α-Mischkristallen und zerfallenen dunklen β'-Mischkristallen.

Zweiphasiges Messing weist im Vergleich mit α-Messing eine höhere Härte und Festigkeit, andererseits aber eine schlechtere Verformbarkeit und größere Anfälligkeit gegen chemische Angriffe auf.

Eine optimale Verknüpfung von Festigkeit und ausreichender Warmverformbarkeit (bei ca. 700 °C) wird bei einem Zn-Gehalt zwischen 40% und 42% erreicht. Dieser Zn-Gehalt ist deshalb typisch für **warmverformbare Cu-Zn-Knetlegierungen**, zu denen beispielsweise die CuZn40Pb2 (CW617N) und die CuZn38Pb1 (CW607N) gehören. Der Bleizusatz dient auch hier der Verbesserung der Zerspanbarkeit. Warmverformbare Cu-Zn-Legierungen werden auch als Mehrkomponenten-Legierungen (Sondermessing) hergestellt, die z.B. neben

Genormte CuZn-Knetlegierungen

CuZn-Knetlegierungen wie die oben im Text aufgeführten Sorten sind in der DIN CEN/TS 13388 (DIN SPEC 9700):2020 tabellarisch aufgeführt. Diese verweist auf die produktformspezifischen Gütenormen, z.B. für die Legierung CuZn40Mn2Fe1 (CW723R) ist für das Produkt Rohr die EN 12449:2019 zuständig.

Für Legierungen, die im Trinkwasserbereich eingesetzt werden, kann das Regelwerk des Deutschen Vereins für das Gas- und Wasserfach herangezogen werden. Es enthält die maßgebenden Normen und Richtlinien für die Prüfung von Anforderungen, wie z.B. empfohlene Härtewerte. Grundsätzlich sollten keine bleihaltigen Cu-Werkstoffe eingesetzt werden und Kupferrohre nicht verwendet werden, wenn das Wasser einen niedrigeren pH-Wert als 7,5 hat.

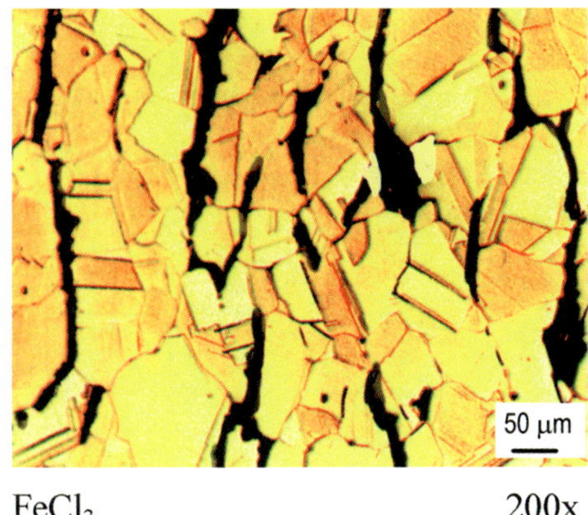

$FeCl_3$ 200x

Abb. 4.46: Heterogenes Gefüge eines warmverformten Messings mit 36% Zn: dunkle, gestreckte Kristalle der β'-Phase in heller Matrix rekristallisierter α-Mischkristalle.

Zn noch Mn, Al und/oder Fe und Zusätze von As oder Si enthalten können. Durch das Auftreten intermetallischer Verbindungen im Gefüge weisen solche Legierungen eine Zugfestigkeit von mehr als 700 N/mm² im warmverformten Zustand auf. Sondermessingsorten sind z.B. CuZn38Mn1Al (CW716R) oder CuZn40Mn2Fe1 (CW723R).

Gefügeveränderungen infolge einer Warmverformung eines zweiphasigen Messings sind aus Abb. 4.46 ersichtlich.

Dieses Bild lässt erkennen, dass die verformten α-Mischkristalle vollständig umkristallisiert sind, während die dunklen Bereiche der β'-Phase noch Verformungsmerkmale (Streckung der Körner) aufweisen. Dieser Umstand verdeutlicht, dass die Rekristallisation der β'-Phase einen höheren Energieaufwand benötigt als das Umkristallisieren der α-Phase.

4.1.4.2 Cu-Zn-Gusslegierungen

Cu-Zn-Gusslegierungen, wie z.B. die CuZn33Pb2-C (CC750S) und die CuZn-33Pb2-C (CC750S), enthalten in der Regel neben Kupfer und Zink noch weitere Legierungselemente und zählen somit ebenfalls zum Sondermessing. Sie werden sowohl als Sand-, Kokillen- oder Druckguss für Armaturen, Gehäuse, elektrische Geräte, Beschläge, Schiffsschrauben, Schneckenräder und Gleitlagerschalen verwendet.

Cu-Zn-Gusslegierungen besitzen stets ein zweiphasiges Erstarrungsgefüge mit Dendritencharakter. In diesem Gefüge treten dunkle Bereiche der β'-Phase neben hellen Bereichen der α-Phase auf (Abb. 4.47).

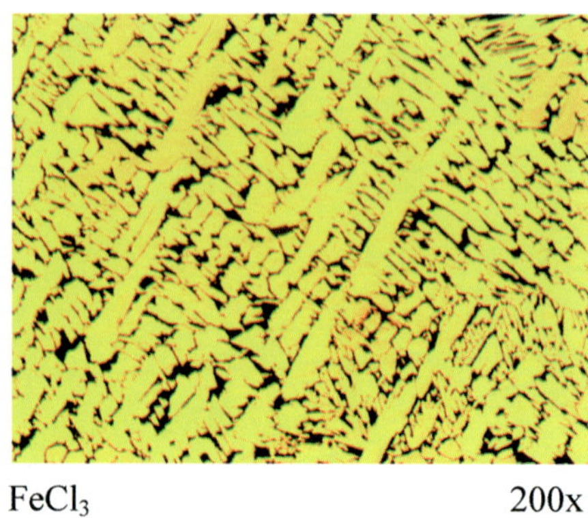

Abb. 4.47: Erstarrungsgefüge einer Cu-Zn-Gusslegierung mit ca. 35% Zn: helle Dendriten der α-Phase und dunkle Bereiche der β'-Phase.

Kleinere Gleitlagerbuchsen, Filter gewünschter Porosität für Gase und Flüssigkeiten sowie verschiedene Formteile für Büromaschinen werden häufig auch als **Cu-Zn-Sinterlegierungen** hergestellt.

> **Genormte CuZn-Gusslegierungen**
> CuZn-Gusslegierungen wie die oben im Text aufgeführten Sorten sind in der DIN EN 1982:2017 zusammengefasst.

4.1.5 Kupfer-Nickel-Legierungen

Kupfer-Nickel-Legierungen enthalten ca. 8,5% bis 45% Ni und geringe Zugaben von Mangan, Eisen, Zink und Zinn. Der Zinkgehalt liegt unter 1%. Im flüssigen aber auch im festen Zustand bilden diese Legierungen eine vollständige Löslichkeit. Im festen Zustand liegen somit im gesamten Konzentrationsbereich Mischkristalle mit einem kubisch flächenzentrierten Gitter vor, Abb. 4.48. Kupfer-Nickel-Legierungen werden ähnlich wie andere Legierungen in Knetlegierungen und Gusslegierungen unterteilt. Bei einem Nickelgehalt von mehr als 68,5% sind Cu-Ni-Legierungen ferromagnetisch.

Alle Kupfer-Nickel-Legierungen zeichnen sich neben ihren spezifischen Eigenschaften durch eine gute Korrosionsbeständigkeit gegen Wasser und Meerwasser, eine Unempfindlichkeit gegen Spannungsrisskorrosion, gute Erosions- und Kavitationsbeständigkeit, gute technologische Eigenschaften sowie gute

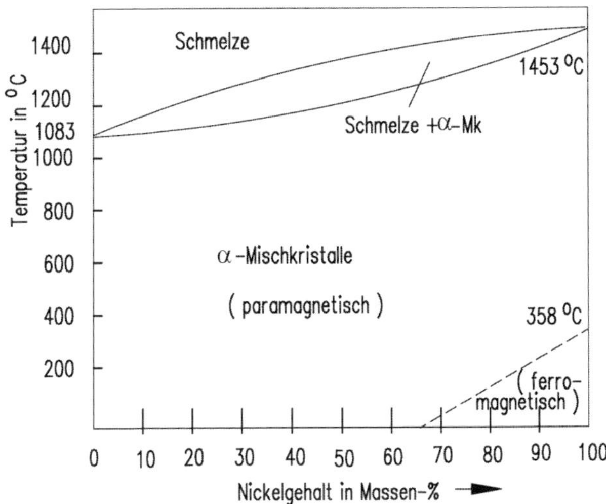

Abb. 4.48: Das Kupfer-Nickel Zustandsdiagramm.

mechanische Eigenschaften aus. Die Zugfestigkeit liegt zwischen ca. 300 N/mm² und 400 N/mm², die Bruchdehnung reicht bei den Knetlegierungen bis zu 50% und bei den Gusslegierungen bis zu 18%.

Das Gefüge von Kupfer-Nickel-Legierungen ist homogen. Im rekristallisierten Zustand ähnelt es dem Gefüge rekristallisierter einphasiger Bronzen und besteht aus polyedrischen α-Mischkristallen und Zwillingskristallen.

Weiteres über Eigenschaften und Anwendung von Kupfer-Nickel-Legierungen findet der interessierte Leser in den Informationsdrucken des deutschen Kupferinstituts (https://www.kupferinstitut.de).

Genormte CuNi-Legierungen

CuNi-Knetlegierungen wie z.B. sind in der DIN CEN/TS 13388 (DIN SPEC 9700):2020 tabellarisch aufgeführt. Diese verweist auf die produktformspezifischen Gütenormen, z.B. für die Legierung CuNi25 (CW350H) ist für das Produkt Walzflacherzeugnis die EN 1652:1997zuständig. CuNi-Gusslegierungen wie z.B. CuNi30Cr2FeMnSi-C (CC382H) sind in der DIN EN 1982:2017 erfasst.

4.2 Praktische Tipps für die Präparation und Gefügeinterpretation von Kupferlegierungen

Kupfer bzw. -legierungen neigen zur Kratzerbildung, besonders wenn sie niedriglegiert sind. Allgemein sollten daher grobe Schleifmittel vermieden werden, ein sorgfältiges Diamantpolieren auf weichen Tüchern erfolgen und ggf. chemisch-mechanisch endpoliert werden.

Bei stark verformten Teilen aus Knetlegierungen ist eine Farbätzung hilfreich, z.B. nach Klemm.

Bleieinschlüsse werden von den Ätzungen angegriffen und aus der Matrix herausgelöst, sodass schwarze Löcher entstehen. Die Verteilung von Bleieinschlüssen sollte daher im polierten Zustand dokumentiert werden und ggf. nach dem Ätzen als Referenz dienen. Die Eigenfarbe von Blei ist grau-blau.

Tabelle 4.1 führt die Standardschliffpräparation für viele Kupferwerkstoffe auf.

Tabelle 4.1: Standardschliffpräparation für Kupferwerkstoffe.

Schritt	Vorgang	Beschreibung
1	Trennen	harte Siliziumkarbid Trennscheibe
2	Halterung	Warm- bzw. Kalteinbetten in Kunstharz. Bei einfachen Teilen ist das Kalteinbetten zu bevorzugen. Warmeinbetten, wenn hohe Randschärfe gefordert (Vorsicht ggf. Temperatureinfluss beachten)
3	Schleifen	SiC-Papier; Anpressdruck rd. 0,02 N/mm^2 (Polierautomat); Körnung 180, 500, 1200, 2400 jeweils rd. 1 min mit Richtungswechsel; bei weichen Legierungen bis 4000.
4	Polieren	Poliertuch 9 µm, 3 µm jeweils ca. 5 min → 1 µm ca. 5 min; Anpressdruck 0,02 N/mm^2 (Polierautomat). Ergänzend empfohlen bzw. alternativ Vibrationspolieren: 1,5 h in wässriger SiO_2-Suspension (vgl. Abschnitt 1.3.4.3); sorgfältig spülen und trocknen.
5	Ätzen	siehe Tabelle 4.2.

Die in Tabelle 4.2 aufgeführten Ätzmittel sind relativ alterungsbeständig.

Wird elektrolytisch poliert, ist ein vorhergehendes Feinschleifen mit SiC-Papier bis mindestens Körnung 2400 erforderlich. Bei mehrphasigen Legierungen ist es wahrscheinlich, dass Phasen herausgelöst werden und damit die optische Bewertung beeinträchtigen.

Kupferoxidul (Cu_2O) lässt sich am besten im ungeätzten Schliff in polarisiertem Licht bzw. bei Dunkelfeldbeleuchtung an den Korngrenzen erkennen, siehe auch Abb. 1.22.

Tabelle 4.2: Ätzmittel für Kupferwerkstoffe.

Anzuwenden bei		Effekt	Ätzmittel/Zusammensetzung
1	alle Kupfersorten	Korngrenzen	70 g/l Kaliumdichromat ($K_2Cr_2O_7$), 70 g/l Schwefelsäure (H_2SO_4) (Lösungsmittel dest. H_2O)
2	Cu; Messing; Bronzen	Kornflächen	100 ml dest. Wasser, 10 g Ammoniumpersulfat
3	alle Kupfersorten	Korngrenzen; Kornflächen	Eisenchloridlösung:100–120 ml dest. Wasser oder Ethanol, 20–50 ml Salzsäure, 5–10 g Eisen(III)-chlorid (Konzentration an Ätzeffekt anpassen)
4	α-β-Messing	Kornflächen	Kupferammoniumchloridlösung: 120 ml dest. Wasser; 10 g Kupfer(II)-ammoniumchlorid, Zugabe von Ammoniak bis sich Niederschlag löst
5	Reines Kupfer	Kornflächen	100 ml dest. Wasser, 100 ml Ethanol, 19 g Eisen(III)-nitrat (bei Endpolitur)
6	alle Kupfersorten	Kornflächen	Klemm II: 100 ml Klemm Stammlösung (300 ml dest. H_2O und 1000 g Natriumthiosulfat) mit 5 g Kaliumdisulfit Klemm III: 100 ml dest. H_2O, 11 ml Stammlösung, 40 g Kaliumdisulfit (Farbätzung)

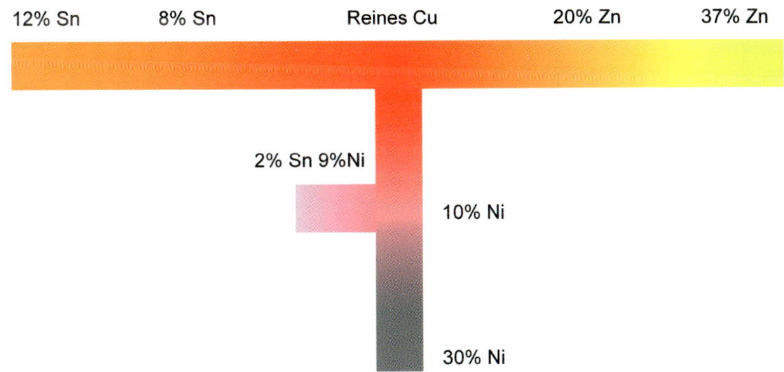

Abb. 4.49: Farben von nicht oxidierten Kupferlegierungen.

Die Farbe einer Kupferlegierung gibt Aufschluss über ihre Zusammensetzung, – sofern die Oberfläche nicht behandelt oder eine Patina vorliegt:

Reines Kupfer: lachsrot
Kupfer-Zink: mit steigendem Zn-Anteil Goldfarben (20% Zn) bis Hellgelb (37% Zn)
Kupfer-Zinn: mit steigendem Sn-Anteil Orange (8% Sn) bis Dunkelgelb (12 % Sn)
Kupfer-Nickel: silberfarben/grau (30% Ni)

Bei der Anwendung als Gleitwerkstoffen empfiehlt sich das Reliefpolieren zum Sichtbarmachen der tragenden Strukturen, die damit vergleichend bewertet werden können. Hierzu werden weiche Polierunterlagen in Verbindung mit feinkörnigen Poliermitteln eingesetzt. Es sind lange Polierzeiten erforderlich. Man erhält Informationen über die Auswirkung einzelner Gefügebestandteile (z.B. Verteilung des harten α+δ-Eutektoids in der Matrix) auf den abrasiven Verschleißwiderstandes, siehe Abb. 4.50.

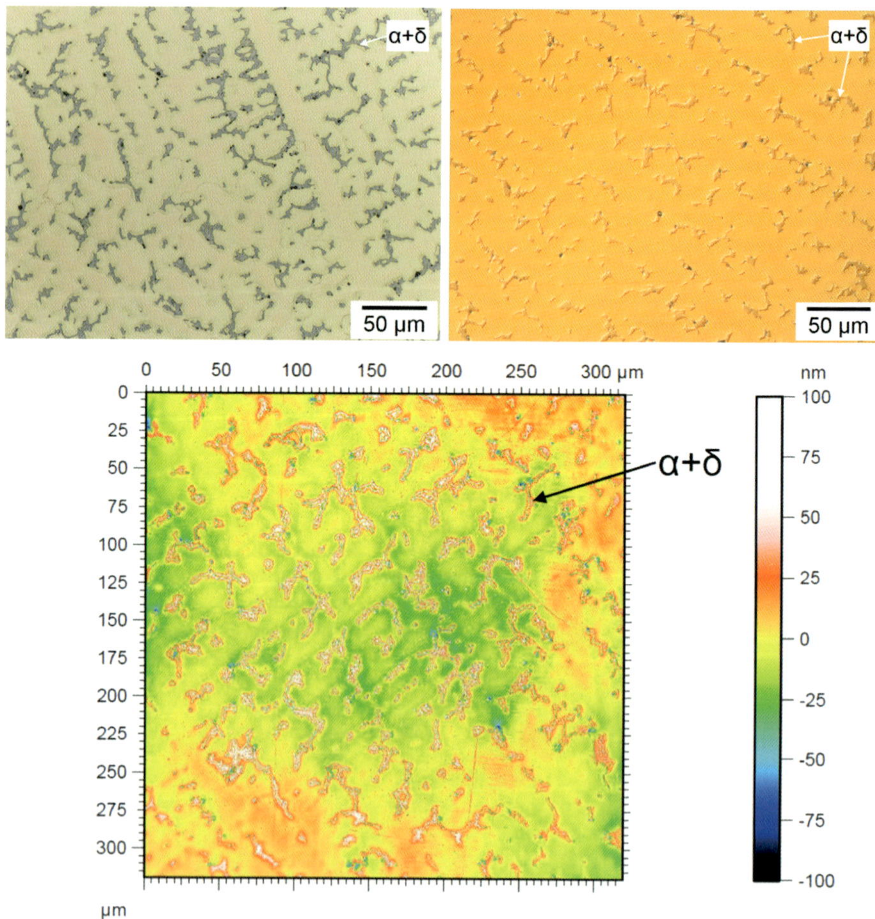

Abb. 4.50: Simulation einer abrasiven Verschleißbeanspruchung durch Reliefpolieren (Wieland Werke Ulm).

4.3 Fehler und Probleme bei der Gefügeinterpretation

Tabelle 4.3: Probleme bei der Gefügeinterpretation von Kupferwerkstoffen, deren Auswirkungen sowie die Ursachen und Behebung.

Problem	Auswirkung	Ursache und Behebung
Kratzer, eingedrückte Schleifkörner	Beeinträchtigung der quantitativen und qualitativen Gefügebewertung	Zu grobes Anschleifen mit zu hohem Anpressdruck; feinere Körnung und geringerer Anpressdruck
Keine Korngrenzen erkennbar		evtl. ungenügend poliert, ungeeignetes Ätzmittel
Löcher im Schliff		zu lange poliert

4.4 Aluminiumlegierungen

Al-Legierungen mit einer Dichte von ca. $\rho = 2{,}8\ g/cm^3$ zählen zu den Leichtmetallen. Neben der geringen Dichte zeichnet diese Legierungen eine gute Korrosionsbeständigkeit gegen trockene und feuchte Luft sowie Wasser aus, sie besitzen gute technologische Eigenschaften und eine für viele Anwendungen ausreichende Festigkeit.

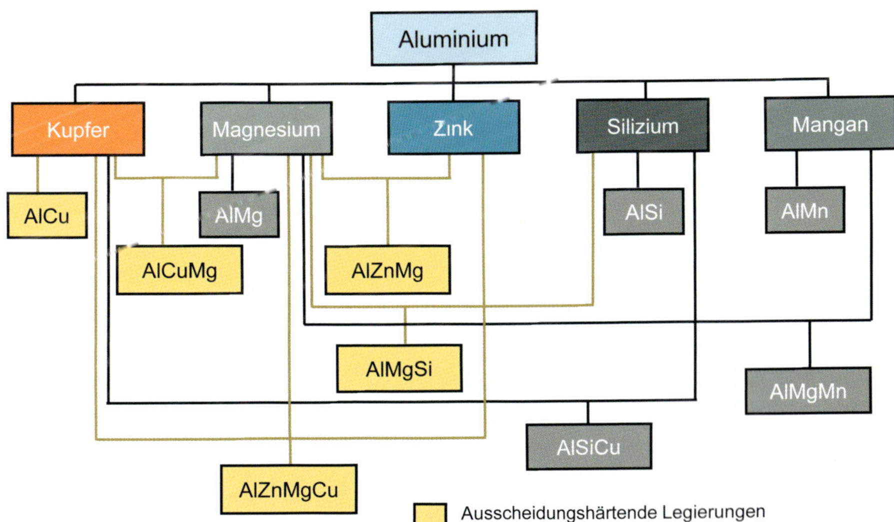

Abb. 4.51: Übersicht über gebräuchliche Aluminiumlegierungen.

Dieser Eigenschaftenkomplex bestimmt die Anwendung von Al-Legierungen als Werkstoffe für den Leichtmetallbau, die Flugzeug- und Fahrzeugtechnik sowie für den Schiffbau. Weil Al-Legierungen nicht giftig sind, werden sie häufig als Werkstoffe in der Lebensmittelindustrie eingesetzt.

Ähnlich wie Kupferlegierungen werden auch Al-Legierungen aus der Sicht der Formgebungsmöglichkeit in **Knet-, Guss- und Sinterlegierungen** unterteilt. In allen drei Gruppen unterscheidet man dabei zwischen **nicht aushärtbaren** und **aushärtbaren** Legierungen.

Ähnlich wie bei anderen Legierungen besteht auch bei Aluminiumlegierungen die Möglichkeit, sie nach der Zusammensetzung in Zwei- und Mehrstofflegierungen und nach dem Gefüge in homogene und heterogene Legierungen zu unterteilen. Eine Übersicht über gebräuchliche Legierungen zeigt Abb. 4.51.

4.4.1 Al-Knetlegierungen

4.4.1.1 Nicht aushärtbare Al-Knetlegierungen

Zu den nicht aushärtbaren Al-Knetlegierungen zählen z.B. Al-Mn-, Al-Mg-und Al-Mg-Mn-Legierungen mit etwa 1% Mn und bis zu 5% Mg.

Mangan und Magnesium bewirken eine beachtliche Verbesserung der chemischen Beständigkeit gegen feuchte Luft und Wasser sowie eine Anhebung der Festigkeit als Folge der **Mischkristallverfestigung.** Durch die abweichende Größe des Fremdatoms im Al-Gitter verspannt sich dieses und es stellt sich eine Erhöhung der Festigkeit ein. Ab einem Mg-Gehalt von 4,5% wird auch eine beachtliche Resistenz gegen Meerwasser erreicht.

Die Anwendung dieser Legierungen reicht von Verpackungsmaterial über korrosionsbeständige Bedachungen und Zierleisten bis zu seewasserbeständigen Teilen für den Schiffbau.

Nicht aushärtbare Al-Legierungen besitzen bei Raumtemperatur ein quasi einphasiges Gefüge, das aus homogenen α-Mischkristallen auf der Basis des kfz-Aluminiumgitters besteht. Im Gusszustand weisen diese α-Mk eine Stängelform auf. Nach dem Homogenisieren oder Rekristallisieren nehmen die Kristal- hingegen eine typische Polyederform an (Abb. 4.52).

Während die magnesiumhaltigen Legierungen nach dem Homogenisieren fast 5% Mg einphasig erscheinen, sind Legierungen mit Mangan, be- h die geringe Löslichkeit von Mn im Al-Gitter, bereits ab ca. 0,5% Mn Im Gefüge von Al-Mn-Legierungen kommen nämlich zunehmend eiche zum Vorschein (Abb. 4.53). Dieses Eutektikum besteht llen und **Al_6Mn-Teilchen**. Die eutektische Zusammensetzung

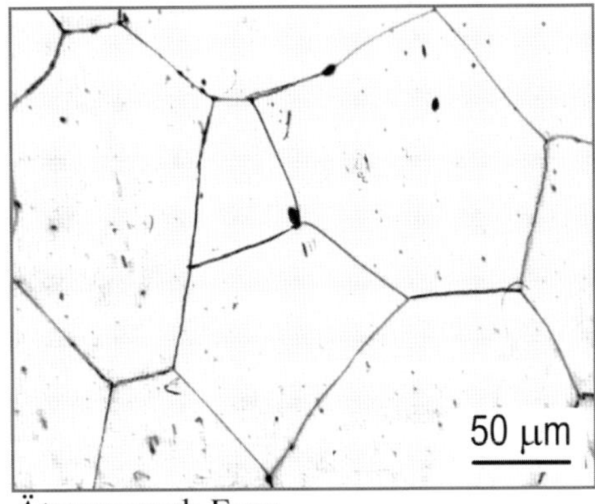

Abb. 4.52: Gefüge einer Al-Mn-Legierung mit weniger als ca. 0,5% Mn nach dem Homogenisieren: α-Mk in Polyederform.

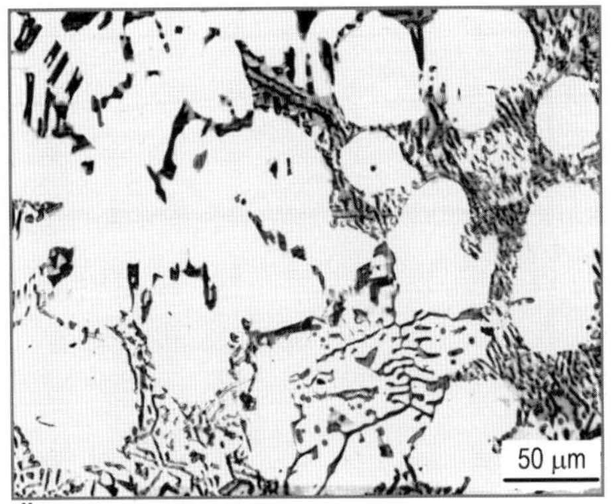

Abb. 4.53: Erstarrungsgefüge einer Al-Mn-Legierung mit ca. 1,5% Mn: α-Mk und (α+Al_6Mn)-Eutektikum.

Genormte nicht aushärtbare Al-Knetlegierungen

Nach DIN EN 573-3:2019 gehören zu dieser Legierungsgruppe beispielsweise die EN AW-Al Mn1 (EN AW-3103), EN AW-Al Mg1(B) (EN AW-5005) und die EN AW-Al Mg5 (EN AW-5019). Der Buchstabe W kennzeichnet die Ausführung als Knetlegierung. Mit dem in Klammern gesetzten Buchstaben wird angezeigt, dass es sich um eine nationale Variante handelt. Die mechanischen Eigenschaften sind in der DIN EN 755-2:2016 aufgeführt.

4.4.1.2 Aushärtbare Al-Knetlegierungen

Aushärtbar sind grundsätzlich alle Legierungen mit beschränkter und zugleich einer verminderten Löslichkeit im festen Zustand; das Zustandsdiagramm solcher Legierungen muss also eine deutliche Segregatlinie aufweisen (Abb. 4.54). Die Aushärtung kann dabei als **Kalt-** oder **Warmaushärtung** realisiert werden. Bei der technischen Anwendung handelt es sich in der Regel um Mehrkomponentenlegierungen.

Nach dem Aushärten können diese Legierungen eine Zugfestigkeit von 300 N/mm^2 bis 400 N/mm^2 bei gleichzeitig guter Bruchdehnung von ca. 10% erreichen. Dank dieser Eigenschaften sowie ihrer geringen Dichte finden sie Anwendung für mittel- und hochbeanspruchte Teile im Maschinen-, Fahrzeug- und Flugzeugbau. Aushärtbare Al-Legierungen ohne Cu-Zusatz zeichnet zudem eine gute Korrosionsbeständigkeit gegen Wasser und Wasserdampf aus. **Al-Mg-Si-Legierungen** werden wegen ihrer hohen Festigkeit und guten Leitfähigkeit bevorzugt für mechanisch hochbeanspruchte Leitungen elektrischer Anlagen verwendet.

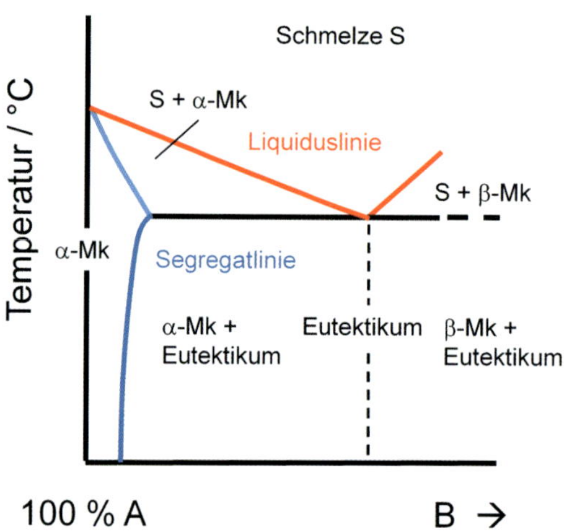

Abb. 4.54: Schematisches Zustandsdiagramm aushärtbarer Legierungen.

Das Aushärten:

Nach einem **Lösungsglühen** bei einer Temperatur, die je nach Zusammensetzung zwischen 495 °C und 550 °C liegt, und einem anschließenden Abschrecken besitzen alle aushärtbaren Al-Legierungen ein nahezu einphasiges Gefüge, das aus polyedrischen Mischkristallen auf der Basis des Aluminiumgitters besteht (Abb. 4.55). In diesem Zustand sind die Legierungen duktil und gut verformbar.

Im Zuge einer anschließenden **Auslagerung** bei einer Temperatur, die ebenfalls von der Zusammensetzung der Legierung, aber auch von der festgelegten

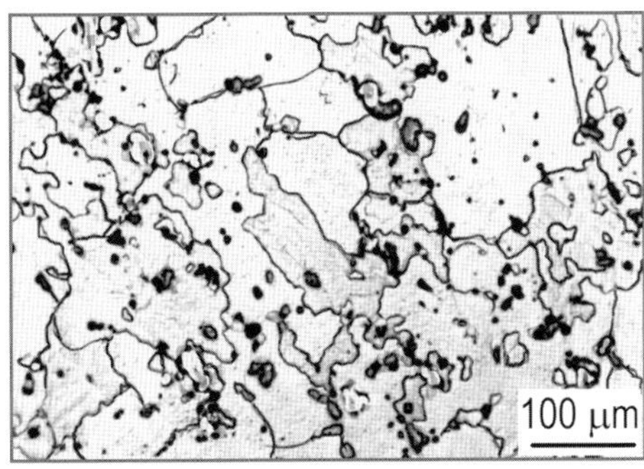

Ätzung nach Fuss

Abb. 4.55: Gefüge einer Al-Cu-Mg-Legierung nach dem Lösungsglühen und Abschrecken: α-Mk mit Resten nicht aufgelöster intermetallischer Phasen.

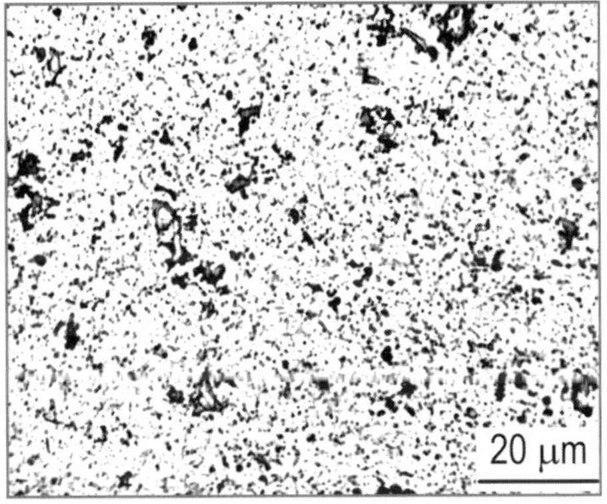

Ätzung nach Fuss

Abb. 4.56: Gefügebild derselben Legierung wie in Abb. 4.55 jedoch nach dem Glühen bei 400 °C: Al_2Cu-Teilchen und beim Lösungsglühen nicht aufgelöste Phasen in einer α-Mk-Matrix.

Auslagerungszeit abhängt, kommt es zu einem erheblichen Anstieg von Festigkeit und Härte.

Während des **Kaltaushärtens**, das auf der Auslagerung des gesättigten Mischkristalls zwischen Raumtemperatur und ca. 100 °C beruht, findet eine Ausscheidung disperser und meist **kohärenter Teilchen**[32], sogenannter **Guinier-Preston-Zonen** (GP-Zonen), statt. Guinier und Preston beobachteten unabhängig

32 Die Gitterart und die Lage der Gitterebenen kohärenter Teilchen sind dieselben wie die der umgebenden Matrix. Nur die Zusammensetzung und/oder die Gitterabstände dieser Teilchen können Unterschiede gegenüber der Matrix aufweisen.

voneinander beim Aushärten von Al-Cu-Legierungen röntgenographisch die Entstehung kupferreicher Zonen vor der Ausscheidung von Al_2Cu-Teilchen.

Diese diskus- oder nadelförmigen Zonen haben einen Durchmesser bzw. eine Länge von 10 nm bis 20 nm und sind bei dieser Größe besonders fähig, Bewegungen von Versetzungen zu behindern, was in einem deutlichen Anstieg von Festigkeit und Härte zum Ausdruck kommt.

Weil GP-Zonen lichtmikroskopisch nicht aufgelöst werden können, stellt das Gefügebild nach dem Kaltaushärten einen nach wie vor scheinbar homogenen Zustand dar. Erst bei einer Durchstrahlung dünner Folien im Elektronenmikroskop sind Kontraste im Gefüge erkennbar, die auf die Existenz solcher Zonen hindeuten.

Beim **Warmaushärten**, das durch ein Auslagern bei Temperaturen zwischen etwa 120 °C und 260 °C erfolgt, scheiden sich aus dem gesättigten Mischkristall teilkohärente, jedoch weiterhin submikroskopische Zwischenphasen aus. Dies bedeutet, dass auch in diesem Zustand das lichtmikroskopische Gefügebild keine Veränderungen gegenüber dem gesättigten Zustand erkennen lässt. Diese teilkohärenten Teilchen entstehen meistens erst nach einem Wiederauflösen der bei niedrigeren Temperaturen gebildeten GP-Zonen.

Ein Auslagern oberhalb von ca. 300 °C führt zur Bildung und Koagulation inkohärenter, lichtmikroskopisch erkennbarer Gleichgewichtsphasen (Abb. 4.56), die jedoch wegen ihrer Größe keinen nennenswerten Einfluss auf die Festigkeit mehr haben. Diese Behandlung nennt man Überaltern. Die Gitterstruktur der ausgeschiedenen Teilchen ist von der des α-Mk völlig unterschiedlich. Die Gitterkonstanten weisen signifikante Unterschiede auf und es existieren keine gemeinsamen Gitterebenen (Inkohärenz). Demzufolge weisen beide Gitter keine gemeinsamen Gleitebenen auf, was eine starke Behinderung der Versetzungsbewegungen zur Folge hat. Bei Kohärenz ist die Abweichung der Gitterkonstante kleiner 2%, die Gleitebenen gehen ineinander über. Bei Teilkohärenz liegen nur wenige gemeinsame Gleitebenen vor.

Aluminiumlegierungen sind in unterschiedlichen Werkstoffzuständen lieferbar, die mit Buchstaben und Zahlen (XX) gekennzeichnet sind. Die Begriffe werden gemäß der DIN EN 515:2017 Aluminium und Aluminiumlegierungen – Halbzeug – Bezeichnungen der Werkstoffzustände in Tabelle 4.4 erläutert.

Genormte aushärtbare Al-Knetlegierungen

Nach DIN EN 573-3:2019 gehören zu dieser Legierungsgruppe beispielsweise die die EN AW-Al Si1MgMn (EN AW-6082), die EN AW-Al Zn4,5Mg1 (EN AW-7020) oder die EN AW-Al Cu4MgSi(A) (EN AW-2017A). Der Buchstabe W kennzeichnet die Ausführung als Knetlegierung. Mit dem in Klammern gesetzten Buchstaben wird angezeigt, dass es sich um eine nationale Variante handelt. Die mechanischen Eigenschaften sind in der DIN EN 755-2:2016 aufgeführt.

Tabelle 4.4: Aluminium und Aluminiumlegierungen – Halbzeug (nach DIN EN 515:2017).

Bezeichnung	**Werkstoffzustand**	**Beispiele**	
FXX	Herstellungszustand	keine Grenzwerte für mechanische Eigenschaften festgelegt	
HXXX	Kaltverfestigt; geglüht und anschließend kaltverfestigt	H12	Kaltverfestigt – 1/4 hart
		H112	Durch Warmumformung oder eine begrenzte Kaltumformung geringfügig kaltverfestigt (mit festgelegten Grenzwerten der mechanischen Eigenschaften)
WXXX	Lösungsgeglüht mit anschließendem kontrollierten Recken/ Nachrichten/Stauchen	W51	Lösungsgeglüht (instabiler Zustand) und durch kontrolliertes Recken entspannt (Reckgrad: Bleche 0,5% bis 3%, Platten 1,5% bis 3%, gewalzt oder kalt nachverformte Stangen 1% bis 3%, Freiformschmiedestücke oder geschmiedete und gewalzte Ringe 1% bis 5%). Die Erzeugnisse werden nach dem Recken nicht nachgerichtet.
		W510	Lösungsgeglüht (instabiler Zustand) und durch kontrolliertes Recken entspannt (Reckgrad: stranggepresste Stangen, Profile und Rohre 1% bis 5%). Die Erzeugnisse werden nach dem Recken nicht nachgerichtet.
TX(XXX)	Glühen (und abschrecken), ggf. kaltumformen und auslagern	T1	Abgeschreckt aus der Warmumformungstemperatur und kaltausgelagert
		T2	Abgeschreckt aus der Warmumformungstemperatur, kaltumgeformt und kaltausgelagert
		T3	Lösungsgeglüht, kaltumgeformt und kaltausgelagert
		T4	Lösungsgeglüht und kaltausgelagert
		T5	Abgeschreckt aus der Warmformungstemperatur und warmausgelagert
		T6	Lösungsgeglüht und warmausgelagert
		T61	Lösungsgeglüht und zur Verbesserung der Formbarkeit nicht vollständig warmausgelagert
		T6151	Lösungsgeglüht, durch kontrolliertes Recken entspannt (Reckgrad: Bleche 0,5% bis 3%, Platten 1,5% bis 3 %) und dann zur Verbesserung der Formbarkeit nicht vollständig warmausgelagert. Die Erzeugnisse werden nach dem Recken nicht nachgerichtet.
		T7	Lösungsgeglüht und überhärtet (warmausgelagert)
		T8	Lösungsgeglüht, kaltumgeformt und warmausgelagert

4.4.2 Typische Al-Gusslegierungen

Typische Al-Gusslegierungen sind entweder nicht aushärtbare Al-Si-Zweikomponentenlegierungen oder aushärtbare Al-Si-Mehrstofflegierungen mit geringen Zusätzen von Cu, Mg und Fe. Je nach Si-Gehalt kann zwischen **untereutektischen**, **eutektischen** und übereutektischen Al-Si-Legierungen unterschieden werden.

Der eutektische Punkt von reinen Al-Si-Legierungen liegt bei 12,5% Si und 577 °C (Abb. 4.57).

Untereutektische Legierungen mit ca. 6% bis 10% Si und 1% Cu und/oder bis zu 1% Mg sind aushärtbar und finden Anwendung als stoßfeste Teile im Fahrzeugbau oder im Flugzeugbau.

Das Gefüge einer untereutektischen Al-Si-Cu-Legierung im Gusszustand zeigt Abb. 4.58.

Eutektische Legierungen, die so genannten Silumine, haben einen Si-Gehalt von 11% bis 13%, sind sehr dünnflüssig und besonders fähig, komplizierte Formen auszufüllen; sie finden Anwendung für Druckgefäße sowie für Teile im Fahrzeugbau, wie z.B. Getriebe- und Motorengehäuse. Silumine sind zudem gut schweißbar und korrosionsbeständig. Zusätze von ca. 1% Magnesium machen diese Legierungen aushärtbar und dadurch stärker belastbar. Auch Kupfer bewirkt eine Anhebung der Festigkeit, mindert jedoch die chemische Beständigkeit.

In Kokillen erstarrte Silumine erreichen nach einer Warmaushärtung eine Zugfestigkeit bis zu 200 N/mm^2 bei einer Bruchdehnung von ca. 1,5%.

Das Gefüge eutektischer Al-Si-Legierungen stellt ein Gemenge aus hellen α-Körnern (die fast reine Al-Kristalle sind) und grauen nadelförmigen Si-Kristalliten dar. Im Sandguss, aber auch noch in einem Kokillenguss können die Si-Nadeln bei langsamer Abkühlung des Eutektikums recht beachtliche Längen erreichen (Abb. 4.59). In diesem Gefügezustand sind die mechanischen Eigenschaften der Gussstücke schlecht, vor allem die Zähigkeit.

Eine Behandlung der Schmelze kurz vor der Formauffüllung mit ca. 0,1% Na führt zu einer Kornverfeinung, die auf einer deutlichen Verkürzung der Si-Nadeln oder gar auf der Umwandlung dieser Nadeln in feine rundliche Teilchen beruht – Abb. 4.59 rechtes Bild, Abb. 4.60. Diese Veredelung[33] hat eine erhebliche Verbesserung von Festigkeit und Zähigkeit der Gussteile zur Folge. In neuerer Zeit wird an Stelle von Na zunehmend Strontium (Sr) bzw. Phosphor (P) verwendet. Die Primärsiliziumkörner in Al-Si-Gusslegierungen weisen bei einer Kornfeinung mit Phosphor eine typische Größe von 50 bis 100 µm auf.

33 Die Veredelung wurde 1920 von dem ungarischen Metallurgen A. Pacz erfunden.

Bei mit Phosphor überdosierten Legierungen ist die metallographische Präparation mit besonderer Vorsicht durchzuführen. Das Gefüge kann Aluminiumphosphid enthalten, das sich beim längeren Polieren in Wasser löst und ein giftiges Gas bildet.

Das in Abb. 4.60 dargestellte Gefüge einer Legierung mit 13% Si lässt aufgrund der vielen dendritischen Al-Kristalle erkennen, dass durch die Natriumbehand-

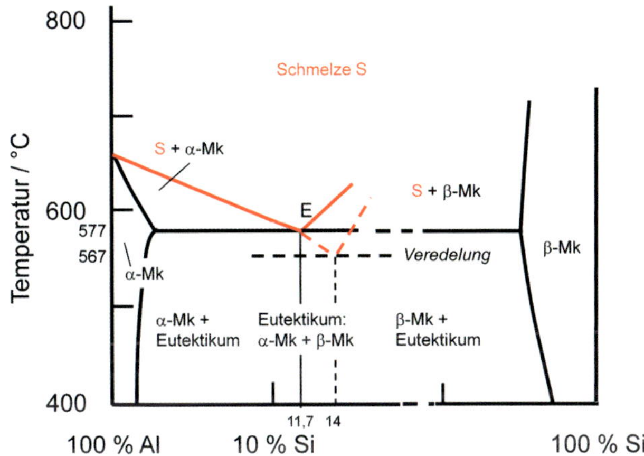

Abb. 4.57: Das Al-Si-Zustandsdiagramm.

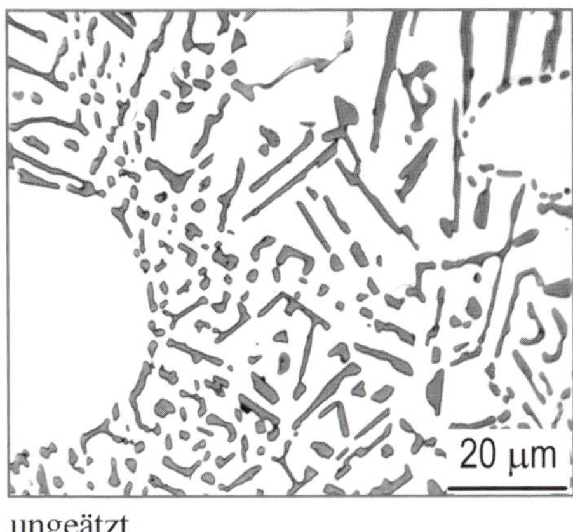

Abb. 4.58: Gefüge einer als Sandguss erstarrten Al-Si-Cu-Legierung mit 7% Si und 1% Cu: grobnadeliges (Al+Si)-Eutektikum und Fragmente von Al-Dendriten (helle Bereiche).

lung eine deutliche Verschiebung der eutektischen Konzentration in Richtung höherer Si-Anteile erfolgt, siehe auch Abb. 4.57.

So erstarren mit Natrium behandelte Legierungen mit bis zu ca. 14% Si immer noch untereutektisch, während sie unbehandelt bereits bei rd. 12% Si ein rein eutektisches Gefüge aufweisen.

Langsame Abkühlungsgeschwindigkeiten führen zur **Entartung** des Eutektikums: Durch eine nicht mehr gekoppelte Kristallisation beider Bestandteile des Eutektikums entstehen aus der Schmelze getrennt voneinander auffallend große Si-Kristalle in Form geradlinig begrenzter Vielecke und ebenfalls große

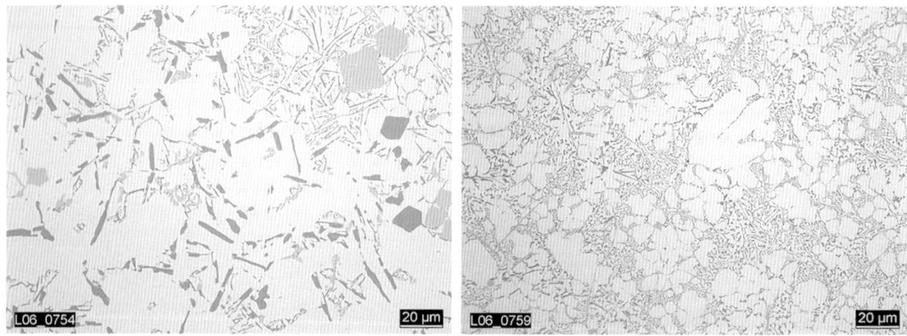

Abb. 4.59: Links: Grobnadeliges Gefüge einer unveredelten Al-Si-Legierung; rechts: nach Veredelung; Vibrationspoliert.

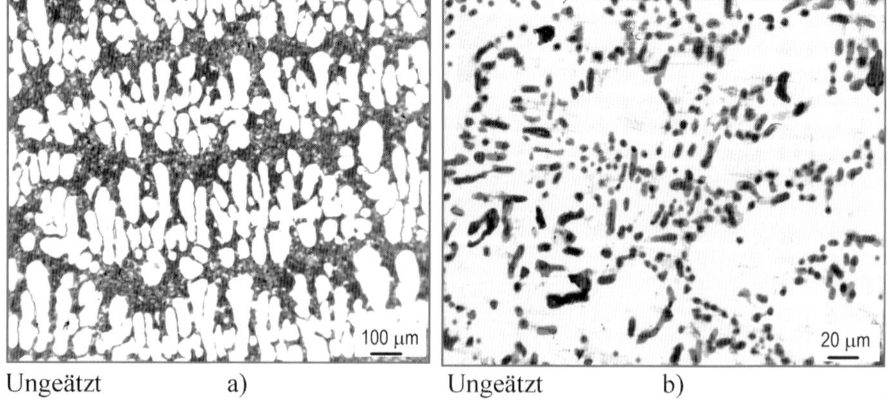

Abb. 4.60: Gefüge einer mit Natrium veredelten Al-Si-Legierung mit ca. 13% Si: a) feines (Al+Si)-Eutektikum und noch reichlich vorhandene α-Bereiche in Dendritenform, b) Vergrößerter Ausschnitt aus a).

α-Bereiche (Abb. 4.61). Durch eine Überhitzung der Schmelze und durch die Anhebung der Erstarrungsgeschwindigkeit kann eine Gefügeentartung vermieden werden.

Übereutektische Al-Si-Legierungen mit bis zu ca. 22% Si werden wegen ihrer guten Wärmeleitfähigkeit, einer den Eisenwerkstoffen ähnlichen Wärmeausdehnung und eines hohen Verschleißwiderstandes für Kolben von Verbrennungsmotoren verwendet. Ein geringer Zusatz von Kupfer und Nickel dient der Anhebung der Warmfestigkeit.

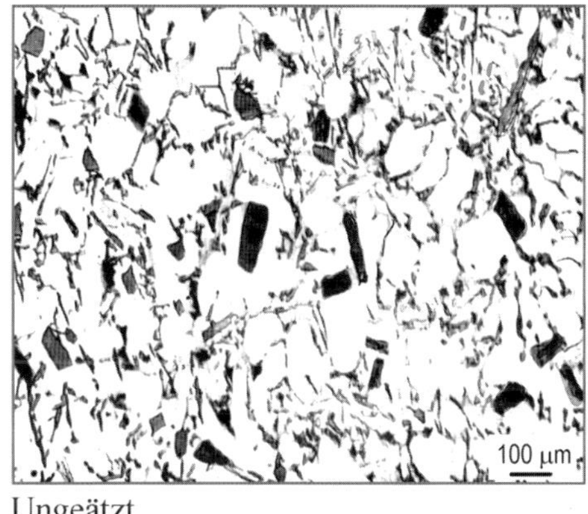

Ungeätzt

Abb. 4.61: Entartetes Eutektikum eines unveredelten Sandgusses: graue Si-Kristallite in heller α-Mk-Matrix.

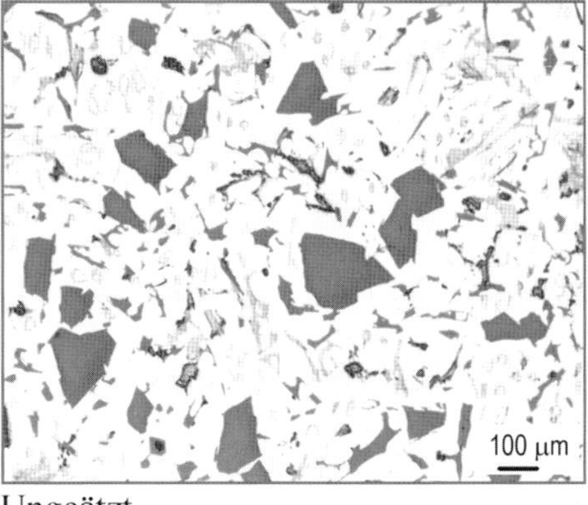

Ungeätzt

Abb. 4.62: Gefüge einer übereutektischen Al-Si-Kolbenlegierung mit ca. 22% Si: entartetes Eutektikum eines unveredelten Sandgusses.

Kolben aus dieser Legierung werden als Kokillenguss hergestellt, bei 500 °C homogenisiert und danach bei 200 °C ausgelagert. Das Gefüge einer übereutektischen Al-Si-Kolbenlegierung stellt Abb. 4.62 dar. Auch dieses Gefüge ist direkt nach dem Polieren erkennbar und besteht aus dunkelgrauen voreutektischen Si-Kristallen sowie aus einem entartetem (Al+Si)-Eutektikum.

Abb. 4.63 zeigt das Gefügebild einer anderen aushärtbaren Al-Si-Kolbenlegierung mit 13% Si und geringen Zusätzen von Cu, Mg, Fe, Mn und Ti. Dieses

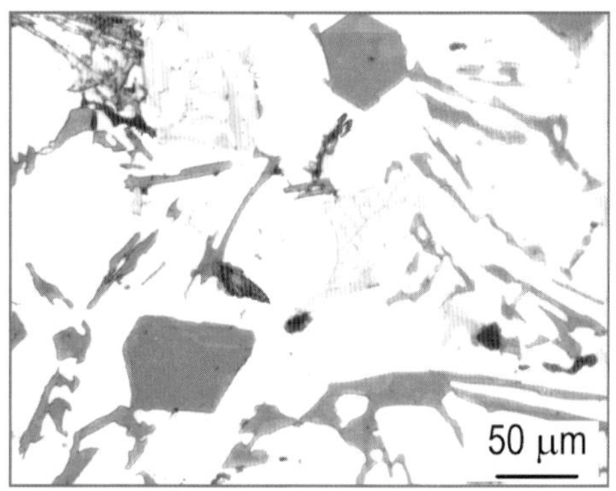

Geätzt nach Fuss

Abb. 4.63: Gefüge einer unveredelten und als Sandguss erstarrten vielkomponentigen Al-Si-Kolbenlegierung mit ca. 13% Si.

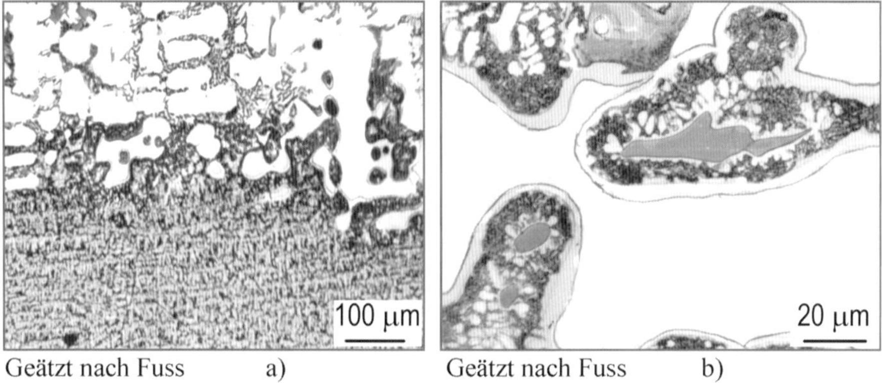

Geätzt nach Fuss a) Geätzt nach Fuss b)

Abb. 4.64: Schweißnahtgefüge einer untereutektischen Al-Si-Gusslegierung: a) grobkörniges Gefüge des Grundwerkstoffes mit charakteristischen α-Dendriten und (Al+Si)-Eutektikum und feinkörniges Gefüge der Schmelzzone, b) Gefüge der Übergangszone, in der helle Höfe die Si-Kristalle säumen.

Gefüge besteht aus einer hellen α-Matrix, dunkelgrauen Si-Vielecken und -Nadeln, aus hellgrauem ($Al+Mg_2Si$)-Eutektikum und aus dunklen AlFe-Verbindungen in unregelmäßiger Form. Die Zugabe von Fe ist i.d.R. begrenzt, bei Gehalten >0,5% können sich nadelförmige Eisenaluminide bilden, die Ausgangsstellen für Rissbildungen und Brüche darstellen.

Al-Si-Legierungen sind unter Schutzgas sehr gut schweißbar. Abb. 4.64a zeigt das Schweißnahtgefüge einer nach dem **WIG-Verfahren** geschweißten untereutektischen Legierung. Das Bild lässt erkennen, dass durch die schnelle Erstarrung ein sehr feinkörniges Gefüge im Bereich der Schmelzzone zustande kommt. Zwischen der feinkristallinen Schmelzzone und dem unveränderten Gefüge des Grundwerkstoffes entstehen Übergangsbereiche in Form charakteristischer Höfe um die Si-Kristalle (Abb. 4.64b), die im Rasterelektronenmikroskop als Al-Bereiche mit höherem Anteil von Si identifiziert wurden.

Diese Legierungen können als Sand-, Kokillen- oder Druckguss hergestellt werden, sind gut polierbar und für korrosionsbeständige Armaturen oder Teile von optischen Geräten und Büromaschinen geeignet.

Die aufgeführten Gusslegierungen können kalt und warm ausgehärtet werden und dadurch eine beachtliche Streckgrenze und Zugfestigkeit erreichen.

Das Erstarrungsgefüge einer AlSiMg-Legierung mit einem Netzwerk von Teilchen in Form charakteristischer „chinesischer" Schriftzeichen in einer α-Mk-Matrix zeigen Abb. 4.65a und Abb. 4.65b.

Die Röntgenmikroanalyse der „chinesischen" Schriftzeichen im Rasterelektronenmikroskop ergab folgende Zusammensetzung in Atom-%: ca. 48% Al, 26% Si und 20% Mg, woraus sich eine Teilchenformel Al_2SiMg ableiten lässt.

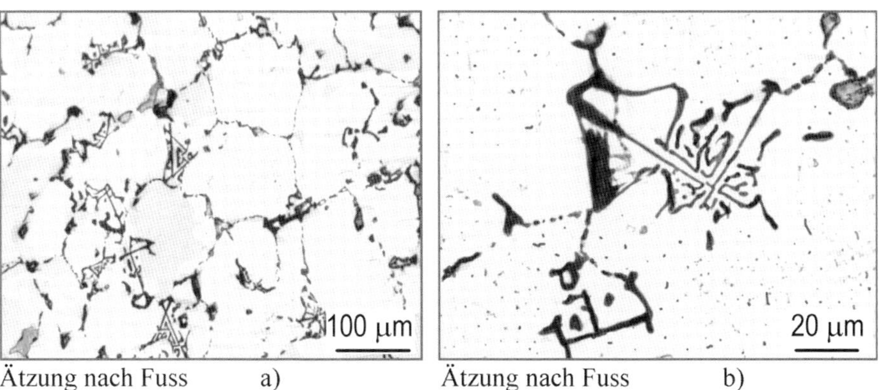

Ätzung nach Fuss a) Ätzung nach Fuss b)

Abb. 4.65: Gefügebilder einer Al-Si-Mg-Legierung im Gusszustand, betrachtet bei unterschiedlichen Vergrößerungen: a) helle α-Mk-Matrix und dunkle Al_2SiMg-Teilchen in charakteristischer Form „chinesischer" Schriftzeichen, b) Al_2SiMg-Teilchen bei höherer Vergrößerung.

Gefüge von Al-Si-Gusslegierungen sind aufgrund der Eigenfarbe der Gefügebestandteile direkt nach dem Polieren erkennbar, sodass in den meisten Fällen ein Ätzen ausbleiben kann. Treten im Gefüge mehrere Phasen auf, die nicht ohne weiteres identifiziert werden können, wie bei einigen Mehrstofflegierungen, so müssen geeignete Ätzmittel herangezogen werden ([2] bis [5]). In schwierigen Fällen werden zur Phasenbestimmung das **Farbätzen** (Abschnitt 1.3.6) oder die **energiedispersive Röntgenmikroanalyse (EDS)** im Rasterelektronenmikroskop eingesetzt.

Genormte Al-Gusslegierungen

In der DIN EN 1706:2020 sind die Al-Gusslegierungen aufgeführt, wie z.B. die
EN AC-AlSi9Mg (EN AC-43300) – untereutektisch, warmaushärtbar
EN AC-AlSi6Cu4 (EN AC-45000) – untereutektisch, nicht aushärtbar
EN AC-AlMg3 (EN AC-51100) – übereutektisch, nicht aushärtbar
EN AC-AlSi7Mg (EN AC-42000) – übereutektisch, warmaushärtbar
Der Buchstabe C kennzeichnet die Ausführung als Gusslegierung.

4.4.3 Al-Sinterlegierungen

Eine besondere Stellung unter den Al-Sinterlegierungen nehmen die für die Autoindustrie entwickelten Sinterwerkstoffe ein. Sie sind im Handel z.B. unter der Bezeichnungen Dispal bekannt. Diese Legierungen beinhalten ca. 17% Si, 5% Fe, 3,5% Cu und 1% Mg. Sie werden sprühkompaktiert und besitzen hervorragende Eigenschaften wie z.B. hohe Festigkeit bei höheren Tempera-

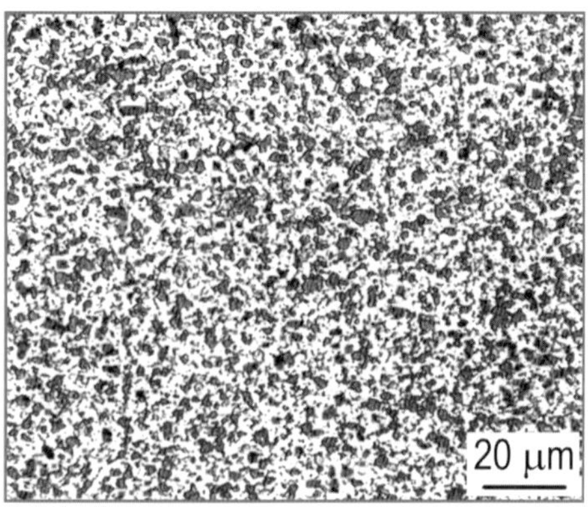

Ätzung nach Fuss

Abb. 4.66: Gefügebild einer mehrkomponentigen Al-Si-Sinterlegierung.

turen, hohe Verschleißbeständigkeit, geringe thermische Ausdehnung und eine gute Zerspanbarkeit. Anwendung finden diese Legierungen z.B. für Kolben und Pleuelstangen. Das Gefüge einer Dispal-Legierung mit fein verteilten primären Si-Ausscheidungen zeigt Abb. 4.66 .

4.5 Praktische Tipps für die Präparation und Gefügeinterpretation von Aluminiumlegierungen

Die Standardschliffpräparation für Aluminiumwerkstoffe ist in der Tabelle 4.5 aufgeführt.

Tabelle 4.5: Standardschliffpräparation für Aluminium.

Schritt	Vorgang	Beschreibung
1	Trennen	harte Siliziumkarbid Trennscheibe
2	Einbetten	Kalteinbetten, wenn Gefahr der Gefügebeeinflussung durch Temperatur vorhanden, z.B. Einbetten in Phenolharz. Filigrane Strukturen bzw. dünne Bleche, Folien und Proben die elektrolytisch geätzt werden, in Epoxidharz einbetten. Rückseite der Proben als Kontakte auf der Rückseite überstehen lassen.
3	Schleifen*	Planschleifen mit SiC Körnung 500, bei großen Proben aus Gussteilen können mit Körnung 220 oder 320 geschliffen werden. Das weitere Schleifen kann bei reinem Aluminium mit SiC Körnung 800, 1200, 4000 erfolgen (jeweils rd. 0,5 min) oder alternativ mit Diamant 15 µm (5 min). Legierungen werden nach dem Planschleifen mit Diamant 9 µm geschliffen (4 min). Der Anpressdruck bewegt sich im Bereich bis max. 25 N bei 300 U/min. Das Diamantschleifen erfolgt bei 150 U/min und 15 N (25 N bei Legierungen).
4	Polieren*	Das Diamantpolieren (Reines Aluminium: 3 µm/150 U/min bei 25 N – 4 min; Legierungen: – 3 min) so lange durchgeführt werden, bis alle tiefen Kratzer verschwunden sind. Das Polieren sollte ggf. mit wasserfreier Diamantsuspension und Schmiermittel durchgeführt werden, falls wasserlösliche Gefügebestandteile, wie z.B. Al-Karbide (Al_4C_3) vorhanden sind (Reines Aluminium: 0,04 µm/150 U/min bei 15 N – 2 bis 5 min; Legierungen: – 1 min). Endpolieren mit Siliziumdioxid solange durchführen bis eingedrückte Diamantkörner verschwunden sind – visuelle makroskopische (matte bzw. glänzende Stellen) oder lichtmikroskopische Kontrolle. Alternative: Vibrationspolieren (vgl. Abschnitt 1.3.4.3)
5	Ätzen – Korngrenzen	Ca. 3 s Tauchätzen in 70g/l $K_2Cr_2O_7$, 70 g/l H_2SO_4 (Lösungsmittel dest. H_2O) Nach Korngrenzenätzen ca. 3 s Tauchätzen in 100 g/l $FeCl_3$, 21,5 g HCl (Lösungsmittel dest. H_2O)
	Ätzen – Kornflächen	Ätzmittel nach Fuss: 50 ml 40%ige Flusssäure (HF) + 950 ml dest. Wasser (evtl. etwas Salzsäure und Salpetersäure zugeben).

* Beispielhafte Anhaltswerte für Zeiten und Druck: abhängig von Schliffgröße und Werkstoff

Alternative elektrolytische Präparation:
Eignet sich für reines Aluminium und α-Messing Knetlegierungen. Bei zweiphasigem α-β-Messing ist das Ergebnis nicht geeignet für eine quantitative Auswertung, vor allem wenn Blei zulegiert ist (Tabelle 4.6).

Tabelle 4.6: Elektrolytische Präparation für Aluminium.

	Zweck	Vorgang
1	Einfache Korngrößenbestimmung bei 100facher Vergrößerung	(Vor)Schleifen mit SiC-Papier Körnung 1000 Bei Walz- und Profiloberflächen kann das Vorschleifen entfallen, danach Ätzen
2	Exakte Korngrößen bzw. -flächen bestimmen	(Vor)Schleifen mit SiC-Papier: Minimum Körnung 2000 bis zu Körnung 4000, danach Polieren und Ätzen
3	+ Gefügeanalyse	Nach Schleifen (2): Polieren bei Elektrolyt: A2 / Maske: 2 cm² / Spannung: 39 V / Flußrate: 10 / Zeit: 20 s
4	Sichtbarmachung der Struktur	Ätzen (Anodisieren): Elektrolyt: 200 ml dest. Wasser, 10 ml Tetrafluoroborsäure (35%), (Barkerätzung) Maske: 2 cm²; Flussrate: 8; Zeit: 1–2 min
5	Mikroskopieren	polarisiertes Licht mit einem λ¼-Plättchen ergibt Farbeffekte

Reines Aluminium ist sehr weich und neigt zu Verformung und Kratzern. Schleif- und Polierkörner können sich in die Präparationsoberfläche eindrücken. Daher sollte mit feinster SiC-Körnung plangeschliffen werden. Es muss so lange poliert/endpoliert werden, bis die eingedrückten Körner entfernt sind. Die Endpolitur sollte mit einer Siliziumdioxidsuspension erfolgen. Als alternative Poliermethode bietet sich das Vibrationspolieren an (siehe Abschnitt 1.3.4.3).

Die Schmelze von eutektischen und übereutektischen AlSi-Gusslegierungen wird zum Verfeinern der Primärsiliziumkristalle mit einer Kupferphosphorlegierung oder auch Aluminiumphosphorlegierung versetzt. Dabei entstehen feinst verteilte Aluminiumphosphidkeime. Beim Schleifen/Polieren reagieren diese mit Wasser und wird herausgelöst, was die Interpretation des Gefüges erschwert. Zusätzlich entsteht ein giftiges Gas.

Anhand der Farben lassen sich Phasen bereits im polierten Zustand unterscheiden:

Si	mittelgrau	Al_3Mg_2	hell, weißlich
Mg_2Si	graublau oder dunkel	Al_6Mn	hellgrau
Al_2Cu	weiß/schwachrosa	Al_3Ni	weiß
Al_3Fe	grau (etwas heller als Si)	Al_2O_3	weiß bis gelblich, meist aufgeraut

4.6 Fehler und Probleme bei der Gefügeinterpretation

Tabelle 4.7: Probleme bei der Gefügeinterpretation von Aluminiumlegierungen, deren Auswirkungen sowie die Ursachen und Behebung.

Problem	Auswirkung	Ursache und Behebung
Geringer Kontrastunterschied zwischen Eutektikum und Grundgefüge	Beeinträchtigung der quantitativen und qualitativen Gefügebewertung	Grundgefüge schlecht auspoliert: Verwendung einer oxidischen Poliersuspension beim Endpolieren
Reliefbildung		Zu lange mit Poliersuspension poliert
Nicht alle Gefügebestandteile deutlich erkennbar		Zu kurz endpoliert (matte und glänzende Stellen Schliffoberfläche)
Porosität		Zu geringe Porenanzahl, wenn nicht ausreichend geschliffen wird, um die beim Trennen zugeschmierten Poren zu öffnen. Wenn dunkle Phasenanteile im Gefüge (Mg_2Si, Al_2Cu) enthalten sind, Gefahr der Verwechslung mit Poren → zu hohe Porendichte
Beurteilung von Carbiden und Oxiden		Al-Karbide (Al_4C_3) sind hygroskopisch und wandeln sich in feuchter Luft nach längerer Lagerung in Oxid um → Verwechslung mit Al-Carbiden Vorsicht: SiC- und Diamantkörner können sich in die Oberfläche eindrücken – Verwechslungsgefahr

4.7 Titanlegierungen

Legierungen auf Titanbasis mit einer Dichte von ρ = ca. 4,5 g/cm^3 zählen neben Beryllium sowie Magnesium- und Aluminiumlegierungen zur Gruppe der Leichtmetalle. Gleichzeitig gehören Ti-Legierungen zu den hochschmelzenden Metallen mit ausgezeichneter Korrosionsbeständigkeit gegen oxidierende und chlorhaltige Medien.

Eine weitere charakteristische Eigenschaft dieser Legierungen ist ihre ausgesprochen gute Biokompatibilität, die es ermöglicht, sie als Knochenersatz im menschlichen Körper einzusetzen.

Viele technische Anwendungen von Ti-Legierungen beruhen auf deren hoher relativer Festigkeit. Unter allen metallischen Legierungen besitzen Ti-Legierungen das beste Verhältnis von Festigkeit und Dichte.

Dieses günstige Verhältnis von Festigkeit und Dichte macht hochfeste Ti-Legierungen zu konkurrenzfreien Werkstoffen für schnelldrehende Maschinenteile, bei denen hohe Ansprüche an die Festigkeit gestellt werden.

Gefügemäßig unterscheidet man zwischen Titanlegierungen mit einem einphasigen **α-Mk-Gefüge**, mit einem einphasigen **β-Mk-Gefüge** und mit einem zweiphasigen **(α+β)-Kristallgemisch**. Die α-Phase besitzt ein hexagonales Gitter, die β-Phase kristallisiert hingegen in einem kubisch raumzentrierten Gitter.

4.7.1 Einphasige α-Legierungen

Einphasige α-Legierungen enthalten z.B. Aluminium als stabilisierendes Legierungselement. Durch die Zugabe von Aluminium ist es möglich, das einphasige α-Gebiet auf einen Konzentrationsbereich bis zu ca. 10% Al sowie auf einen Temperaturbereich von Raumtemperatur bis zu 1240 °C auszudehnen. Um jedoch die Entstehung spröder Überstrukturen zu vermeiden und auch die Gefahr einer Spannungsrisskorrosion auszuschalten, beschränkt sich in technischen Legierungen der Al-Gehalt auf ca. 6%. Eine typische α-Legierung ist beispielsweise die Legierung TiAl5Sn2,5.

Zu den Vorzügen der α-Legierungen zählen vor allem die geringe Dichte sowie die geringe Selbstdiffusionsgeschwindigkeit, die für ein langsames Kornwachstum und eine hohe Festigkeit bei höheren Temperaturen sorgt. Diese Legierungen zeichnen sich zudem durch eine gute Zähigkeit bei tiefen Temperaturen sowie eine gute Schweißbarkeit unter Schutzgas aus. Zu den Nachteilen von α-Legierungen zählt vor allem ihre schlechte Kalt- und Warmverformbarkeit wegen des hexagonalen Gitters.

Anwendung finden α-Legierungen einerseits für warmfeste Bauteile, die Betriebstemperaturen bis zu ca. 500 °C ausgesetzt sind (wie z.B. Strahltriebwerke) und andererseits als kaltzähe Werkstoffe in der Kryotechnik. Das Gefüge einer α-Titanlegierung zeigt Abb. 4.67.

Ungeätzt

Abb. 4.67: Gefügebild von α-Titan im polarisierten Licht* (Foto: Fotoarchiv des seinerzeit von Prof. Dr. J. Breme geleiteten Instituts für metallische Werkstoffe der Universität des Saarlandes).

4.7.2 Einphasige β-Legierungen

Diese Legierungen besitzen von der Raumtemperatur bis zur Soliduslinie ein homogenes, aus krz-Mischkristallen bestehendes Gefüge. Zu den Legierungselementen, die das Gebiet des α-Mischkristalls einschränken und das β-Gebiet ausdehnen, zählen z.B. Vanadin, Molybdän und Chrom.

Das Legieren des Titans mit den genannten Schwermetallen führt zu einer Anhebung der Dichte. Neben der relativ hohen Dichte zählt auch die geringe **Kriechfestigkeit** zu den Nachteilen der β-Legierungen.

Die wesentlichen Vorteile der β-Legierungen gegenüber den α-Legierungen sind die bessere Kalt- und Warmverformbarkeit und die höhere Festigkeit bei Raumtemperatur.

Durch eine entsprechende Behandlung können β-Titanlegierungen eine Zugfestigkeit von ca. 1400 N/mm^2 erreichen, allerdings bei geringer Zähigkeit. Zu den β-Legierungen zählt z.B. die Ti-13V-11Cr-3Al.

Verwendet werden diese Legierungen z.B. als hochfeste Verbindungselemente und Schmiedeteile in der Raumfahrttechnik, die nicht allzu hohen Temperaturen ausgesetzt sind.

Das Gefüge einer β-Legierung stellt Abb. 4.68 dar.

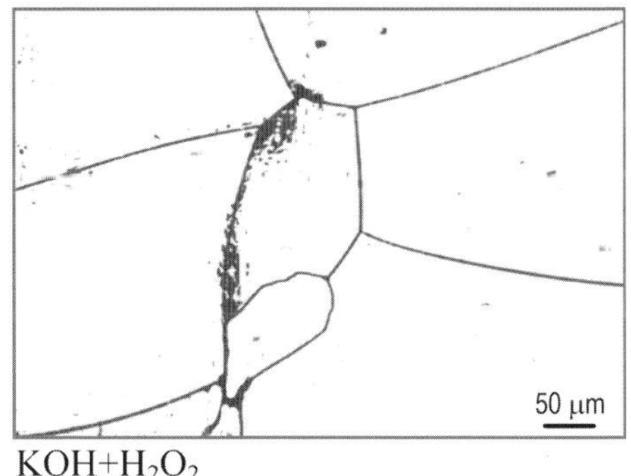

Abb. 4.68: Gefüge einer einphasigen β-Titan-Legierung (Foto: Fotoarchiv des seinerzeit von Prof. Dr. J. Breme geleiteten Instituts für metallische Werkstoffe der Universität des Saarlandes).

4.7.3 Zweiphasige (α+β)-Legierungen

Zweiphasige Legierungen sind die am häufigsten verwendeten Ti-Legierungen. Sie verbinden die Vorteile beider vorher beschriebener einphasiger Legie-

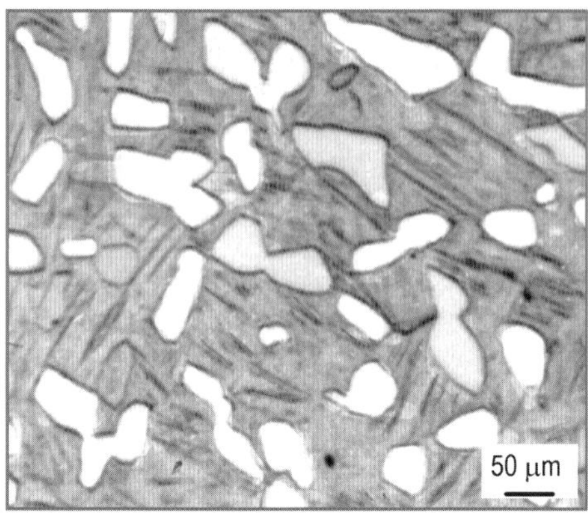

$KOH+H_2O_2$

Abb. 4.69: Gefüge einer (α+β)-Ti-Legierung nach dem Abschrecken aus dem (α+β)-Gebiet: α-Primärkörner (hell) und übersättigte α-Umwandlungsbereiche (graue Matrix).

rungstypen. Die α-Phase hemmt das Kornwachstum bei höheren Temperaturen und sorgt für eine gute Warmfestigkeit; die β-Phase verleiht der Legierung eine höhere Festigkeit bei niedrigen Temperaturen und eine ausreichende Verformbarkeit.

Zweiphasige Ti-Legierungen werden im Flugzeug- und Raketenbau, für korrosionsbeständige Teile der Chemieindustrie sowie in der Kryotechnik verwendet.

Durch ein gezieltes Legieren sowohl mit Elementen, die die α-Phase stabilisieren, wie z.B. Aluminium, als auch mit Elementen, die die β-Phase stabilisieren, wie z.B. Vanadin, wird ein zweiphasiges Gefüge erreicht. In diesem sind von der Raumtemperatur bis zu Temperaturen von ca. 1000 °C, die α-Phase und die β-Phase gleichzeitig vorhanden. Mit steigender Temperatur nimmt die β-Phase im Gefüge stetig zu und der Anteil der α-Phase geht zurück.

Wie bereits erwähnt, sorgt die krz β-Phase, die bei höheren Temperaturen reichlich vorhanden ist, für eine gute Verformbarkeit, und die α-Phase verhindert dabei ein übermäßiges Wachstum der β-Körner.

Eine typische Ti-Zweiphasenlegierung, die diese Gefügebedingungen erfüllt, ist die Legierung TiAl6V4 mit 6% Al und 4% V. Bei gegebener Zusammensetzung sind die Phasenverhältnisse der (α+β)-Legierungen bei Raumtemperatur, aber auch die Morphologie dieser Phasen entscheidend von der Höhe der Haltetemperatur vor der Abkühlung und von der Abkühlungsgeschwindigkeit abhängig:

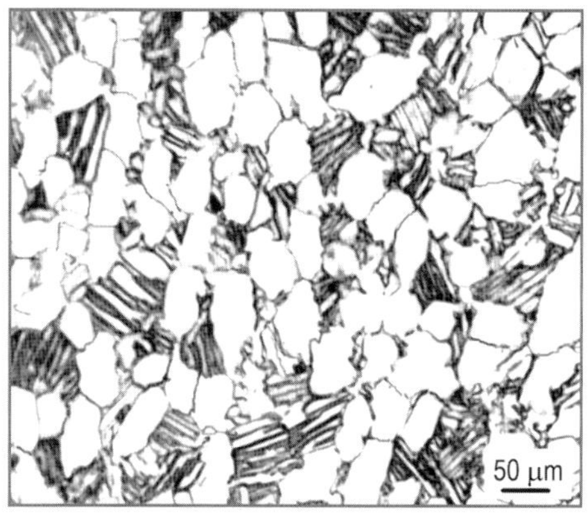

Abb. 4.70: Gefüge einer (α+β)-Ti-Legierung nach langsamer Abkühlung aus dem (α+β)-Gebiet: α-Primärkörner (hell und glatt) und Körner, die während der Abkühlung entstanden sind und aus α- und β-Lamellen bestehen.

1. Im Zuge einer raschen Abkühlung aus dem (α+β)-Gebiet klappt die β-Phase martensitisch in eine an Vanadin übersättigte α-Phase mit hexagonalem Gitter um (Abb. 4.69), wobei diese Umwandlungstemperatur zwischen 850 °C und 920 °C liegt und mit zunehmendem Ti-Gehalt zunimmt. In Folge einer Wiedererwärmung (eines Anlassens) auf Temperaturen zwischen 500 °C und 700 °C kommt es zum Zerfall der durch Abschrecken gebildeten und an Vanadin übersättigten α-Phase. Aus dieser Phase scheiden sich kohärente Teilchen der β-Phasen aus. Zugleich bilden sich beim Anlassen feine Ti_3Al-Teilchen, vor allem aus den aluminiumreichen α-Körnern, die beim vorangegangenen Lösungsglühen nicht aufgelöst wurden. Beide Ausscheidungsphasen besitzen submikroskopischen Charakter und können nur elektronenmikroskpisch festgestellt werden. Die hier beschriebene Wärmebehandlung wird in der Praxis zur Steigerung der Festigkeit genutzt.
2. Ein langsames Abkühlen aus dem (α+β)-Gebiet führt hingegen zum Zerfall der β-Phase in ein Gemisch, das aus lamellenförmigen Körnern der α-Phase und der neugebildeten β-Phase besteht. Körner dieses lamellenartigen (α+β)-Gemisches machen neben den unveränderten α-Primärkörnern das Gefüge langsam abgekühlter zweiphasiger Ti-Legierungen bei Raumtemperatur aus (Abb. 4.70).
3. Werden zweiphasige Ti-Legierungen nicht aus dem (α+β)-Gebiet, sondern aus dem β-Gebiet abgekühlt, so entsteht entweder ein stäbchenförmiges α-Gefüge (bei langsamer Abkühlung) – Abb. 4.71 oder ein nadeliges martensitähnliches Gefüge (bei Wasserabschreckung) (Abb. 4.72).

4. Desweiteren können Gefüge und dadurch auch die Eigenschaften zweiphasiger Ti-Legierungen durch die Parameter einer plastischen Verformung kontrolliert werden. So führt z.B. eine Warmverformung im ($\alpha+\beta$)-Gebiet mit nachfolgendem Rekristallisationsglühen bei ca. 700 °C zu einem Gefüge, das

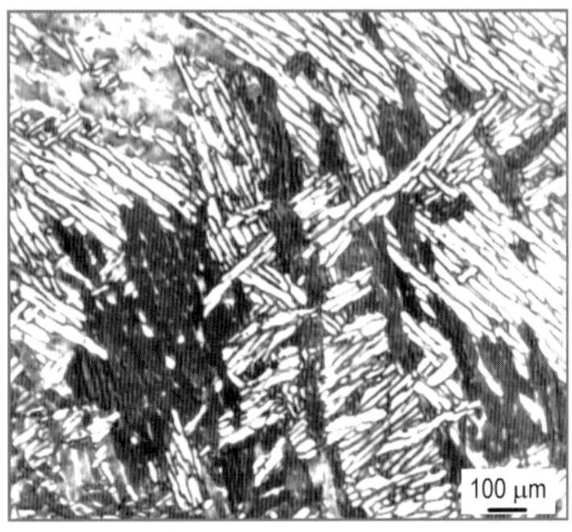

$KOH+H_2O_2$

Abb. 4.71: Gefüge einer zweiphasigen Ti-Legierung nach langsamer Abkühlung aus dem β-Gebiet: α-Körner in charakteristischer Korbgeflechtanordnung (Foto: Fotoarchiv des seinerzeit von Prof. Dr. J. Breme geleiteten Instituts für metallische Werkstoffe der Universität des Saarlandes).

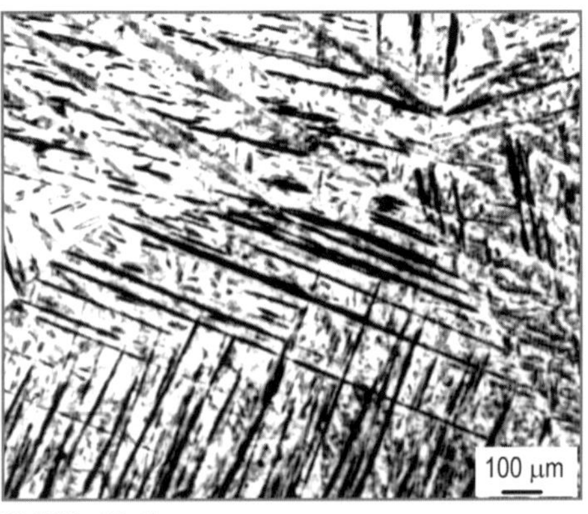

$KOH+H_2O_2$

Abb. 4.72: Gefüge einer zweiphasigen Ti-Legierung nach dem Abschrecken aus dem β-Gebiet: umgewandelte β-Körner in Nadelform (Foto: Fotoarchiv des seinerzeit von Prof. Dr. J. Breme geleiteten Instituts für metallische Werkstoffe der Universität des Saarlandes).

aus kleinen sphärolitischen Teilchen der β-Phase in einer umkristallisierten Matrix der α-Phase besteht (Abb. 4.73). In diesem Gefügezustand hat der Werkstoff eine ausgezeichnete Zähigkeit.

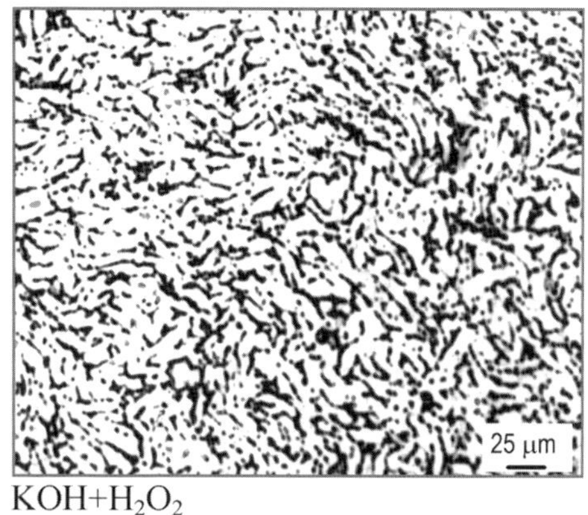

$KOH+H_2O_2$

Abb. 4.73: Gefüge einer zweiphasigen Ti-Legierung nach Verformung im (α+β)-Gebiet und nachfolgender Glühung bei 700 °C: feine sphärolitische Teilchen der β-Phase in heller Matrix der α-Phase (Foto: Fotoarchiv des seinerzeit von Prof. Dr. J. Breme geleiteten Instituts für metallische Werkstoffe der Universität des Saarlandes).

Genormte Titanlegierungen

TiAl5Sn2,5 und TiAl6V4 sind in den teilweise *zurückgezogenen* Normen: *DIN 17851:1990* bzw. in Abhängigkeit von der Erzeugnisform in der *DIN 17865:1990*, DIN 17864:2012, *DIN 17863:1973*, DIN 17862:2012-03, *DIN 17861:1990*, *DIN 17860:2010* und *DIN 17866:1990* erfasst.

Ti-13V-11Cr-3Al (in DIN Schreibweise TiV13Cr11Al13) ist in der AMS (Aerospace Material Specification) unter der Nummer 4917 erfasst.

4.8 Praktische Tipps für die Präparation und Gefügeinterpretation von Titanlegierungen

Die Standardschliffpräparation für Titanwerkstoffe ist in Tabelle 4.8 aufgeführt.

Alternative elektrolytische Präparation:
Es können sowohl homogene α-Legierungen als auch α-β Legierungen elektrolytisch poliert werden. Sie erzielt eine kratzerfreie Oberfläche und ist ein relativ schnelles Verfahren (Tabelle 4.9).

Tabelle 4.8: Standardschliffpräparation für Titanwerkstoffe.

Schritt	Vorgang	Beschreibung
1	Trennen	Siliziumkarbid-Trennscheibe (Spanbildung und Gefahr des Überhitzens bei herkömmlichen Trennscheiben bei AlO-Trennscheiben) Geruchsbildung – Abzug benutzen
2	Halterung	Warmeinbetten mit Phenolharz oder auch Kalteinbetten mit Epoxidharz
3	Schleifen	Planschleifen mit SiC Körnung 220 bis plan. Das weitere Schleifen erfolgt mit SiC Körnung 600, 800, 1200 (jeweils rd. 3 min), 2500, 4000 (jeweils rd. 0,5 min), (Wasser, 300 U/min, 25 N). Alternativ kann das Schleifen auch auf harten Oberflächen mit 9 µm Diamantsuspension durchgeführt werden. (5 min).
4	Polieren	Chemisch-mechanisches Polieren mit einer Mischung aus Siliziumdioxid (< 0,05 µm) und Wasserstoffperoxid (30%), bei der die Konzentration zwischen 10–30% variieren kann (150 U/min, 25 N, 5 bis 10 min) – so lange polieren, bis die Oberfläche im Lichtmikroskop weiß erscheint.
5	Ätzen	KOH-Ätzung: 78 ml dest. H_2O, 15 ml H_2O_2 (30%ig), 12 ml wässrige KOH (40%ig), frisch ansetzen Kroll: 100 ml dest. H_2O, 2–6 ml HNO_3 (65%ig), 1–3 ml Flusssäure Ti-Ätzung: 60 ml HF, 50 ml H_2O_2, 10 ml HNO_3 Farbätzung nach Weck: 100 ml H_2O, 50 ml Ethanol (96%ig), 2 g Ammoniumhydrogendiflourid (Achtung: HF wird frei gesetzt). Ätzdauer ca. 60 s

Tabelle 4.9: Elektrolytische Präparation für Titanwerkstoffe.

	Zweck	Vorgang
1	Vorschleifen	mit SiC-Papier: Körnung 1200, danach Polieren und Ätzen
3	Polieren	Elektrolyt: 600 ml Methanol, 360 ml Ethylenglykol, 60 ml Perchlorsäure (70%ig) / Maske: 1 cm^2 / Spannung: 35–45 V / Fließrate: 10–15/ Zeit: 20–30 s
2	Ätzen – Sichtbarmachung der Struktur	Chemisch ätzen, siehe oben
3	Mikroskopieren	polarisiertes Licht mit einem λ¼-Plättchen (auch im polierten Zustand)

Wird Siliziumdioxid (OPS Oxidpoliersuspension) verwendet, sollte das Poliertuch vor dem Polieren zuerst angefeuchtet werden. Kurz vor Ende des Poliervorgangs, (10–15 Sekunden bevor das Poliergerät anhält), Wasser aufdrehen und OPS von Proben, Halter und Tuch waschen. Danach die Proben mit fließendem Wasser spülen, mit Ethanol reinigen und im starken Luftstrom trocknen, bis alle OPS Reste auf der Schlifffläche entfernt sind.

Die Oberfläche eines gut polierten Titanschliffs im ungeätzten Zustand kann im polarisierten Licht betrachtet werden. Der Kontrast ist relativ schwach, stellt aber eine gute Basis für die Kontrolle dar, ob die Politur ausreichend ist.

Titan zeigt oft – bedingt durch die Sauerstoffaufnahme in Luft – eine harte Randschicht („α-case“). Mit der Ätzung nach Kroll kann „α-case“ nicht sichtbar gemacht werden, sondern nur mit der Ätzung nach Weck.

4.9 Fehler und Probleme bei der Gefügeinterpretation

Tabelle 4.10: Probleme bei der Gefügeinterpretation von Titanlegierungen, deren Auswirkungen sowie die Ursachen und Behebung.

Problem	Auswirkung	Ursache und Behebung
Verkratzte und verformte Schliffoberfläche nach Polieren	Beeinträchtigung der quantitativen und qualitativen Gefügebewertung	Richtige Trennscheibe verwenden. Bevorzugt chemisch-mechanisch polieren. Mischung aus Siliziumdioxid und Wasserstoffperoxides; Entfernung des Reaktionsproduktes des Wasserstoffperoxids mit dem Titan durch das Siliziumdioxid von der Probenoberfläche. Die Oberfläche bleibt dadurch weitgehend kratzer- und verformungsfrei.
kleine, schwarze Punkte auf einer polierten Probenoberfläche		Überreste der mechanischen Verformung vom Schleifen → chemisch-mechanisches Polieren so lange fortsetzen, bis diese verschwunden sind

4.10 Nickellegierungen

Nickellegierungen (allgemeine Bezeichnung auch Nickelbasislegierungen) haben eine vielseitige Verwendung. Sie verfügen über gute Korrosions- und/oder Hochtemperaturbeständigkeit. Ausgewählte Legierungen weisen spezielle physikalische Eigenschaften auf wie beispielsweise elektrischen Widerstand, eine kontrollierte thermische Ausdehnung, besondere magnetische Eigenschaften usw.

Zum technischen Einsatz kommen niedriglegierte Nickellegierungen (mit einem Nickelanteil von bis zu 99,9%), Nickel-Kupfer-, Nickel-Eisen-, Nickel-Beryllium-, Nickel-Eisen-Chrom-, Nickel-Chrom-, Nickel-Molybdän-Chrom-, Nickel-Chrom-Kobalt-Legierungen und andere Mehrstofflegierungen. Bekannt sind auch Ni-Ti-Legierungen als **Formgedächtnislegierungen**. Dieser Effekt beruht auf einer Gefügeumwandlung von NiTi-Austenit in NiTi-Martensit[34] und umgekehrt. Ein Teil der o.g. Legierungen ist aushärtbar. Nickellegierungen werden meist erschmolzen und sowohl als Knetlegierungen als auch als Gusslegierungen verwendet. Auch eine pulvermetallurgische Verarbeitung ist möglich.

34 Die bekannten Austenit- und Martensit-Zustände von Stahl weisen eine andere Gitterstruktur auf.

Bei Nickellegierungen werden häufig die Herstellerbezeichnungen verwendet. So sind z.B. bei

- Monel — Nickel-Kupfer
- Inconel, Nimonic, Incoloy — Nickel-Chrom
- Hastalloy — Nickel-Molybdän-Chrom

die wesentlichen Legierungselemente, bei höheren Festigkeitsstufen werden Elemente wie Co, Ti, Nb etc. hinzugefügt. Weitere Hersteller- bzw. Markennamen sind z.B. Haynes, MAR-M, Udimet, René, Waspaloy etc.

Mit Hilfe von Makroätzungen kann die herstellungsbedingte Makrostruktur sichtbar gemacht werden. Die Ätzung nach Adler eignet sich gut für die Abbildung von Schweißverbindungen in Nickellegierungen. Zur Herstellung der Ätzlösung werden angesetzt:

> 3 g Diammoniumtetrachlorocuprat (II) in 25 ml dest. H_2O gelöst, sowie 15 g Eisen(III)-chlorid in 50 ml 32%iger Salzsäure (HCl).

Anschließend werden die beiden Lösungen vermischt.

Abb. 4.74 zeigt die Abbildung der Schweißraupen in einem Schweißgut aus einer Nickellegierung mit Hilfe der Adler-Ätzung. Aufgrund des meist starken

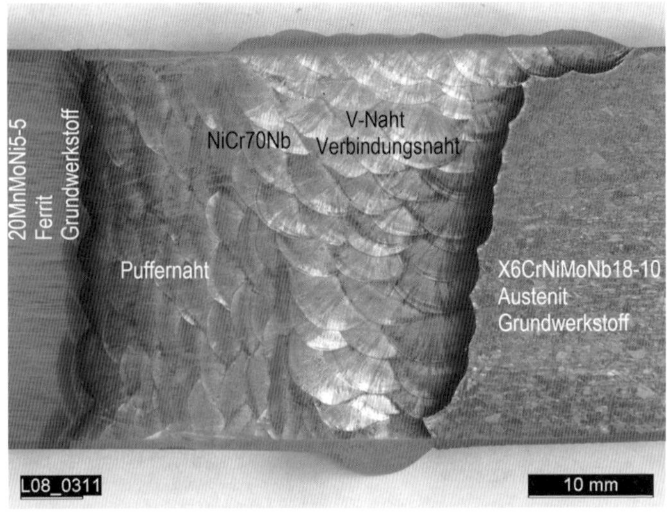

Abb. 4.74: Aufbau einer Misch-Schweißnaht, Schweißgut: Nickellegierung, Ätzmittel: Adler (verdünnt 1:1 wässrig).

Materialabtrags bei der Makroätzung ist in der Regel als Vorpräparation ein Schleifen der Oberfläche mit einem Schleifpapier bis zur Körnung 800 ausreichend.

Eine weitere Möglichkeit, das Gefüge makroskopisch zu erfassen, ist V2A-Beize, siehe auch Abschnitt 2.1.2.7.

Wie in Abb. 4.75 gezeigt, lässt sich das Gussgefüge (dendritische Ausbildung) gut darstellen. Eine starke Ätzung mit dem gleichen Ätzmittel eignet sich auch sehr gut zur Abbildung des Aufbaus der Schweißnähte und der einzelnen Schweißlagen.

Abb. 4.75: Dendritisches Gefüge in einem Schaufelfuß aus IN792, Ätzmittel: V2A-Beize.

Das Gussgefüge lässt sich auch sehr gut beim Ätzen mit einer Lucas-Lösung abbilden. Für diese elektrolytische Ätzlösung werden folgende Bestandteile verwendet:

150 ml Salzsäure (HCl), 50 ml Milchsäure ($CH_3CH(OH)COOH$) und 3 g Oxalsäure.

Die Ätzung erfolgt bei einer elektrischen Spannung von 1–2 V für 10–20 s (Abb. 4.76).

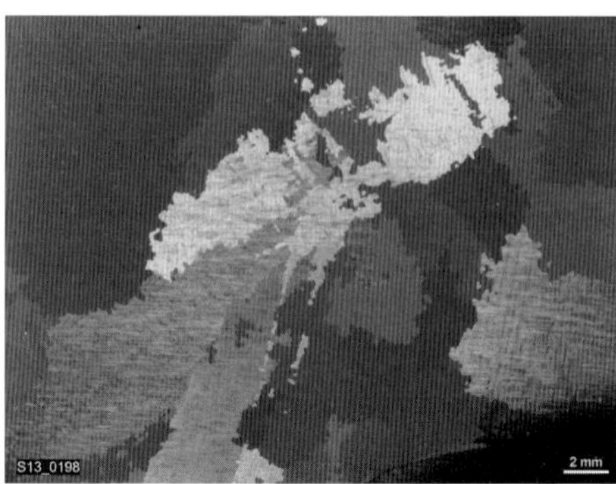

Abb. 4.76: Dendritisches Gefüge in Gusslegierung IN738LC, Ätzmittel: Lucas-Lösung.

4.10.1 Superlegierungen

Superlegierungen sind Strukturwerkstoffe, die für den Einsatz bei hohen bis sehr hohen Temperaturen bei z.T. aggressiven Medien vorgesehen sind. Neben den Nickelbasislegierungen werden auch Kobaltbasislegierungen und Eisenlegierungen mit einem hohen Nickelanteil zu den Superlegierungen gerechnet.

Die Nickelbasislegierungen lassen sich nach den Härtungsmechanismen in die in Abb. 4.77 gezeigten Gruppen einteilen.

Ti, Al und Nb weisen eine beschränkte Löslichkeit im γ-Mk auf. Durch eine Ausscheidungshärtung im Temperaturbereich von 550 bis 1100 °C (je nach Legierung), wird durch die kohärente **intermetallische Phase** γ' Ni_3(Ti, Al) bzw. durch die teilkohärente γ'' (Ni_3(Ti, Al; Nb) eine deutliche Steigerung der Kriechfestigkeit erzielt, siehe auch Abschnitt 4.10.2.2. Weitere Härtungsmechanismen stellen die Mischkristallverfestigung sowie die Bildung von Ausscheidungen (Karbide, Boride) durch die Zugabe von entsprechenden Legierungselementen dar, siehe auch Abschnitt 4.10.2.1.

4.10.2 Phasen in Ni-Fe-Cr-Knetlegierungen

Die drei Elemente Ni, Fe und Cr bilden eine **austenitische γ-Matrix** mit einem kubisch flächenzentrierten Gitter (Abb. 4.78). Diese Legierungen zeigen keine dem Stahl vergleichbare Gefügeumwandlung bei der Erwärmung bzw. Abkühlung und sind demzufolge nicht bzw. nur über Ausscheidungsvorgänge eingeschränkt härtbar.

Mit Hilfe von V2A-Beize werden die Korngrenzen sichtbar gemacht, die γ-Matrix wird selektiv angegriffen, Karbide und Nitride werden nicht angegriffen (Abb. 4.78). Gut zu erkennen ist die typische polyedrische Kornform mit vereinzelter Zwillingsbildung in den Körnern.

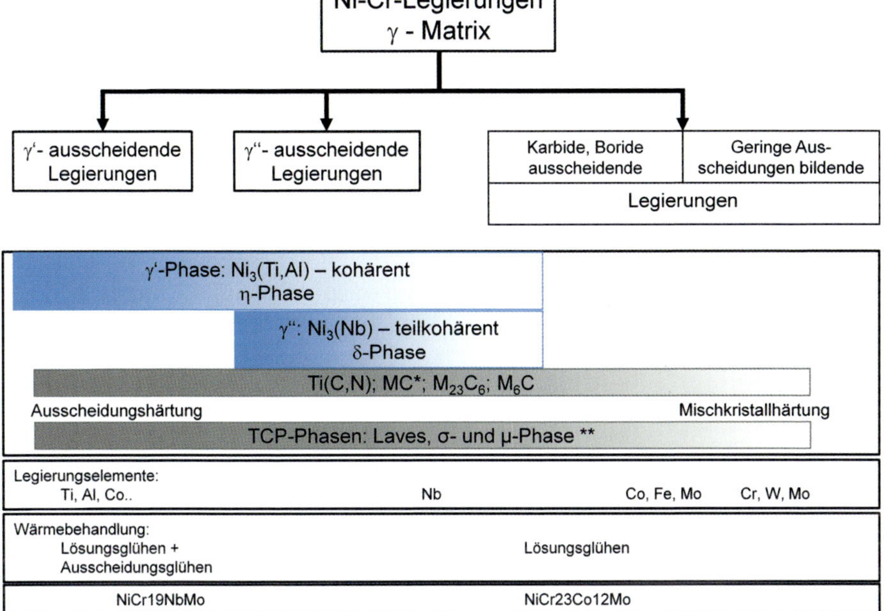

Abb. 4.77: Einteilung der Nickelbasislegierungen (Superlegierungen) mit zugehöriger Ausscheidungsstruktur.

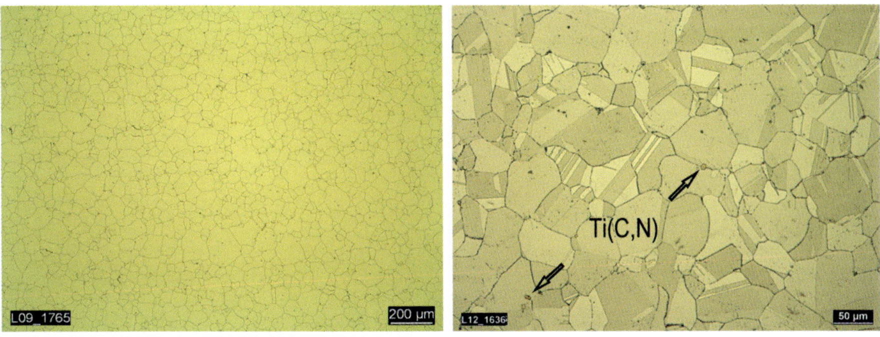

Abb. 4.78: Austenitische Matrix der Knetlegierungen; links: NiCo20Cr20MoTi (Alloy 263); rechts: Alloy 740.

Die Bildung von Ausscheidungen im festen Zustand wird von dem Zusatz von Legierungselementen sowie der Wärmebehandlung bzw. den Temperatureinsatzbedingungen beeinflusst. Es ist allerdings festzuhalten, dass aufgrund der geringen Größe diese nur eingeschränkt lichtoptisch im Schliff erkennbar sind. Für eine genaue Charakterisierung müssen elektronenmikroskopische Untersuchungen durchgeführt werden.

Titankarbonitrid-Einschlüsse Ti(C, N) sind lichtoptisch als gelbe/goldfarbene Phase im polierten bzw. geätzten Schliff sichtbar (vgl. Abb. 4.78 rechts).

Beim NiCr19Fe19Nb5Mo3 (Inconel 718) werden Korngrenzen nur durch die Belegung mit Teilchen beim Ätzen mittels V2A-Beize sichtbar. Das Korngefüge ist gut abgebildet und die Ausscheidungen der nadelförmigen **δ-Phase** und der Karbide sind erkennbar (Abb. 4.79 links). Darüber hinaus sind die unterschiedlichen Orientierungen der Körner ersichtlich. Mit der sogenannten „IN718“-Lösung“ werden Korngrenzen, Ausscheidungen und Karbide sehr gut sichtbar (siehe Abb. 4.79 rechts). Diese Lösung besteht aus einer Mischung von

75 ml Ethanol (96%), 25 ml Salzsäure HCl (37%) und 3 ml Wasserstoffperoxid H_2O_2 (30%ig).

Die Ätzzeit beträgt ca. 10–40 s und die Ätzung erfolgt bei Raumtemperatur. Zu beachten ist dabei, dass die Lösung stets frisch angesetzt werden muss und nach Gebrauch unverzüglich zu entsorgen ist.

Im Temperaturbereich zwischen 650 und 980 °C wandelt sich die **metastabile γ''-Phase** in den Gleichgewichtzustand, die δ-Phase (Ni_3Nb) um. Sie ist inkohärent und scheidet sich an den Korngrenzen in Form von länglichen, groben Platten bzw. Nadeln aus. Wegen ihrer geringen Größe im µm-Bereich ist sie lichtoptisch schwierig zu erkennen.

In Abb. 4.80 ist das Gefüge der Knetlegierung Inconel 706 gezeigt. Auch hier bringt die Ätzung mit V2A-Beize gute Effekte bei der Darstellung der Korn-

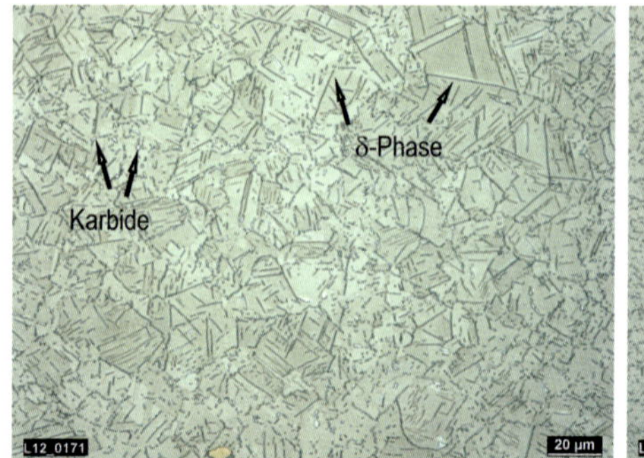

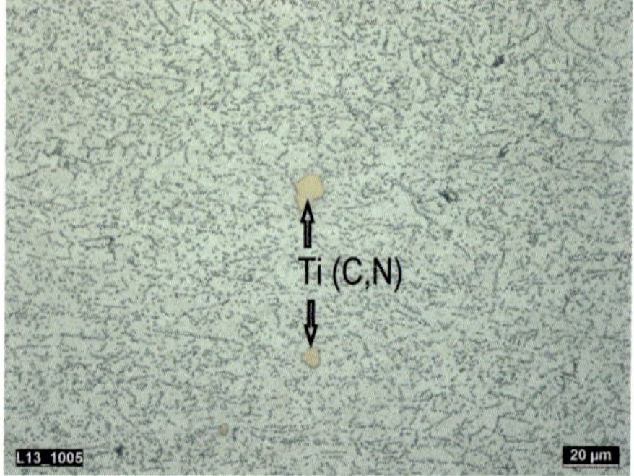

Abb. 4.79: Gefüge der Knetlegierung NiCr19Fe19Nb5Mo3 (Inconel 718); links mit V2A, rechts mit 718-Ätzung geätzt.

struktur und des Korngefüges. Bei großen Vergrößerungen (1000fach) sind die Teilchen der **intermetallischen η-Phase** zu erkennen (siehe Abb. 4.80 rechts). Bei erhöhten Ti/Al-Verhältnissen bildet sich durch Umwandlung der γ'-Phase

Abb. 4.80: Gefüge der Knetlegierung Inconel 706; links: Kornstruktur, rechts: η-Phase; Ätzmittel V2A-Beize.

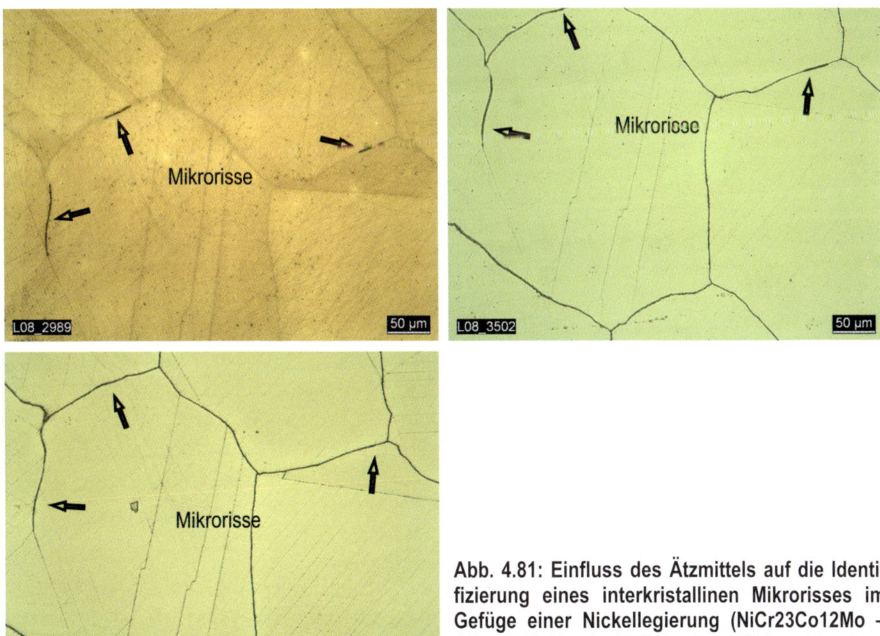

Abb. 4.81: Einfluss des Ätzmittels auf die Identifizierung eines interkristallinen Mikrorisses im Gefüge einer Nickellegierung (NiCr23Co12Mo – Alloy 617); Beraha III links oben, V2A rechts oben, Königswasser unten.

die η-Phase (Ni_3Ti). Wie die δ-Phase ist die η-Phase völlig inkohärent. Sie erscheint in gröberen Platten oder in Widmannstättenanordnung. Wegen ihrer geringen Größe im μm-Bereich ist sie lichtoptisch schwierig zu erkennen.

Grundsätzlich gilt, dass der Präparationsaufwand, die Auswahl des Ätzmediums sowie der Ätzzeit durch die chemische Zusammensetzung der Nickellegierung, den Wärmebehandlungszustand und das Untersuchungsziel (Korngröße; Ausscheidungen oder Identifizierung von Mikrorissbildungen) bestimmt wird. Die Ätzzeiten sind u.a. durch Variieren der Konzentration des Ätzmediums individuell den einzelnen Proben anzupassen. Sie können bei unterschiedlichen Chargen des gleichen Werkstoffes differieren, da Legierungselemente und Wärmebehandlung einen wesentlichen Einfluss auf die sich ausscheidenden Phasen haben. Ein Beispiel, wie sich die unterschiedlichen Ätzmittel auf die Darstellung der Korngrenzen und ggf. interkristallinen Korngrenzenrissen auswirken, ist in Abb. 4.81 gezeigt. Die Beraha III Ätzung zeigt die beste Erkennbarkeit (geringster Angriff der Korngrenzen) einer vorhandenen Schädigung. Die Erkennbarkeit der Korngrenzen ist schwach (linkes Bild). V2A (Bild rechts oben) und Königswasser (Bild unten) greifen die Korngrenzen an und können Mikrorisserscheinungen beeinflussen. Zu beachten ist, dass die Ätzzeit auf den gewünschten Effekt anzupassen ist.

Die Beraha III Stammlösung besteht aus

> 600 ml destilliertes Wasser (H_2O), 400 ml Salzsäure (HCl) (32%ig) und 50 ml Ammoniumbifluorid. Für das Ätzmittel wird 100 ml Stammlösung und 1 g Kaliumdisulfit verwendet.

Die Ätzzeit beträgt von 0,5 bis 5 min. Königswasser besteht aus

> 60 ml Salzsäure (32%ig) und 2–6 ml Salpetersäure (65%ig)

Der mit Wasser gereinigte Schliff sollte sofort nach Fertigstellung in die noch nicht erwärmte Ätzlösung getaucht und dabei bewegt werden. Dabei erhöht man die Temperatur langsam auf max. 35–40 °C, wobei der Schliff immer leicht geschwenkt wird. Die Ätzzeiten differieren je nach Werkstoff und geringen Temperaturunterschieden sehr stark – von einer Minute bis vier Minuten. Das Abspülen des Schliffes erfolgt unter Wasser. Königswasser ist frisch zu verwenden.

4.10.2.1 Mischkristallhärtende Legierungen

Wie in Abb. 4.77 dargestellt, können die Nickellegierungen nach dem Härtungsmechanismus eingeteilt werden. Bei **mischkristallverfestigten Legierungen** stellt sich durch die Abkühlung nach einer **Lösungsglühbehandlung** eine optimale Karbidverteilung ein, eine γ′-Ausscheidung erfolgt nur in geringem

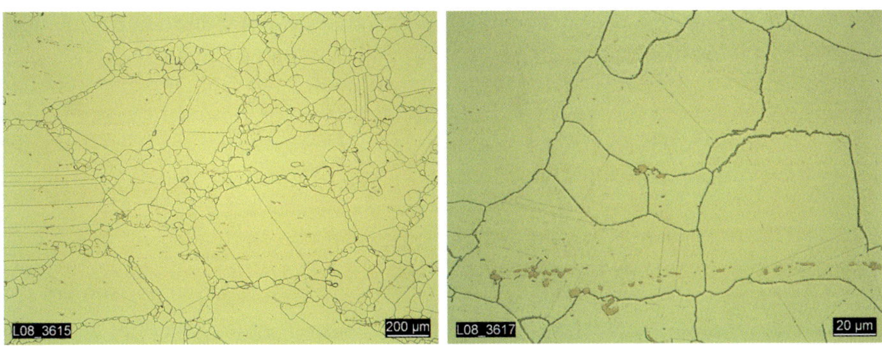

Abb. 4.82: Gefüge des Ausgangszustands nach dem Lösungsglühen; NiCr23Co12Mo (Alloy 617).

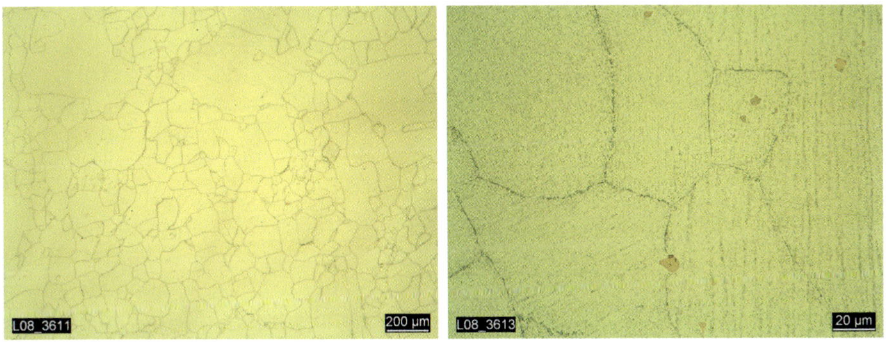

Abb. 4.83: Gefüge des lösungsgeglühten Zustandes nach Betriebsbeanspruchung bei 700 °C; NiCr-23Co12Mo (Alloy 617).

Maß, wenn der Werkstoff den nachfolgend aufgeführten Temperaturen ausgesetzt wird. Derartige Legierungen sind z.B. NiCr22Mo9Nb (Inconel 625, Alloy 625) oder NiCr23Co12Mo (Alloy 617). Diese Legierungen werden im lösungsgeglühten Zustand eingesetzt. Die Lösungsglühtemperatur ist legierungsspezifisch. Alloy 625 wird bei 1080 °C bis 1160 °C, bevorzugt bei 1120 °C, der Alloy 617 bei Temperaturen von 1150 bis 1200 °C lösungsgeglüht. Zur Erzielung optimaler Eigenschaften ist in der Regel beschleunigt mit Wasser abzukühlen. Weitere Wärmebehandlungen ergeben sich aus der Anwendung: z.B. Weichglühen bei rd. 980 °C – Alloy 625 bei Einsatz unter 600 °C – oder Stabilglühung[35] bei

35 Durch das Stabilglühen wird die Bildung von Ausscheidungen, die sich im Betrieb bei erhöhten Temperaturen (z.B. γ'-Ausscheidung, $M_{23}C_6$) einstellen kann, vorweggenommen.

980 °C für 3 Stunden, wenn lösungsgeglühte und geschweißte Halbzeuge aus Alloy 617 im Temperaturbereich von 550–780 °C eingesetzt werden. Das Gefüge im Ausgangszustand nach dem Lösungsglühen zeigt Abb. 4.82. Erkennbar ist eine austenitische Gefügestruktur mit einer bimodalen Verteilung der Korngröße. Bei der Angabe der Korngröße ist dies zu berücksichtigen. Bei den gelb erscheinenden, zeilenförmig angeordneten Ausscheidungen handelt es sich um Titankarbide.

Nach Betriebsbeanspruchung bei rd. 700 °C werden an den Korngrenzen und im Korn weitere Ausscheidungen sichtbar (Abb. 4.83). Oftmals ist damit ein deutlicher Anstieg der Härte verbunden: im vorliegenden Fall von 209 auf 250 HV10. Dem kann durch ein vorheriges Stabilglühen entgegengewirkt werden.

4.10.2.2 γ' aushärtende Legierungen

Die Elemente Al, Ti und Nb bilden bei bestimmten Temperaturen die festigkeitssteigernden Phasen γ' (Ti, Al) und γ'' (Nb). Durch eine legierungsspezifische Wärmebehandlung bilden sich die festigkeitssteigernden Phasen γ': $Ni_3(Ti, Al)$ und γ'': $Ni_3(Nb)$ aus. Da dieser Effekt sich am stärksten bei höheren Temperaturen auswirkt, werden diese Legierungen bevorzugt im Hochtemperaturbereich eingesetzt.

γ' scheidet sich in kohärenter Form im Nickelmischkristallgitter aus. Der Volumenanteil von γ' kann bis zu mehr als 60% betragen. Mit steigender Fehlanpassung an das Gitter (**Gittermisfit**) durch die Substitution von Ni durch Cr und Co sowie von Al durch Ti, Nb, Ta, Fe und W, wird die γ'-Phase zunehmend inkohärent, was eine Änderung der Ausscheidungsmorphologie von kugeligen hin zu würfeligen oder plattenförmigen Ausscheidungen zur Folge hat. Bei hohen Anteilen von Nb, wie dies bei der Superlegierung 718 der Fall ist, übernimmt die metastabile γ''-Phase (Ni_3Nb) die Ausscheidungshärtung.

Beim NiCr19Fe19Nb5Mo3 (Alloy 718) erfolgt die Wärmebehandlung für die Einstellung eines **ausscheidungsgehärteten Zustandes** über den voreingestellten lösungsgeglühten Zustand (940 bis 1065 °C mit Abkühlung in Wasser/Öl oder Luft) durch Glühung im Temperaturbereich von 620–790 °C. Im Normalfall erfolgt eine zweistufige Wärmebehandlung: Einsatz in einen vorgeheizten Ofen bei 720 °C für 8 Stunden, gefolgt von einer Ofenabkühlung auf 620 °C und einem erneuten Halten für 8 Stunden. Die Abkühlung erfolgt üblicherweise an Luft.

Bei Nickellegierungen ist es gebräuchlich ein ZTU-Diagramm zu verwenden. Dieses beschreibt den Zusammenhang zwischen Zeit und Temperatur mit der entsprechenden Bildung von Ausscheidungen im festen Zustand (Abb. 4.84). Das Auftreten der oben beschriebenen Phasen γ, γ' und γ'' kann aus dieser Abbildung für die Legierung Alloy 718 abgeleitet werden. Im Unterschied zu den bekannten ZTU-Schaubildern von Stahl (vgl. Abschnitt 3.6.1) liegen

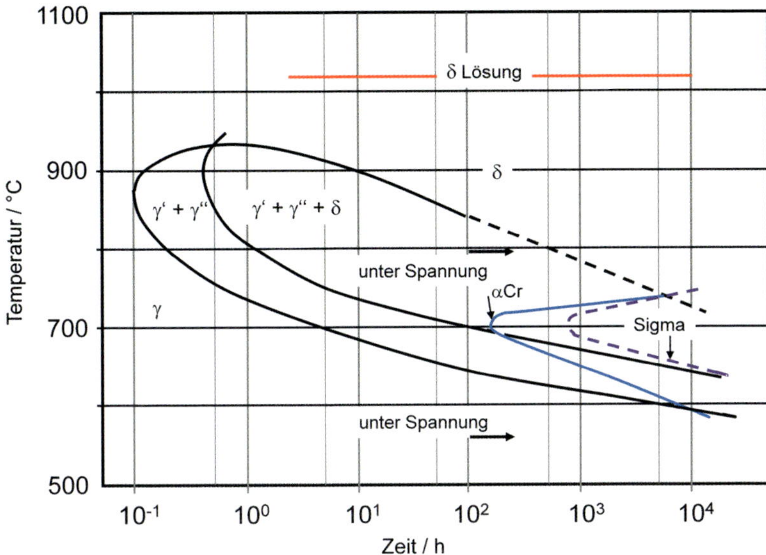

Abb. 4.84: ZTU Schaubild zur Beschreibung der Ausscheidungsreaktionen von Alloy 718 nach [1].

keine Modifikationen des Kristallgitters vor: beim Stahl wandelt sich das Fe-Gitter von kubisch flächenzentriert zu kubisch raumzentriert mit übersättigter Lösung von Fremdatomen, z.B. Kohlenstoff um. Bei der „Umwandlung" von γ zu γ′ handelt es sich um Ausscheidungsvorgänge mit der Bildung neuer Kristallgitter, z.B. γ′ → Aluminiumgitter kubisch flächenzentriert mit gelösten Ni-Atomen (Ni_3Al).

Abb. 4.84 zeigt, ab welcher Temperatur/Zeit Kombination sich aus der γ-Matrix γ′-Phase bzw. die γ″- und bei höheren Temperaturen und längeren Zeiten auch δ-Phase bildet (Abb. 4.85). Bei längeren Glühphasen wandelt sich sowohl die γ′-Phase als auch die γ′-Phase in die δ-Phase um. Diese löst sich bei Temperaturen über 1000 °C auf, sodass wieder der lösungsgeglühte Zustand erreicht wird. Es ist zu beachten, dass die Ausscheidungsreaktionen durch eine mechanische Spannung beeinflusst werden, was beim betrieblichen Einsatz u. U. zu berücksichtigen ist. Es kommt dabei auch zur Ausscheidung von kubisch raumzentriertem Alpha-Chrom (blaue Linie).

Wegen der geringen Größe sind die γ′/γ″-Phasen lichtoptisch nicht identifizierbar. Bei Gusslegierungen, siehe auch nachfolgenden Abschnitt, ist wegen der gröberen Ausscheidung eine lichtoptische Erkennbarkeit gegeben. Phos-

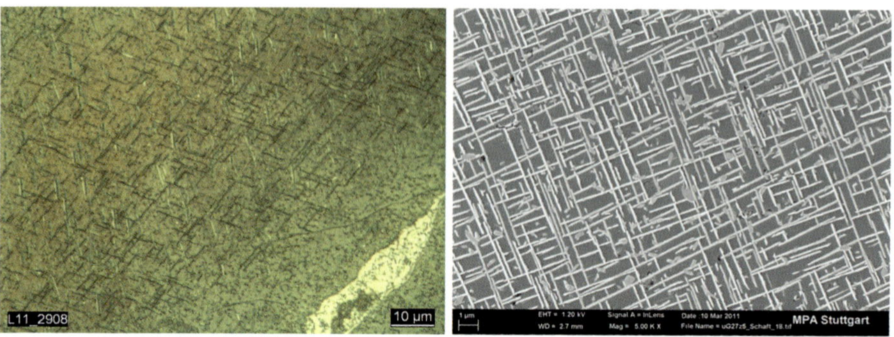

Abb. 4.85: δ-Phase in Alloy 625 (ca. 30% Flächenanteil); links: lichtoptische Aufnahmen, rechts: REM Aufnahme; geätzt mit Phosphorsäure.

phorsäure bewirkt einen selektiven Angriff der γ-Matrix; die Karbide werden dabei nicht angegriffen. Die Ätzlösung besteht aus

900 ml dest. H_2O und 100 ml H_3PO_4 (85%)

Diese Ätzung erfolgt elektrolytisch mit einer Kathode aus dem Stahl V2A (1.4301) bei einer elektrischen Spannung von 5 V. Die Ätzzeit beträgt 5 bis10 s. Diese Ätzung eignet sich sehr gut zur Darstellung der γ′-Phase (Abb. 4.86). Eine qualitative und quantitative Bestimmung erfolgt am besten im Raster- bzw. Transmissionselektronenmikroskop. Zur Darstellung der γ′/γ″-Phasen im Ras-

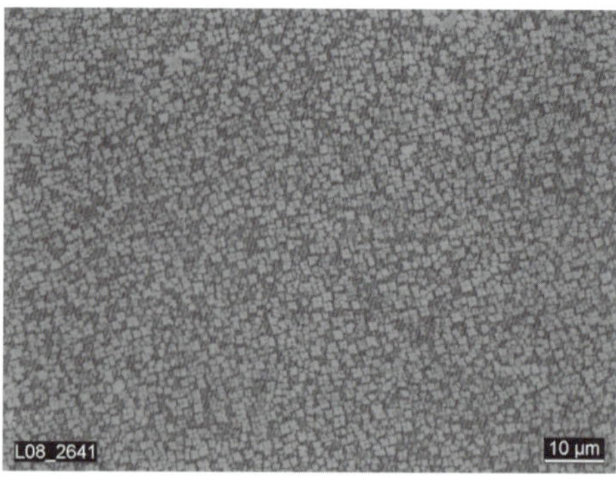

Abb. 4.86: Lichtoptische Aufnahme der γ'-Phasen in der Gusslegierung IN792; Ätzmittel 10% Phosphorsäure.

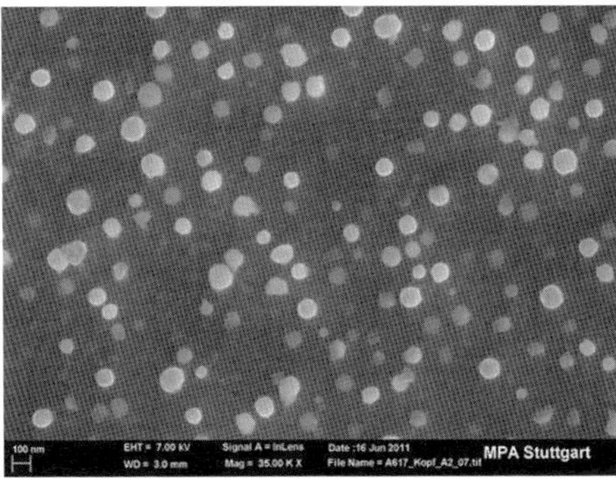

Abb. 4.87: REM Aufnahme der γ'-Phase in Alloy 263; Elektrolyt 10% Oxalsäure.

terelektronenmikroskop können die Schliffe mit unterschiedlichen Verfahren geätzt werden.

Hierzu werden die Proben wiederum elektrolytisch geätzt. Als Elektrolyt kann entweder 10% Oxalsäure oder eine Lösung aus Kaliumchlorid, Zitronensäure, Salzsäure und Wasser verwendet werden. Damit lässt sich eine 3D-Beobachtung der Phasen durchführen und unter Einsatz entsprechender Software eine Bestimmung der Verteilung der Größe vornehmen.

Der Vergleich der REM-Aufnahmen (Abb. 4.87 und Abb. 4.88) mit den unterschiedlichen Elektrolyten zeigt, dass die Lösung von Kaliumchlorid, Zitronensäure, Salzsäure und Wasser für den vorliegenden Werkstoff für die Beurteilung der Form der Ausscheidungen am besten geeignet ist.

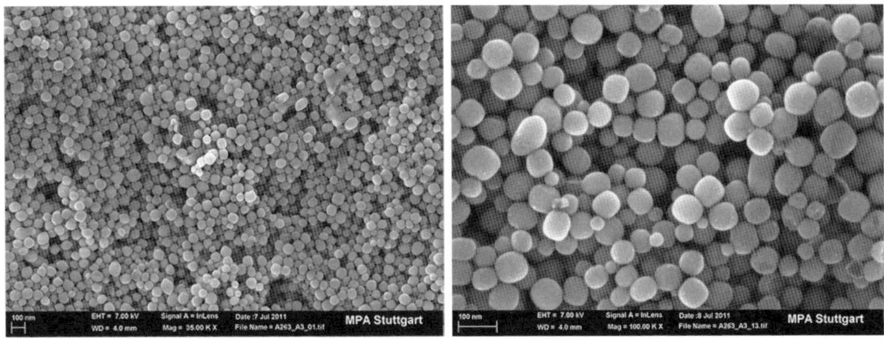

Abb. 4.88: REM Aufnahme der γ'-Phase in Alloy 263; rechts: Ausschnitt aus linkem Bild; Elektrolyt Lösung aus Kaliumchlorid, Zitronensäure, Salzsäure und Wasser.

4.10.3 Gusslegierungen

Die **Nickel-Gusslegierungen** können in 5 Legierungsgruppen aufgeteilt werden:

- Reines Nickel
- Nickel-Kupfer
- Nickel-Chrom-Molybdän
- Nickel-Chrom-Eisen
- Nickel-Molybdän.

Die größte Bedeutung hat die Kombination Nickel-Chrom-Molybdän aufgrund der besonderen **Beständigkeit gegen Korrosion**. Wenn die Korrosionseigen-

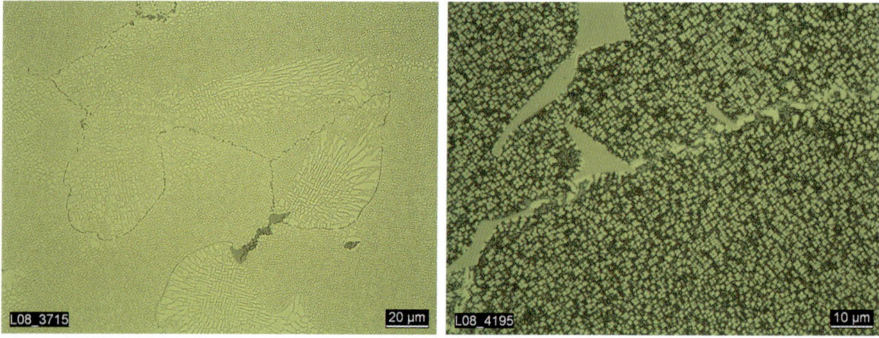

Abb. 4.89: Gefüge der Gusslegierungen MAR247 LC DS (links) bzw. IN738LC (rechts); Ätzmittel V2A-Beize.

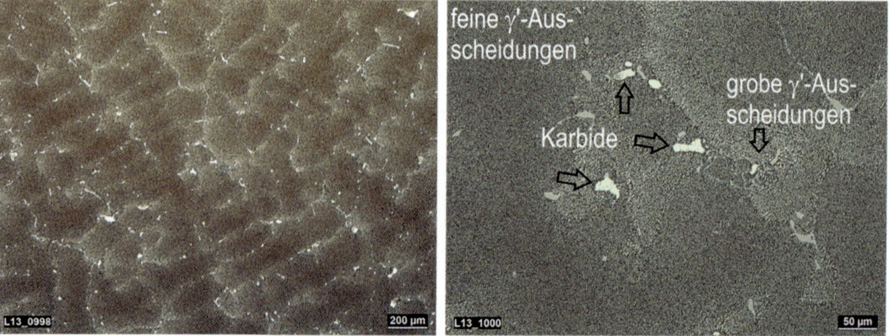

Abb. 4.90: Gefüge der Gusslegierung IN738LC, Ätzmittel Oxalsäure; rechts Ausschnitt aus dem linken Teilbild.

schaften für die Lebensdauer des Bauteils von besonderer Bedeutung sind, sollte der Werkstoff möglichst wenig Seigerungen aufweisen und während des Betriebs keine Ausscheidungen bilden, da neben den Korrosionseigenschaften auch in gewissem Maße die mechanischen Eigenschaften negativ beeinträchtigt werden. Die meisten Gusslegierungen enthalten im Gusszustand unterschiedliche Ausscheidungen (vgl. auch Abb. 4.86 bzw. Abb. 4.89 und Abb. 4.90), die sich negativ auf das Korrosionsverhalten auswirken. Sie werden in der Regel durch Lösungsglühen bei hohen Temperaturen aufgelöst und durch schnelles Abschrecken in Wasser am erneuten Ausscheiden gehindert.

Bauteile mit komplizierter Geometrie, wie z.B. Leitkränze für Turbinen, werden gegossen und weisen ein polykristallines Gefüge auf. In besonderen Fällen, z.B. bei Turbinenschaufeln, werden die Eigenschaften durch eine besondere Gieß- und Erstarrungstechnik beeinflusst: bei einer gerichteten Erstarrung orientieren sich die Kristalle in die Hauptbeanspruchungsrichtung (in Schaufelrichtung) oder die Schaufel wird einkristallin, d.h. ohne Korngrenzen, hergestellt.

Genormte Nickellegierungen

Die chemische Zusammensetzung von Knetlegierungen werden für die Produktform Stangen, Bleche, Band und Draht in der DIN 17744:2020 aufgelistet. Die Eigenschaften sind je nach Produktform, z.B. für Stangen in der DIN 17752:2019, Bleche in der DIN 17750:2021 aufgeführt. In den DIN Normen werden die Handelsnamen nicht geführt. Neueste Entwicklungen dieser Werkstoffe sind aktueller z.B. der ASTM B443 (Standard Specification for Nickel-Chromium-Molybdenum-Columbium Alloy (UNS N06625)) zu entnehmen.

Im Bereich der Gusslegierungen ist die amerikanische Norm ASTM 494 gebräuchlicher als die ISO Norm 12725:2019 bzw. DIN 17730:1971. So wird z.B. Inconel 625 (Handelsname der Fa. INCO Alloys oder Hastelloy G30C der Fa. Haynes) in der ASTM A494 unter der Bezeichnung CW6MC und als NiCr22Mo9Nb (DIN/EN) geführt.

4.11 Praktische Tipps für die Präparation und Gefügeinterpretation von Nickellegierungen

Die Tabelle 4.11 beschreibt die Standardschliffpräparation für Nickellegierungen.

Tabelle 4.11: Standardschliffpräparation für Nickellegierungen.

Schritt	Vorgang	Beschreibung
1	Trennen	Siliziumkarbid Trennscheibe; Wasserkühlung
2	Einbetten	Warmeinbetten mit Phenolharz oder auch Kalteinbetten mit Epoxidharz
3	Schleifen	Planschleifen mit SiC Körnung 240 bis plan. Das weitere Schleifen* erfolgt mit SiC Körnung 500, 800, 1200 (jeweils rd. 2×1,5 min), 2500, 4000 (jeweils rd. 2×0,5 min) (Wasser, 150 U/min, 15 N).
4	Polieren	Diamantpolieren mit 6 µm, 3 µm, 1 µm** (5/5/3 min, Wasser, 150 U/min, 20 N): beim Entstehen von Schmierschichten ab 3 µm empfiehlt sich ggf. zwischenzuätzen. Endpolieren mit < 0,5 µm (OPS+HCl 150 U/min, 20 N, 2,5 min +Spülen); Alternativ kann das Vibrationspolieren (Diamantpolieren mit Körnung 6 µm, anschließend Vibrationspolieren mit SiO_2 0,05 µm über mehrere Stunden), siehe Abschnitt 1.3.4.3, eingesetzt werden
5	Ätzen	Ätzen sofort nach dem Polieren! Gefahr der Bildung von Passivierungsschichten. Ätzmittel an den Werkstoff (siehe Text) anpassen.

* + Wachs
** zusätzliche Körnungen ggf. an Legierung anpassen

Das austenitische Grundgefüge der Nickellegierungen weist wie Stahl die Neigung zur Bildung von Verformungen und Kratzern auf und muss daher gut auspoliert werden. Diamantscheiben können sich zuschmieren. Passivierungsschichten müssen vor dem Ätzen mit der Wiederholung der letzten Polierstufe entfernt werden.

Weitere Möglichkeiten zur Präparation von Nickellegierungen sind in [9] zu finden.

4.12 Fehler und Probleme bei der Gefügeinterpretation

Tabelle 4.12: Probleme bei der Gefügeinterpretation von Nickellegierungen, deren Auswirkungen sowie die Ursachen und Behebung.

Problem	Auswirkung	Ursache und Behebung
Bildung einer Schmierschicht	Beeinträchtigung der quantitativen und qualitativen Gefügebewertung	Zwischenätzung durchführen; Wiederholung der Polierstufe mit 3 µm; Vibrationspolieren
Bildung einer Passivschicht		Zu lange Zeit zwischen Endpolieren und Ätzvorgang: sofort nach Polieren ätzen; Beseitigung der Passivschicht: Poliervorgang mit SiO_2-Suspension wiederholen und sofort ätzen
Kratzer bzw. Verformungsspuren im Schliff		Besser aus- bzw. endpolieren; Vibrationspolieren oder elektrolytisch Polieren
Schliff ätzt sich nicht an, keine Gefügeentwicklung bzw. ungleichmäßiger Ätzangriff, Korngrenzenangriff		Oberfläche passiviert: frisch polieren, neu Ätzen mit angepasstem Ätzmittel

4.13 Praktische Übungen zu Kapitel 4

Um das in diesem Kapitel zusammengefasste Grundwissen zu festigen und die Anwendung bei den unterschiedlichen Legierungen zu erproben, werden folgende Übungen empfohlen:

- Präparation von Cu-Legierungen im unterschiedlichen Zustand: Gusszustand, homogenisiert (geglüht) und kaltverformt. Beschreibung der Gefügezustände bzw. -phasen.
  Verständnishinweis: Übliche Wärmebehandlungsverfahren bei Kupfer und Kupferlegierungen sind: das Homogenisieren, das Weichglühen (Rekristallisierungsglühen), das Spannungsarm-Glühen und das Aushärten, bestehend aus Lösungsglühen, Abschrecken mit anschließendem Anlassen. Die Temperaturen und Zeiten hängen stark von der chemischen Zusammensetzung ab, z.B. wird Cu-Zn (Messing) bei 250–300 °C spannungsarmgeglüht und bei 450–600 °C weichgeglüht. Bronze bzw. Gusswerkstoffe werden bei 250–450 °C spannungsarmgeglüht und bei ca. 650 °C homogenisiert. Das dendritische Erstarrungsgefüge des Gusszustandes kann durch eine Homogenisierung aufgehoben werden, sodass polyedrische Körner mit Zwillingen im Gefüge erscheinen. Die verformten Körner nach Kaltverformung lassen sich durch Weichglühen wieder in den polyedrischen Zustand (Rekristallisation) bringen.

- Präparation von Aluminiumlegierungen und Identifikation der Gefügephasen mit Hilfe des Phasendiagramms.
  Verständnishinweis: Das in Abb. 4.91 gezeigte Phasendiagramm zeigt die Vorgänge beim langsamen Abkühlen aus der Schmelze (Gleichgewichtszustand). Bei Punkt 3 erstarrt die Restschmelze zu Eutektikum. Bei dieser Temperatur liegt ein Gemisch aus primären α-Mischkristallen und dem Eutektikum (feines Kristallgemisch aus α-Mischkristallen und β-Mischkristallen) vor. Mit abnehmender Temperatur sinkt die Löslichkeit von Si in Al bzw. Al in Si. Es bilden sich Sekundärmischkristalle. Lichtoptisch können nur die sekundären β-Mischkristallen, die sich aus den α-Mischkristallen an den Korngrenzen bzw. auch im Korn ausscheiden, erkannt werden, Abb. 4.92.
- Präparation einer Titanlegierung: Kontrolle der Schliffqualität im polierten Zustand, ob Rückstände von OPS vorhanden sind. Anwendung verschiedener Ätzmittel (Kroll bzw. Weck) und Beschreibung des Gefüges bzw. der Unterschiede beim Ätzen.
- Präparation einer Nickellegierung mit unterschiedlichen Ätzmittel: Beraha III; V2A und Königswasser. Beschreibung der Unterschiede in der Darstellung des Gefüges.
  Verständnishinweis: siehe Abb. 4.81.
- Lichtoptische Ermittlung der η-Phase in Alloy 263
  Verständnishinweis: Die η-Phase scheidet sich in γ′-aushärtenden Nickellegierungen bei Temperaturen im Bereich > 700 °C nach längeren Zeiten

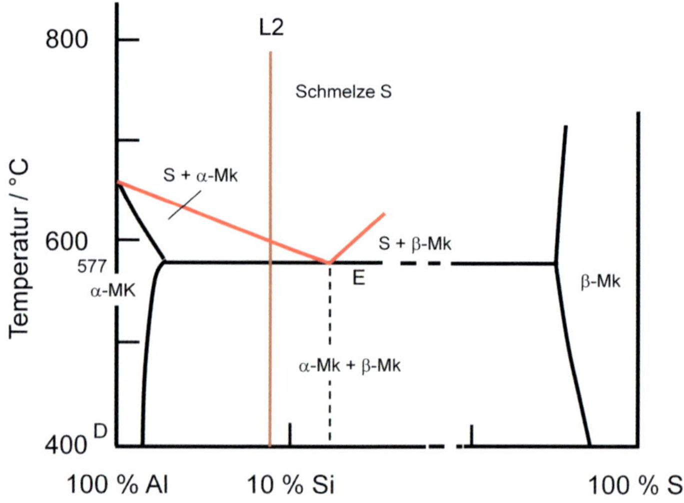

Abb. 4.91: Ausschnitt aus dem Al-Si Phasendiagramm.

aus den γ'-Teilchen aus. Sie sind lichtoptisch identifizierbar. Abb. 4.93 zeigt exemplarisch die Kornstruktur. Zu sehen ist eine typische Struktur für ein kubisch-flächenzentriertes Material mit verzwillingten Körnern.
Die lichtoptische Gefügestruktur der Proben mit η-Phase ist in Abb. 4.94 oben dargestellt. Ausgehend von der lichtmikroskopischen Aufnahme kann zum einen die Länge der η-Phase mittels digitaler Bildverarbeitung bestimmt werden (unten links) sowie zum anderen der Bereich mit η-Phase, aber ohne γ' (unten rechts). Um die Anzahl der η-Phase zu berücksichtigen, sollte auch die Gesamtlänge der Ausscheidungsteilchen pro Bildfläche ausgewertet werden. Für statistische Absicherung sollte die Auswertung an mindestens 10 Aufnahmen pro Probenzustand erfolgen.

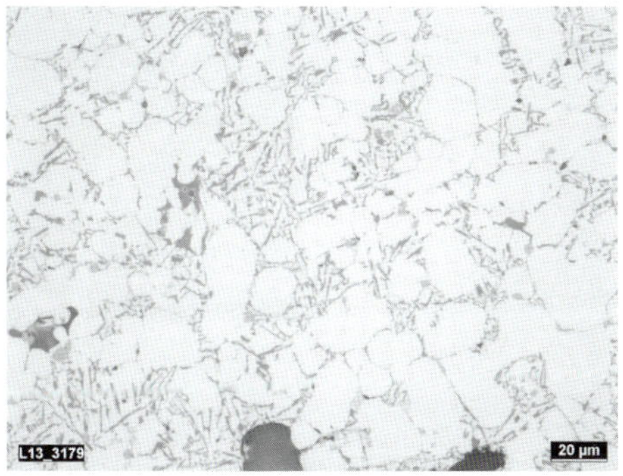

Abb. 4.92: Gefüge einer Al-Si Legierung (AlSi8Cu2Mg0,5Zn0,8) mit primären α-Mischkristallen und dem Eutektikum, poliert.

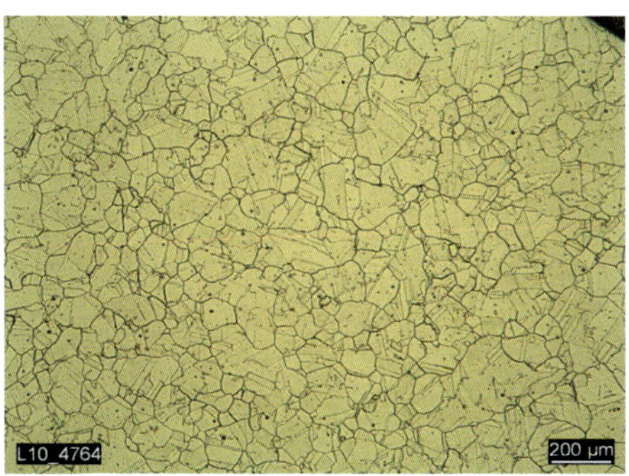

Abb. 4.93: Übersichtsaufnahme Gefüge A263, geätzt mit V2A.

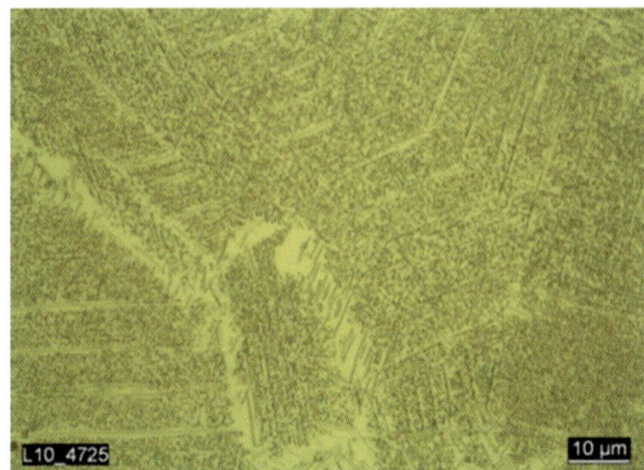

Abb. 4.94: Quantifizierung der η-Phase mit Hilfe digitaler Bildverarbeitung (Software ImageJ).

5 Gefüge von Schweißverbindungen

5.1 Schweißverbindungen aus Stahl

5.1.1 Metallographische Präparation

Durch das Einbringen von Wärme beim Schweißen verändert sich das dem Schweißgut zugeordnete Gefüge des Grundwerkstoffs und auch das der bereits erstarrten Schweißlagen (bei Mehrlagenschweißungen). Dies ist aber nur bei umwandlungsfähigen Stählen (Grundwerkstoff und Schweißgut) der Fall. Die Zone nahe der Schmelzlinie, in der durch die Schweißwärme erkennbare Gefügeänderungen auftreten, wird **Wärmeeinflusszone** (WEZ) genannt.

Mit zunehmendem Abstand von der Schmelzlinie nimmt die Temperatur ab. Je nach Höhe der Temperatur können lokal unterschiedliche Gefüge beobachtet werden. Der Zusammenhang zwischen der lokalen Temperatur und dem sich ausbildenden Gefüge lässt sich für einen niedrig legierten Kohlenstoffstahl am Eisen-Kohlenstoffdiagramm ablesen (Abb. 5.1), sofern die Auswirkung der Abkühlungsgeschwindigkeit vernachlässigt werden kann.

Folgende Zonen im Grundwerkstoff sind erkennbar:

1. Die **Schmelzzone** (Bereich 0), in der beim Schweißen die höchste Temperatur und ein flüssiger Zustand herrscht, weist nach der Abkühlung ein typisches Erstarrungsgefüge mit Stängelkristallen (Dendriten) auf, die in Wärmeabfuhrrichtung orientiert sind. Diese Zone ist nur bei langsamer Abkühlung in dieser Form erkennbar. Im Normalfall und bei höheren Legierungen stellt sich hier ein grobkörniges Härtungsgefüge mit martensitischer Struktur ein.

An den aufgeschmolzenen Bereich schließt unmittelbar die eigentliche Wärmeeinflusszone an, d.h. ein Bereich des Grundwerkstoffes, in dem die Schweißwärme Gefügeveränderungen im festen Zustand hervorgerufen hat.

2. Der erste Bereich der WEZ, der Bereich 1, stellt ein nadeliges ferritisch-perlitisches Gefüge (ein Widmannstätten'sches Gefüge) dar, das aus dem sehr stark überhitzten Austenit entstanden ist. Auch hier gilt das bereits das unter Punkt 0 gesagte: bei rascher Abkühlung stellt sich eine grobkörnige martensitische Struktur ein.

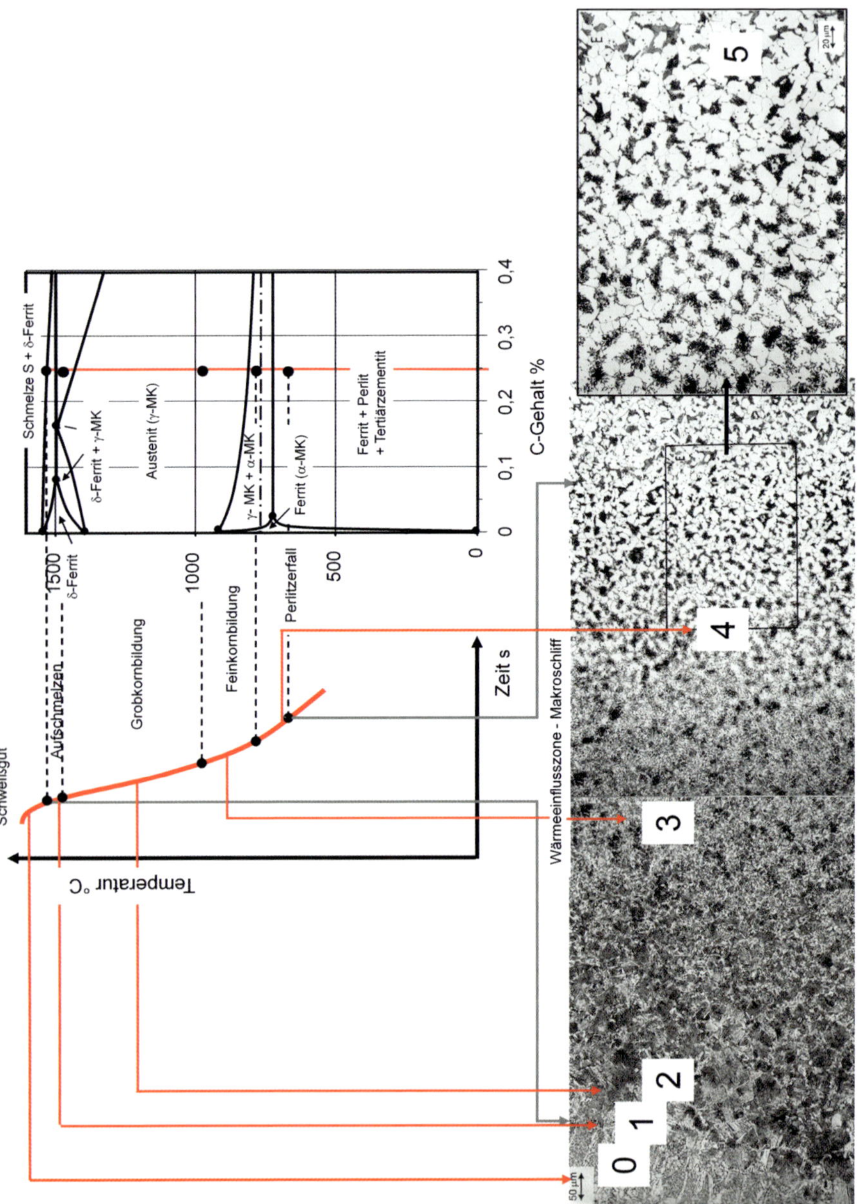

Abb. 5.1: Gefüge der Wärmeeinflusszone in der Schweißverbindung eines niedriglegierten Kohlenstoffstahls.

3. An den nadeligen Bereich 1 grenzt der grobkörnige Bereich 2 an. Dieses grobkörnige ferritisch-perlitische Gefüge zeugt ebenfalls von einer starken Überhitzung des Austenits, jedoch war hier die Überhitzung nicht mehr so stark wie im Bereich 1. Wiederum nur erkennbar bei langsamer Abkühlung und kohlenstoffarmen nichtlegierten Stählen. Bei rascher Abkühlung stellt sich der Bereich 0 bis 3 als eine grobkörnige martensitische Struktur dar – **Grobkornzone** genannt. Allerdings nimmt der Wärmeabfluss mit zunehmendem Abstand von der Schmelzlinie ab, sodass das Umklappen in martensitische Strukturen mit zunehmendem Abstand nicht mehr erfolgt, weil die kritische Abkühlgeschwindigkeit nicht erreicht wird.

Dem Grobkornbereich 2 der WEZ folgt der Bereich 3, in dem der Grundwerkstoff durch die Schweißwärme nur knapp über die GS-Diagrammlinie (Abb. 3.1), d.h. über die A_3-Temperatur[36] erhitzt wurde.

Unter diesen Bedingungen hat sich aus dem ferritisch-perlitischen Ausgangsgefüge des Grundwerkstoffes ein feinkörniger Austenit gebildet – **Feinkornzone**. Diese wandelt sich während der nachfolgenden Abkühlung je nach Legierungszusammensetzung erneut in ein feinkörniges ferritisch-perlitisches bzw. bainitisches Gefüge um. Dies bedeutet, dass in diesem Bereich ein Normalisieren des Grundwerkstoffes stattgefunden hat.

4. Der Bereich 4 ist der letzte Bereich der Wärmeeinflusszone, in dem noch mikroskopisch Gefügeveränderungen als Folge der einwirkenden Schweißwärme erkennbar sind. Die in diesem Bereich herrschenden Temperaturen von ca. 730–780 °C bewirkten, ähnlich wie beim Weichglühen, eine Einformung der Zementitlamellen des Perlits des Grundwerkstoffes bzw. eine Auflösung und Vergröberung des Fe_3C bzw. anderer Ausscheidungen. Im englischen Sprachgebrauch wird diese Übergangszone auch als **intercritical zone** bezeichnet.
5. Der Bereich 4 mündet unmittelbar in das unveränderte Gefüge des Grundwerkstoffes (Bereich 5) ein. Gefügeveränderungen sind nur dann sichtbar, wenn vorher eine ausgeprägte Kaltverformung vorgelegen hat, sodass sich durch Rekristallisationsvorgänge ein Kornwachstum (bei ferritisch-perlitischen Strukturen) zu beobachten ist. In diesem Fall spricht man von der **Perlitumwandlungszone**.

Das dendritische Gefüge der Schmelzzone wie auch das nadelige und das grobkörnige Gefüge der Bereiche 1 und 2 der WEZ lassen auf eine geringe Zähigkeit der Schweißverbindung schließen. Die negativen Folgen dieser starken Materialüberhitzung können im Zuge einer nachfolgenden Wärmebehandlung, eines Normalglühens, besser noch durch eine Neuvergütung, behoben werden.

36 Die A_3-Temperatur ist die Temperatur, bei der bei gegebener Erwärmungsgeschwindigkeit die Umwandlung des Ferrits in Austenit beendet ist (Walczok 1974).

Bei großen und sperrigen Schweißstücken ist die Realisierung einer derartigen Glühbehandlung aus technischen Gründen jedoch kaum möglich, da Temperaturen über 723 °C das, nicht durch die Schweißung beeinflusste Grundgefüge verändern können sowie Verzug und Oxidation auslösen.

Die beschriebenen Gefügeveränderungen wirken sich auf den Härteverlauf aus: in den grobkörnigen martensitischen Zonen können signifikante Aufhärtungen auftreten. Diese müssen im Zuge einer Wärmebehandlung nach dem Schweißen reduziert werden. Die Glühtemperatur nach dem Schweißen liegt dabei deutlich unter der Austenitisierungstemperatur. Im Bereich der Feinkornzone – Übergang zum unbeeinflussten Grundwerkstoff können hingegen deutliche Härteabfälle gegenüber den Grundwerkstoffwerten auftreten. Sie sind oftmals mit einem Abfall der Kriechfestigkeit verbunden.

Bei mehrlagigen Schweißungen treten Wärmeeinflusszonen in den vorher geschweißten Lagen auf, hervorgerufen durch die Wärmeeinbringung der darüber geschweißten Lage. Je nach Schweißprozess und Schweißnahtgestaltung kann dabei ein Teil der Lage oder auch die gesamte Lage umgekörnt werden, d.h. das dendritische Schweißgefüge wird zu einem martensitischen/bainitischen/ferritisch-perlitischen Gefüge umgewandelt – abhängig von der Zusammensetzung des Schweißgutes und den Wärmeableitbedingungen (Abb. 5.2). In der Wärmeeinflusszone des Grundwerkstoffs wirken sich die mehrfachen Wärmeeinbringzyklen des Mehrlagenschweißens aus. Typisch ist z.B. die in einem Zwickelbereich vorliegende Gefügestruktur (Abb. 5.3), die eine Folge der aufgetretenen verschiedenen Temperaturzyklen durch das Schweißen sind. Auch hier ist das metallographische Erscheinungsbild abhängig von der Legierungszusammensetzung, dem Schweißprozess und der Schweißnahtgeometrie.

Austenitische Stähle zeigen (Abb. 5.4), mit Ausnahme von möglichen Korngrößenänderungen, keine lichtmikroskopisch erkennbaren Änderungen in der Gefügestruktur. Gleichwohl können sich folgende Effekt einstellen:

- **Kornwachstum** und Erholungsvorgänge bei vorliegender Kaltverformung, z.B. beim Anbringen der Schweißflanke durch unzulässig hohe Schnittgeschwindigkeiten oder bei zum Zwecke der Festigkeitserhöhung kaltverformten Werkstoffe.
- Ausscheidung von zwangsgelösten Elementen im Gitter, z.B. ausscheidungsgehärtete Werkstoffe mit dadurch bedingtem Abfall der Festigkeit.
- Teilweise Auflösung von Ausscheidungen und Diffusion von Elementen an Korngrenzen mit Bildung und Vergröberungen von Ausscheidungen, die zur Verarmung von z.B. Cr an den Korngrenzensäumen und damit zur Herabsetzung des Korrosionswiderstandes führen.
- Kornverfestigung durch feindisperse Ausscheidungen bzw. Zwangslösung von Fremdatomen im Gitter bei bestimmten Temperaturbereichen, z.B. wenn

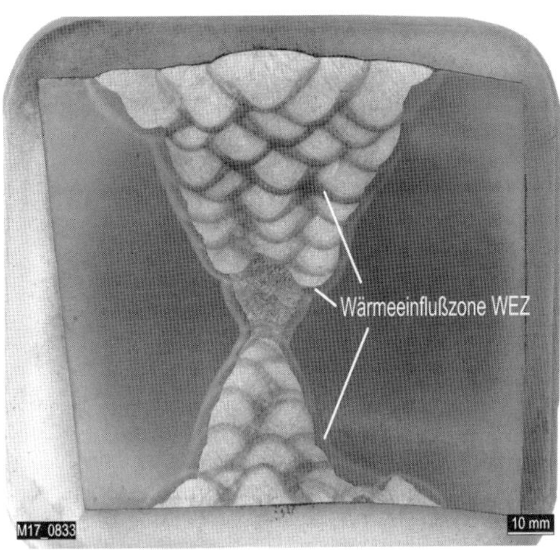

Abb. 5.2: Gefüge einer Mehrlagenschweißung – Übersichtsaufnahme.

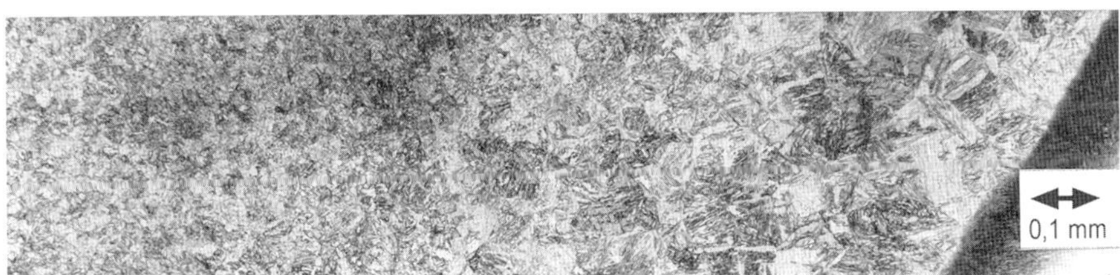

Abb. 5.3: Gefügeausbildung im Zwickel zwischen 2 Lagen; rechter Rand: aufgekohltes Schweißgut; Grobkornzone/Feinkornzone des CrMoV-Grundwerkstoffs; linker Rand: unbeeinflusster Grundwerkstoff.

der betroffene Werkstoffbereich einer austenitischen Schweißverbindung durch die zweite Lage im Bereich von rd. 850–900 °C angelassen wird, stellt sich – sofern gleichzeitig Spannungen vorliegen – eine Neigung zur Bildung von interkristallinen Rissen („Relaxationsrisse“) ein.

Wenn beide Grundwerkstoffe (Schweißpartner) aus der gleichen Legierung bestehen und das Schweißgut eine dem Grundwerkstoff entsprechende Zusammensetzung aufweist, spricht man von einer **gleichartigen Schweißverbindung** oder auch **Mischverbindung**. Diese kann angepasst an den Legierungstyp des Grundwerkstoffs präpariert und geätzt werden. Die WEZ wird sich wegen der

Abb. 5.4: Schweißverbindung an einem austenitischen Rohr aus X10CrNiNb18-9: Übersicht (links), mit Ausschnitt der entmischten Zone an der Schmelzlinie grundwerkstoffseitig mit Relaxationsrissbildung (rechts); geätzt mit V2A.

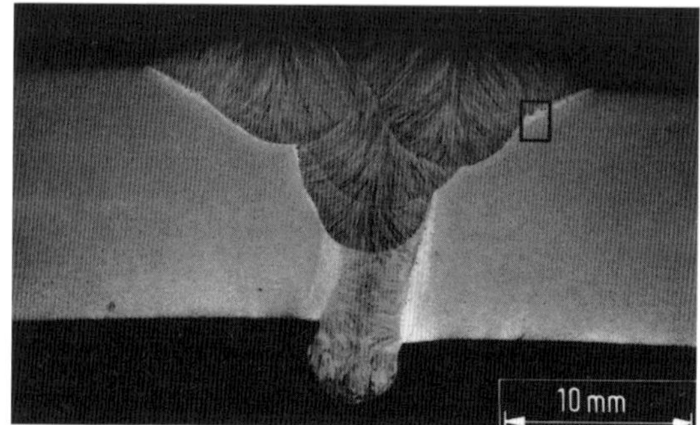

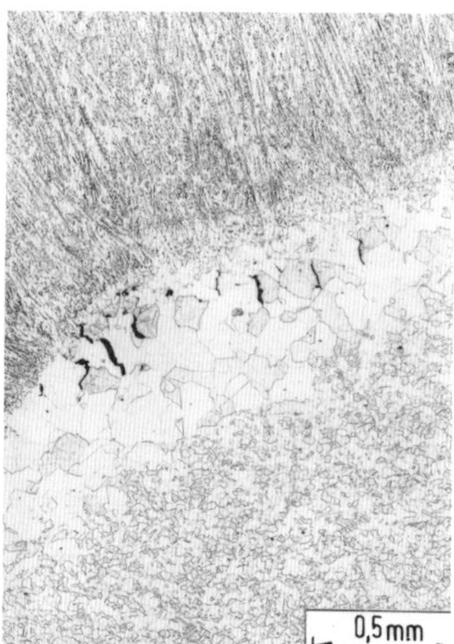

Tabelle 5.1: Bezeichnung von Schweißverbindungen nach den Werkstoffpartnern.

Schweißverbindung Bezeichnung	Grundwerkstoff 1	Grundwerkstoff 2	Schweißgut
Gleichartig	Legierung 1 (austenitische oder ferritische Legierung)	Legierung 1 (austenitische oder ferritische Legierung)	Zu Legierung 1 artgleiches Schweißgut
Ungleichartig Schwarz	Legierung 1 (ferritische Legierung)	Legierung 2 (ferrit. Legierung)	Zu Legierung 1 oder 2 artgleiches Schweißgut oder anderes ferritisches Schweißgut
Ungleichartig Schwarz-weiß	Legierung 1 (ferritische Legierung) „schwarz“	Legierung 2 (austenitische Legierung) „weiß“	Zu Legierung 1 oder 2 artgleiches Schweißgut oder anderes Schweißgut

anderen Gefügestruktur i. Allg. dunkel abheben, wie in den Bildbeispielen gezeigt. Ungleichartige Schweißverbindungen liegen vor, wenn ein Partner eine andere Legierungszusammensetzung aufweist (Tabelle 5.1, Abb. 4.74).

Bei ungleichartigen Schweißverbindungen treten aufgrund der unterschiedlichen chemischen Zusammensetzungen neben den bereits erwähnten thermisch bedingten Gefügeumwandlungen in der WEZ Diffusionsvorgänge von Elementen auf. Diese führen zu besonderen Gefügeausbildungen im Bereich der

Tabelle 5.2: Gefügeänderungen in einer ungleichartigen Schweißverbindung aufgrund von Diffusion von Elementen.

Schweißverbindung aus 1CrMoV und 12CrMoV - Stahl	
Schweißgut	**Vorteile / Nachteile**
MoV-Schweißgut	Entkohlung 12%Cr-Flanke
12Cr-Schweißgut	Entkohlung 1%CrMoV-Flanke
Hochlegiertes Ni-Basis-Schweißgut	Bergaufdiffusion von C zu Ni-Basis Schweißgut Gefahr der Aufhärtung Bildung eines Martensitbandes, das bei Betrieb (im höheren Temperaturbereich) in Ferrit und Karbide zerfällt
5%Cr-Schweißgut	Diffusionsvorgänge an beiden Nahtflanken in abgeschwächter Form

Schmelzlinie. Sie sind in Tabelle 5.2 beispielhaft für eine Verbindung aus zwei ferritischen Stählen 1%CrMoV (bainitisch – max. 1,5 % Cr) und 12%CrMoNiV (martensitisch – max. 12,5% Cr) zusammengestellt. Aufgrund der Affinität des Kohlenstoffs zu Chrom ist eine C-Diffusion in Richtung des höherlegierten Partners zu beobachten, die während des Schweißens und bei der Glühung nach dem Schweißen stattfindet. Diese Diffusion kann über die Wahl eines besonderen Schweißgutes beeinflusst werden (Tabelle 5.2). Darüberhinaus besteht die Möglichkeit der Pufferung mit einem angepasstem Schweißgut, siehe Abb. 4.74.

Bei der Praparation muss berücksichtigt werden, dass die Schweißpartner ein unterschiedliches Ätzverhalten aufweisen. So wird der niedriglegierte CrMoV-Stahl im Allg. mit 3%iger alkoholischer HNO_3, martensitische Strukturen von hochlegierten Stählen mit Pikrin-Salzsäure geätzt. Man muss daher zuerst den Schliff mit dem milderen Ätzmittel auf die weichere Struktur ätzen und dokumentieren. Danach wird mit dem Ätzmittel für den hochlegierten Teil geätzt und dokumentiert. Die weicheren Strukturen sind in diesem Fall überätzt: aus beiden Dokumentation wird das endgültige Bild zusammengesetzt. Verbindungen aus Stahl und einer Nickellegierung können z.B. wie folgt geschildert, elektrolytisch geätzt werden:

Nach dem Polieren wird zunächst die Stahlseite mit Nital geätzt und die Struktur sichtbar gemacht, sodass ggf. eine Untersuchung im Mikroskop erfolgen kann. Danach wird mit 10%Chromsäure geätzt. Sie zeigt sowohl das Gefüge im Grundwerkstoff der Nickellegierung, als auch die Ausbildung von Strukturen im zugehörigen Schweißgut.

> 10 g Chrom(VI)-oxid, 90 ml dest. Wasser
> Elektrische Spannung: 3–6 V, Ätzzeit: 5–60 s bei RT.

5.2 Schweißverbindungen aus Nichteisenmetallen

Die Ausbildung der WEZ wie in Abschnitt 5.1 für umwandlungsfähigen Stahl beschrieben, tritt bei den NE-Werkstoffen i. Allg. nicht auf, da diese keine vergleichbare Phasenumwandlung zeigen. Sie verhalten sich ähnlich wie austenitische Stähle, d.h. durch die Wärmeinbringung beim Schweißen wird das lichtoptisch erkennbare Gefüge nicht verändert.

Bei **Kupferwerkstoffen** bildet sich durch die Wärmeeinbringung neben dem niedergeschmolzenen Schweißgut ein thermisch beeinflusster Bereich. Die entstehende Kornvergröberung und die Breite dieser Zone sind abhängig von der Höhe der Wärmeeinbringung sowie der Vorwärmtemperatur. Bei Werkstoffen mit einem kfz-Gitter bzw. α-Gefüge (z.B. reines Kupfer) ist das Kornwachstum geringer, da diese thermisch stabiler sind als Werkstoffe mit einem krz-Gitter bzw. β-Gefüge (z.B. Kupfer mit 50% Zn). Bei einphasigen Cu-Legierungen (siehe Abschnitt 4.1.4.1.1) können neben der erwähnten Kornvergröberung in der Wärmeeinflusszone bei Vorhandensein an nichtlöslichen Verunreinigungen auch Wiederaufschmelzrisse oder Ausscheidungen auftreten. Bei mehrphasigen Cu-Legierungen (siehe Abschnitt 4.1.4.1.2) können über die Bildung intermetallischer Phasen Risse auftreten. Ausscheidungshärtende Legierungen weisen eine unbefriedigende Schweißeignung auf, da die über die Aushärtung erzielten optimalen Eigenschaften durch die Wärmeeinbringung beim Schweißen verloren gehen. Die festigkeitssteigernden Teilchen gehen in Lösung und scheiden sich beim Abkühlen in ungünstiger Form oder nicht vollständig aus – vorrangig an den Korngrenzen. Diese inhomogene Verteilung führt zu Festigkeits-, Härte- sowie Zähigkeitsverlusten. Werden Anforderungen an die mechanischen Eigenschaften gestellt, ist anschließend eine umfangreiche Wärmebehandlung mit Lösungsglühen, Abschrecken und Auslagern erforderlich. Gleiches gilt für kaltverfestigte Legierungen: durch Erholungs- bzw. Rekristallisationsvorgänge geht die Verfestigung durch Kaltverformen in Bereichen der WEZ verloren. Metallographisch lassen sich die geschilderten Effekte durch eine (Kleinlast)Härtemessung im Querschliff darstellen.

Bei **Aluminiumlegierungen** treten ebenfalls keine dem ferritischen Stahl vergleichbare Gefügeumwandlungen auf. Die Wärmeeinflusszone kann sich im Querschliff durch eine Kornneubildung von einem zeiligen (umgeformten) Gefüge abheben, siehe auch Abb. 4.64. Kaltverfestigte Zustände entfestigen sich durch die Rekristallisation in der WEZ. Ebenso treten bei ausgehärteten Zuständen Entfestigungen durch Vergröberung der Ausscheidungen in der WEZ auf. Sind Anforderungen an die Festigkeit zu erfüllen, muss das geschweißte Bauteil erneut einer Lösungsglühbehandlung mit anschließendem Kaltauslagern oder Warmauslagern unterworfen werden. Metallographisch lassen sich die geschilderten Effekte durch eine (Kleinlast)Härtemessung im Querschliff darstellen.

Bei einphasigen **Ti-Legierungen** verursacht die Kornvergröberung in der WEZ Zähigkeitseinbußen. Bei zweiphasigen Legierungen (siehe Abschnitt 4.7.3) können – bedingt durch die über die Schweißwärme initiierten Auflösungs- und Ausscheidungsvorgänge in Abhängigkeit von dem vorliegenden Ausgangszustand – Änderungen im Aussehen und Struktur der α- und β-Kristalle auftreten (vgl. Abb. 4.70 bis Abb. 4.72). Die Abkühlungsbedingungen spielen hierbei eine wesentliche Rolle.

Bei den nicht umwandlungsfähigen **Nickellegierungen** wird ebenfalls keine lichtoptisch erkennbare WEZ mit vom Grundwerkstoff abweichenden Gefügestrukturen beobachtet. Es können vergleichbare Effekte wie bei den austenitischen Stählen auftreten (vgl. Abschnitt 5.1). Sowohl im Schweißgut als auch nahe der Schmelzlinie im Grundwerkstoff kann eine Empfindlichkeit für Heißrissbildung (Abb. 5.5) beobachtet werden, die oft dem Stadium des Wiederaufschmelzrisses vorangeht. Wiederaufschmelzrisse bilden sich, wenn dieser Bereich durch die nachfolgende Lage einen kritischen Temperaturbereich durchläuft (z.B. 1000 bis 1100 °C bei Alloy 625) und sich gleichzeitig niedrigschmelzende Verbindungen auf den Korngrenzen befinden.

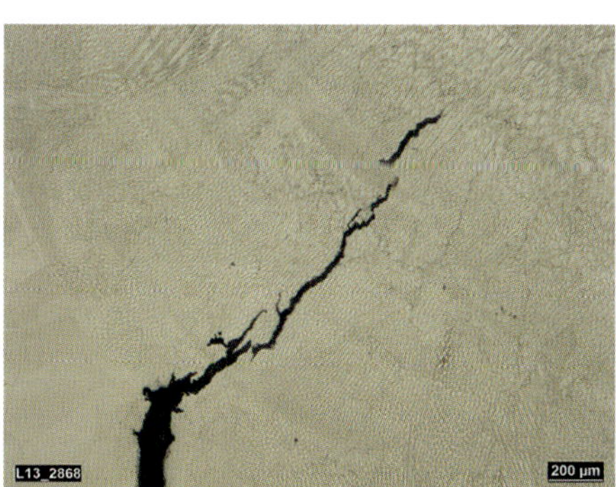

Abb. 5.5: Heißrissbildung im Schweißgut (oben) und Wiederaufschmelzrissbildung im schmelzliniennahen Bereich (unten) in einer Schweißverbindung aus Alloy 617.

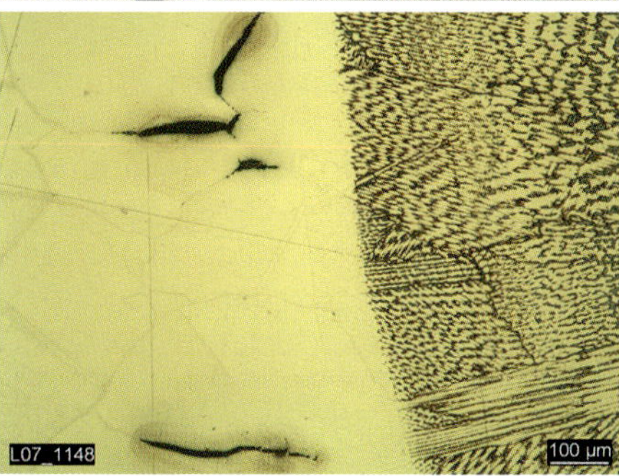

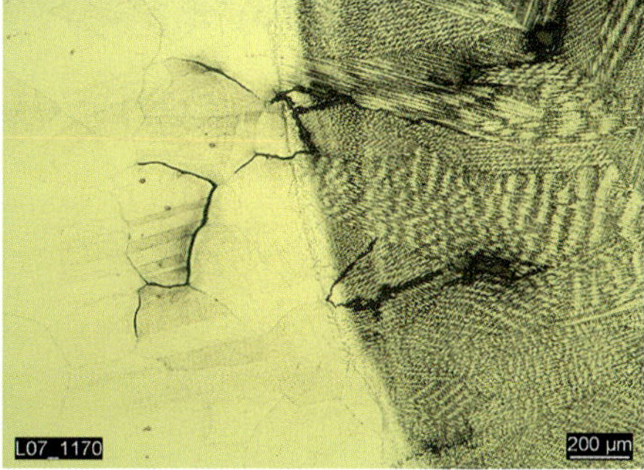

5.2.1 Bewertung von Schweißverbindungen

Mit Hilfe von metallographischen Schliffen wird die **ordnungsgemäße Ausführung** von Schweißnähten überprüft. Dies geschieht i.d.R. anhand eines Querschliffes (quer zur Schweißnaht). Grundlage für die Bewertung ist die DIN EN ISO 5817:2014 (Schweißen – Schmelzschweißverbindungen an Stahl, Nickel, Titan und deren Legierungen (ohne Strahlschweißen)) und die DIN EN ISO 13919-1:2019-10 (Elektronen- und Laserstrahl-Schweißverbindungen – Anforderungen und Empfehlungen für Bewertungsgruppen für Unregelmäßigkeiten – Teil 1: Stahl, Nickel, Titan und deren Legierungen). Bei den Strahlschweißverbindungen ist als Besonderheit zu berücksichtigen, dass kein Schweißgut eingebracht wird. Dadurch ist die Naht deutlich kleiner als bei einer Schmelzschweißverbindung.

Sofern ausschließlich Makrorisse und keine Mikrorisse zu bewerten sind, werden in diesen Normen keine besonderen Anforderungen am die Schliffgüte gestellt. Ein Polieren ist zum Erkennen der Schweißstrukturen bzw. der möglichen Schweißunregelmäßigkeiten nicht erforderlich (vgl. Abb. 2.18). Im Allgemeinen ist Feinschleifen bis Körnung 600 und anschließendes Ätzen ausreichend.

Das Ätzmittel ist an die Stahlsorte bzw. Werkstoffsorte anzupassen: Schweißverbindungen aus niedriglegierten Stählen werden z.B. mit 3%iger alkoholischer Salpetersäure (HNO_3), hochlegierte Stähle mit V2A-Beize geätzt. Sind besondere Gefügestrukturen bzw. Risse in der Größenordnung einer Kornlänge sowie Poren mit wenigen µm Größe zu identifizieren und zu beurteilen, muss der Schliff vollständig auspoliert und sorgfältig geätzt werden.

5.3 Besondere Schweißverfahren

5.3.1 Widerstandpressschweißen

Punktschweißen stellt ein (Widerstands-)Schweißverfahren zum Verschweißen von dünnen Blechen dar. Zwei gegenüberliegende Elektroden drücken die Schweißpartner an einem Punkt zusammen. Der Bereich wird aufgeschmolzen, ein Zusatzwerkstoff wird üblicherweise nicht eingesetzt. Wie beim Schmelzschweißen bildet sich bei den umwandlungsfähigen Werkstoffen eine Wärmeeinflusszone aus. Der aufgeschmolzene Bereich erstarrt dendritisch und stellt eine Mischzone aus den beiden Werkstoffpartnern dar. Wird ein dünnes Blech mit einem dickeren Partner verbunden, können sich wegen der großen Wärmeableitung Risse im Bereich der Schmelzlinie bilden. Diese lassen sich im Querschliff erfassen (Beispiele siehe Abb. 5.6). Da die Risslänge eher im mikroskopischen Größenbereich liegt, empfiehlt sich eine sorgfältige Präparation mit Polieren. Teilweise ist die Erkennbarkeit der Risse auch im polierten Zustand vorhanden.

Ein weiteres Beispiel einer **Hochfrequenz-Widerstandspressschweißung (HFI)** zeigt Abb. 5.7. In der Mitte der Verbindung ist der kohlenstofffreie schmale Stoß zwischen beiden Werkstoffpartnern zu sehen, der im vorwiegend teigigen Zustand erzeugt wurde. Die Zeilen folgen den Kraftverformungslinien als Folge der Presskraft beim Schweißen.

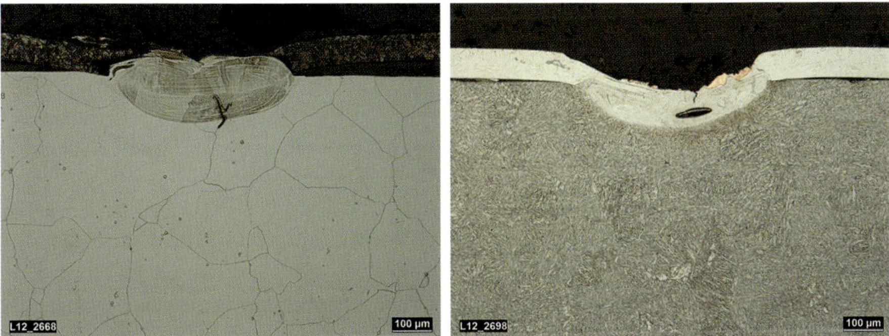

Abb. 5.6: Übersichtsaufnahme einer Punktschweißverbindung: dünnes austenitisches Blech auf dickes Blech aus Nickellegierung Alloy 263 (links) bzw. aus Stahl X20CrMoV12-1 (rechts).

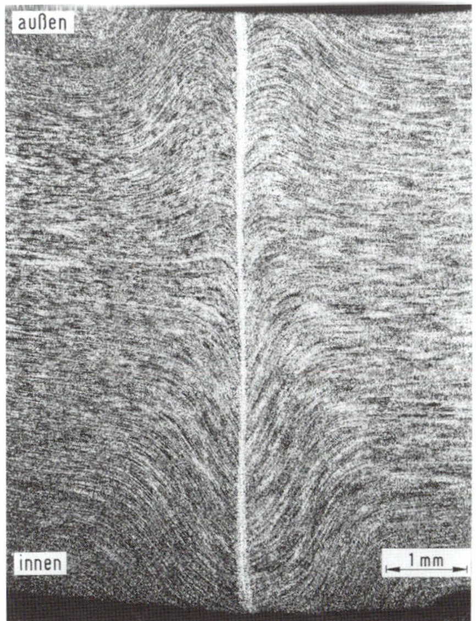

Abb. 5.7: Hochfrequenz-Widerstandsschweißung einer Rohrleitung aus einem niedriglegierten Kohlenstoffstahl.

5.3.2 Rührreibschweißen

Rührreibschweißen ist ein Schweißen in fester Phase. Der Energieeintrag in das Werkstück erfolgt durch ein rotierendes Werkzeug (Fräser), das den Werkstoff plastisch verformt (keine spanabhebende Bearbeitung) und in Verbindung mit der Reibung eine örtliche Wärme und einen teigigen Zustand erzeugt. Durch „Verrühren" der Werkstoffpartner entsteht die Verbindung. Der metallographische Schliff durch eine solche Verbindungsstelle ist in Abb. 5.8 dargestellt. Die Mikrostruktur von rührreibgeschweißten Aluminiumverbindungen weist gegenüber den Schmelzschweißverfahren den Vorteil der geringeren thermischen Beeinflussung auf. Durch den geringen Wärmeeintrag beim Rührvorgang ist die Mikrostruktur in der Wärmeeinflusszone (WEZ) kaum von der des Grundwerkstoffs (GW) zu unterscheiden. Der beim Schweißen entstehende Temperaturgradient ist ebenfalls geringer. Die eingebrachte Verformung des Gefüges in Verbindung mit den wirkenden Fügetemperaturen verursacht eine dynamische Rekristallisation im Bereich der Rührzone (Schweißnugget), die die mechanischen Verbindungseigenschaften verbessern kann. Die thermisch-mechanische Einflusszone (TMEZ) stellt den Übergang von verzerrtem zu mechanisch beeinträchtigtem Gefüge dar. Sie ist dennoch als potenzielle Schwachstelle der Verbindung anzusehen.

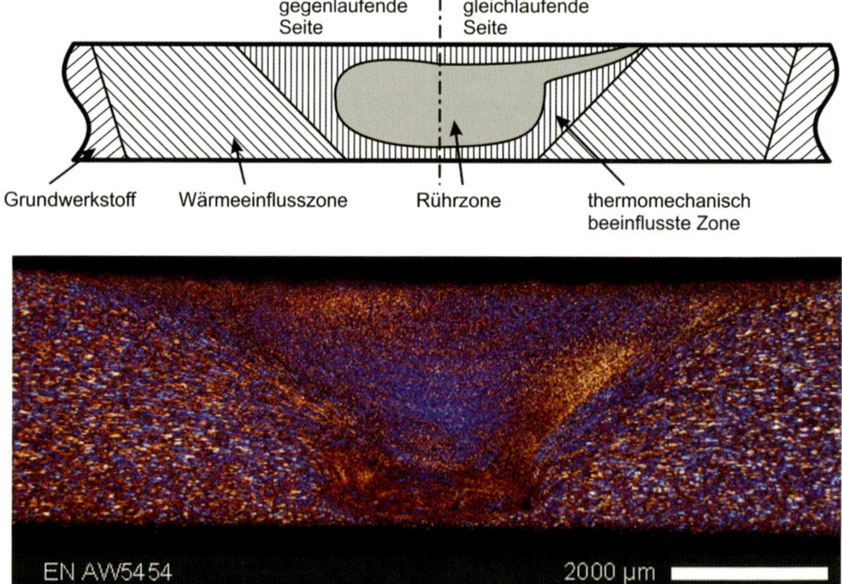

Abb. 5.8: Querschliff durch eine Rührreibschweißverbindung aus Aluminium AlMg3Mn (Barker-Ätzung).

5.4 Praktische Tipps für die Präparation und Gefügeinterpretation von Schweißverbindungen

Die metallographische Beurteilung einer Schweißverbindung erfolgt üblicherweise auf der Basis bestehender Regelwerke. Zu nennen wären in diesem Kontext:

- DIN EN ISO 5817:2014 (Schweißen – Schmelzschweißverbindungen an Stahl, Nickel, Titan und deren Legierungen (ohne Strahlschweißen))
- DIN EN ISO 13919-1:2019 (Elektronen- und Laserstrahl-Schweißverbindungen – Anforderungen und Empfehlungen für Bewertungsgruppen für Unregelmäßigkeiten – Teil 1: Stahl, Nickel, Titan und deren Legierungen).

Werden diese Normen angewendet, ist eine einfache Präparation (Schleifen bis Körnung 600) mit anschließendem Ätzen ausreichend, da in der Regel – nur nach besonderer Vereinbarung – keine Beurteilung des Gefügezustandes bzw. von Mikrofehlern erfolgt.

Muss die Ausbildung der Gefügephasen evaluiert werden oder Strukturfehler (Poren, Risse…) im Bereich von µm mit Vergrößerungen ≥ 100fach identifiziert werden, ist eine sorgfältige Präparation mit Endpolieren unumgänglich.

In den meisten Fällen wird die Härte im Schliff ermittelt, z.B. nach DIN EN ISO 9015-1:2011 bzw. DIN EN ISO 9015-2:2016 und mit Anforderungswerten verglichen.

Weist die Verbindung Werkstoffe unterschiedlicher chemischer Zusammensetzung auf, für die jeweils ein besonderes Ätzmittel zu verwenden ist, muss mit dem Werkstoff, der sich am leichtesten anätzt, begonnen werden. Danach wird der Werkstoff angeätzt, der einen größeren Ätzwiderstand hat. Die Dokumentation beider Ätzstufen wird fotografisch überlagert.

Beim Trennen ist darauf zu achten, dass dadurch keine zu hohe Wärme entsteht, die die Wärmeeinflusszone beeinträchtigen könnte.

5.5 Praktische Übungen

Um das in diesem Kapitel zusammengefasste Grundwissen zu festigen und die Anwendung bei Schweißverbindungen zu erproben, werden folgende Übungen empfohlen:

- Beurteilung der Auswirkung des Präparationsaufwandes auf die Erkennbarkeit von Gefügestrukturen bei einer Schweißverbindung: Präparation einer Kehlnaht aus niedriglegiertem Stahl mit den Stufen: grobes Schleifen, + Feinschleifen, + Polieren. Beschreibung der erkennbaren Strukturen.
  Verständnishinweis: siehe Abschnitt 2.1.5

- Anfertigung eines Querschliffes von a) einer artgleichen Schweißverbindung aus niedriglegiertem Stahl, b) einer artgleichen Schweißverbindung aus austenitischem Stahl sowie c) einer artgleichen Schweißverbindung aus Nickellegierung.
  Erkläre die Unterschiede in der Ausbildung des Aufbaus der Schweißverbindungen.
  Verständnishinweis: niedriglegierte Stähle sind umwandlungsfähig und zeigen den typischen Aufbau der Wärmeeinflusszone neben der Schmelzlinie. Austenitische Stähle wandeln nicht um: es gibt kein Härtungsgefüge, daher ist keine Wärmeinflusszone lichtoptisch metallographisch sichtbar, erkennbar ist das dendritische Schweißnahtgefüge und die Schmelzlinie als Abgrenzung zum Grundwerkstoff. Das gleiche gilt für Nickellegierungen, die nicht umwandeln.
- Ermittle die Auswirkungen einer Wärmebehandlung durch Härtemessung und Gefügebeurteilung am Querschliff vor und nach der Wärmebehandlung: a) niedriglegierter ferritischer Stahl – Glühung bei $T > A_3$/30 min mit langsamer Abkühlung b) ausgehärtete Al-Legierung – Glühung bei 250 °C/4 min.
  Verständnishinweis: bei a) wird die gesamte Verbindung beim Glühen bei ausreichend langer Glühzeit austenitisiert. Beim langsamen Abkühlen stellt sich das Gleichgewichtsgefüge – im Normalfall Ferrit/Perlit (bei legierten Stählen ggf. Anteile von Bainit gemäß ZTU Diagramm) ein. Das Schweißnahtgefüge wird aufgelöst, die dendritischen Strukturen verschwinden, die Schmelzlinie und die Wärmeeinflusszone sind als solche kaum noch erkennbar. Aufgrund der unterschiedlichen Korngrößen in der Wärmeeinflusszone bzw. im Schweißgut können noch Unterschiede ausgemacht werden. Die Härtespitzen in der ehemaligen Grobkornzone sinken auf Grundwerkstoffniveau ab. Bei b) ist zu beachten, dass die die Wärmeeinbringung bereits beim Schweißen die im Grundwerkstoff eingestellten Aufhärtungen nachteilig beeinflusst – in schmelzliniennahen Bereichen sinkt die Härte ab. Wird die Verbindung (weich)geglüht, gehen die festigkeitssteigernden Ausscheidungen in Lösung, die Festigkeit/Härte fällt ab. Wenn zusätzlich eine Kaltverformung vorhanden war, kann Grobkornbildung infolge Rekristallisation auftreten. Durch eine erneute Kaltauslagerung (mehrere Monate) bzw. Warmauslagerung bei 60–130 °C (60–24 h) stellt sich wieder eine Festigkeitssteigerung ein.

6 Gefüge von additiv gefertigten Werkstoffen

Bei der **additiven Fertigung** wird das Bauteil schichtweise aufgebaut. Ein Metallpulver wird aufgeschmolzen und computergesteuert an der vorgegebenen Stelle aufgebracht, sodass sukzessive ein 3-D Bauteil gemäß den eingestellten Konstruktionsdaten hergestellt wird.

Das Aufschmelzen des **Pulvers**[37] und das Niederbringen des flüssigen Metalls können über unterschiedliche Prozesse erfolgen, wie z.B. Laser- oder Elektronenstrahl unter verschiedenen Atmosphären bzw. in Vakuum. Das sich einstellende Gefüge ist eine Folge des Erstarrungsprozesses der aufgeschmolzenen Bereiche und deren nachfolgender Beeinflussung durch weitere Prozessschritte. Es wird von unterschiedlichen Parametern beeinflusst, vgl. Abb. 6.1:

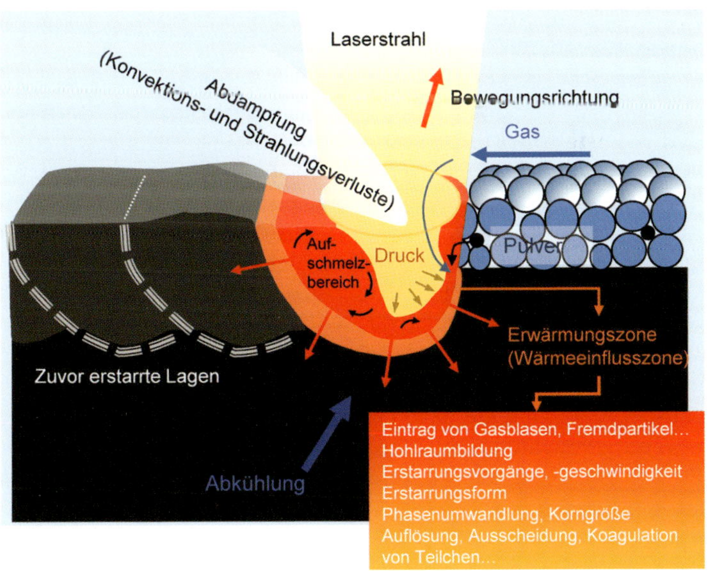

Abb. 6.1: Schematische Darstellung der metallurgischen Einflussgrößen auf die lokale Gefügeausbildung beim selektiven Laserschmelzen (SLM).

37 Die Herstellung des Pulvers erfolgt in der Regel über Zerstäubung bzw. Verdüsung des Ausgangsmaterials.

- Art des Metalls bzw. Ausgangspulver: Fließverhalten, Fülldichte und Klopfverhalten, Reinheit, Fraktionierung: Kornform/Partikelgröße bzw. Größenverteilung
- Aufschmelzprozess Pulver – eingebrachte Wärme/Energie
- Prozessparameter – Aufbringen der Schichten/Lagen/Tröpfchen: Menge, zeitliche Abfolge/Aufbaugeschwindigkeit
- Atmosphäre
- Bauteilgeometrie
- Anschließende Wärmebehandlung

Die oben erwähnten Qualitätsanforderungen an das Pulver können z.T. lichtmikroskopisch oder im Rasterelektronenmikroskop untersucht werden.

Zur Ermittlung der **Morphologie** und Mikrostruktur des Pulvers können metallographische Schliffe hergestellt werden. Hierzu wird das Pulver in Warmeinbettmittel eingebracht. Wenn das Metall einen niederen Schmelzpunkt aufweist bzw. die Gefahr der Oxidation besteht, sollte kalt eingebettet werden. Wenn die Zahl der Pulverteilchen in der angeschliffenen Fläche zu groß ist, besteht das Risiko, dass sie aus der Oberfläche herausbrechen.

Die Stufen des Schleifens und Polierens sind an das Metall des Pulvers anzupassen. Auf eine gute Reinigung der polierten Fläche ist zu achten. Im Lichtmikroskop können sinnvollerweise nur Proben mit größerem Kugeldurchmesser >100 µm untersucht werden. Bei kleineren Fraktionen ist das Elektronenmikroskop einzusetzen. Die Auswertung der Durchmesser, des Umfangs und der Fläche sowie der Formfaktoren erfolgt üblicherweise mit verschiedenen kommerziell erhältlichen Bildanalysesoftware-Systemen.

Additiv gefertigte metallische Bauteile weisen in der Regel nach der Herstellung Gefügeausbildungen auf, die von denen der konventionellen Herstellung abweichen. Dies ist darauf zurückzuführen, dass das aufgeschmolzene Volumen mit Dicken von wenigen µm bis zu mehreren 100 µm sehr klein ist und ähnlich wie bei einer Schweißung Schicht für Schicht aufgebracht („gebaut“) wird. Es stellt sich ein besonderes Mikrogefüge ein, das stark von den oben genannten Parametern beeinflusst wird und in der Regel sehr fein ausgebildet ist. Typische herstellungsbedingte Defekte bzw. Fehler sind Anbindungsfehler zwischen den Lagen bzw. aufgebrachten Schichten, Porosität sowie Verunreinigungen durch Fremdpartikel. Die Größe dieser Defekte bewegt sich vom µm bis hin zum makroskopischen Bereich.

Wenn herstellungsbedingte Defekte metallographisch dargestellt werden, ist eine schonende Präparation erforderlich, die die Poren nicht verschmiert bzw. vorhandene Fehlstellen vergrößert. Am besten geeignet ist bei der Identifikation sehr kleiner Defekte die Methode des Vibrationspolierens, mit dem praktisch keine Oberflächenverformungen erzeugt werden. Die natürliche Form der Defekte bleibt erhalten, sodass zwischen Poren und ggf. herausgelösten harten Partikeln unterschieden werden kann. Es empfiehlt sich eine Beurteilung bereits im polierten Zustand vorzunehmen.

Sofern keine nachfolgende Wärmebehandlung erfolgte, zeigt das Makrogefüge in vielen Fällen eine Überstruktur. Diese ist auf den schichtweisen Aufbau zurückzuführen und vergleichbar dem makroskopischen Aufbau einer Schweißnaht.

Die Präparation erfolgt in gleicher Weise wie bei konventionell hergestellten Werkstoffen. Allerdings muss beachtet werden, dass – sofern keine nachfolgende Wärmebehandlung durchgeführt wurde – die Ausbildung des Gefüges in der Regel anisotrop ist, d.h. von der Bewegungsrichtung des Lasers/Elektronenstrahls sowie von der Geometrie beeinflusst wird. Die Korngrößen können sehr klein sein, sodass eine lichtmikroskopische Beurteilung der vorliegenden

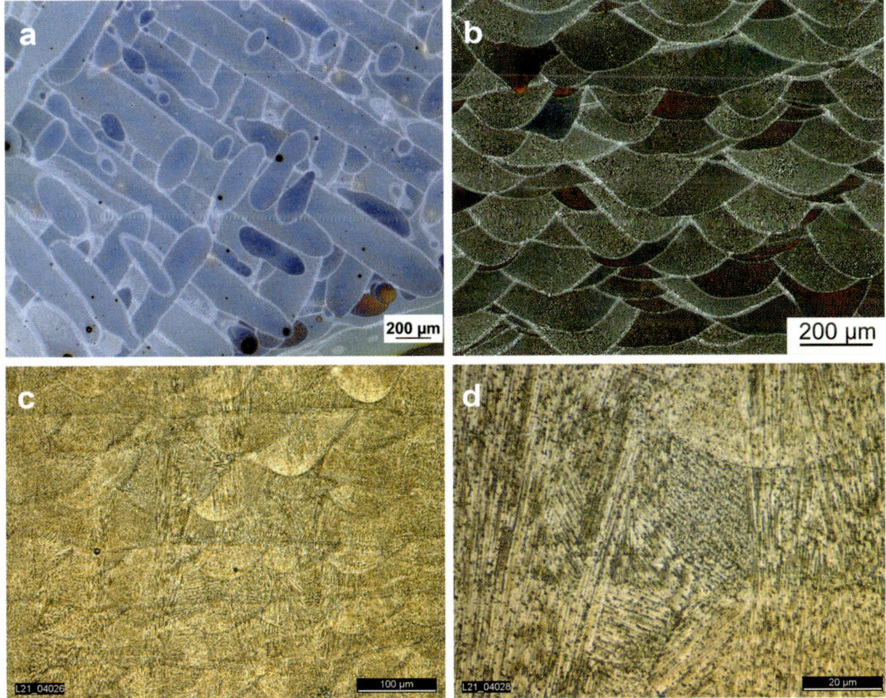

Abb. 6.2: Darstellung von Überstrukturen bei unterschiedlichen Legierungen; a) Murakami [2]; b) Interferenzschicht; Bauzustand, c–d) 10%ig wässrige Oxalsäure (Fotos - obere Reihe: G. Ketzer-Raichle, Institut für Materialforschung (IMFAA), Hochschule Aalen).

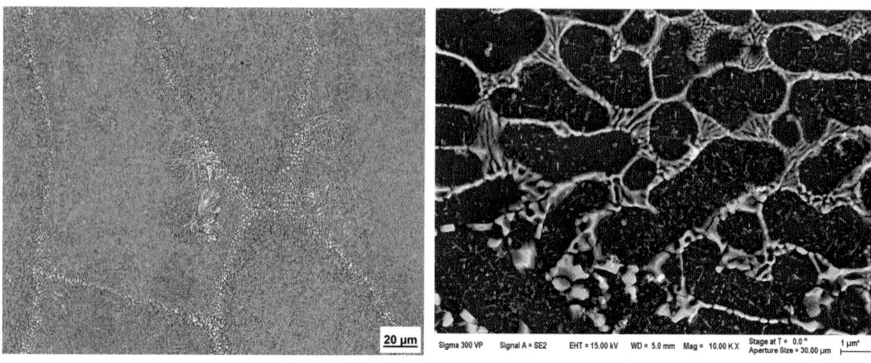

Abb. 6.3: Mikrogefüge, Ausschnitte aus Abb. 6.2: Querschliff; links: Lichtoptisches Bild: helle Dendriten in feinkörnigem (dunklem) Eutektikum; rechts: REM-Bild: Dendriten (dunkel) mit feinsten Ausscheidungen und Eutektikum (eutektische Phasenteilchen hell). Murakami-Ätzung (Fotos: G. Ketzer-Raichle, Institut für Materialforschung (IMFAA), Hochschule Aalen).

Phasen nach der Ätzung sehr schwierig bzw. nicht möglich ist. Mittels EBSD (Electron Backscatter Diffraction – Elektronenrückstreubeugung) können die Kristallorientierung im Raum sowie die Kornformen im Rasterelektronenmikroskop anhand unterschiedlicher farblicher Darstellung visualisiert und beurteilt werden.

Wie bereits erwähnt, wird die Ausbildung der Gefüge wesentlich von den oben aufgeführten Parametern der Herstellung beeinflusst, sodass eine Vergleichbarkeit der Gefüge bei unterschiedlichen Herstellungsparametern und Bauteilformen nicht vorausgesetzt werden kann. Die metallographische Darstellung des Gefüges eignet sich aber, um die Reproduzierbarkeit bei der Herstellung von Serienbauteilen nachzuweisen.

Eine Zusammenstellung von Gefügen unterschiedlicher Legierungen findet sich in den nachfolgend aufgeführten Abbildungen. In Abb. 6.2 werden die Überstrukturen im Makrogefüge unterschiedlicher Legierungen dargestellt. Abb. 6.2a und Abb. 6.2b zeigen das Makrogefüge einer AlSi10Mg-Legierung im Querschliff (a – Schnitt von oben, 0°) bzw. im Längsschliff (b – Schnitt senkrecht zur Baurichtung) aus einem mittels selektivem Laserschmelzen gefertigten Bauteil. Abb. 6.2c und Abb. 6.2d zeigen die Aufnahmen eines Gefüges eines mittels selektivem Laserschmelzen hergestellten Probekörpers aus NiCr-23Co12Mo (Alloy 617). Abb. 6.2c zeigt, dass sich über die Laserspuren hinweg dendritische Strukturen im Zuge der Fertigung bilden können.

Wie bereits erwähnt, stellt sich das Mikrogefüge i.d.R. als sehr feinkörnig dar (Abb. 6.3) und lässt sich nur mit dem Elektronenmikroskop identifizieren. In den

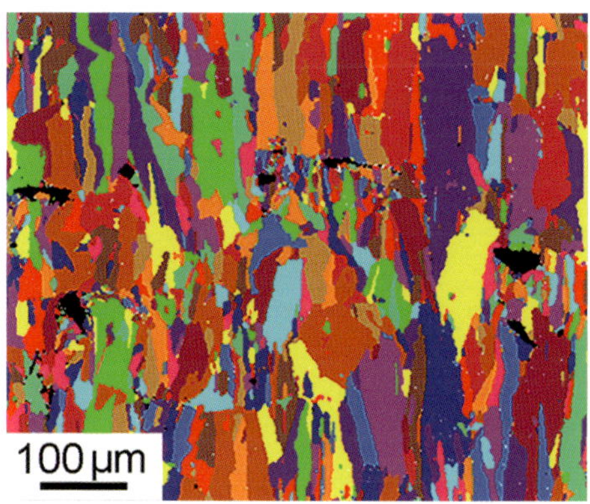

Abb. 6.4: EBSD-Aufnahme (Ausschnitte aus Abb. 6.1): Feines Korngefüge ohne Bezug zur Überstruktur. REM Aufnahme (Foto: G. Ketzer-Raichle, Institut für Materialforschung (IMFAA), Hochschule Aalen).

hellen Spuren des Lasers (siehe Makroaufnahme Abb. 6.2) kann ein feindendritisches Gussgefüge aus Al und das Al-Si-Eutektikum festgestellt werden [8].

In Abb. 6.4 wurde mit Hilfe der EBSD Technik die feinkörnige Kornstruktur des Gefüges im Bauzustand visualisiert.

Normung

Bei der additiven Fertigung werden die Normbezeichnungen von Werkstoffen und Legierungen oftmals übernommen, da die Pulver aus diesen hergestellt werden. Es ist jedoch zu beachten, dass die so gefertigten Bauteile i.d.R. die in den Werkstoffnormen für konventionell hergestellte Werkstoffe aufgeführten Anforderungen an maßgebende Eigenschaften und Kennwerte nach der additiven Fertigung nicht erfüllen bzw. weitere, darauf folgende Behandlungsschritte, wie z.B. Wärmebehandlungen durchzuführen sind.

7 Literatur

[1] Orandei-Basile, A. & Radavich, J. F. (1991): *Proceedings of the 3th International Symposium on Superalloys, 718, 625, 706 and various Derivatives 1994 "A Current T-T-T Diagram for Wrought Alloy 718"*. Pittsburgh, Pennsylvania (pp. 325–335).

[2] Petzow, G. (2015): *Metallographisches, Keramographisches, Plastographisches Ätzen*. Stuttgart: Borntraeger.

[3] Oettel, H. &. Schumann, H. (2011): *Metallografie*. Weinheim: Wiley-VCH-Verlag.

[4] Leistner, E. & Weck, E. (2007): *Kleine Metallographie: Leitfaden für einfache metallographische Untersuchungen*. Düsseldorf: DVS Media GmbH.

[5] Beckert, M. & Klemm, H. (1984): *Handbuch der metallographischen Ätzverfahren*. Leipzig: VEB Deutscher Verlag für Grundstoffindustrie.

[6] DIN EN ISO 643:2020: *Mikrophotographische Bestimmung der erkennbaren Korngröße*.

[7] Maile, K. & Scheck, R. (2019): *Metallographie in Qualitätssicherung und Schadensanalyse*. Stuttgart: Borntraeger.

[8] Ketzer-Raichle, G., Schubert, T., Bernthaler, T. & Schneider, G. (2019): Characteristics of Microstructural Formations Occurring in Additively Manufactured Materials. [Besonderheiten der Gefügeausbildung in additiv gefertigten Werkstoffen]. *Practical Metallography 56*(4), 230–245. https://doi.org/10.3139/147.110589

[9] Vander Voort, G. F. (2004): Metallography and Microstructures of Heat-Resistant Alloys. In Vander Voort, G. F. (Ed.), *ASM Handbook, Volume 9: Metallography and Microstructures* (pp. 820–859). Novelty OH: ASM International.

8 Index

Symbole

A

B

C

D

E

F

G

H

I

K

L

T

U

V

W

Z

Materialkundlich-Technische Reihe

Metallographisches, Keramographisches, Plastographisches Ätzen

(Materialkundlich-Technische Reihe, Band **1**)
Günter Petzow. 2015. 7. leicht korrigierte Auflage,
XI, 298 Seiten, 23 Abbildungen, 15 x 21 cm,
ISBN 978-3-443-23019-7, brosch., 29.80 €
www.borntraeger-cramer.de/9783443230197

Werkstoffe sind technisch genutzte Materialien, die für alle modernen Industrien eine wichtige Bedeutung erlangt haben. Dieses Buch ist eine praktische Einführung in die Anschliffpräparation zur lichtmikroskopischen Untersuchung von Werkstoffen. Von der Probennahme bis hin zum Ätzen werden Methoden beschrieben, die auch in einfach ausgestatteten Laboren durchgeführt werden können.

Die bereits 7. Auflage dieses seit mehr als 75 Jahre existierenden Werkes berücksichtigt die Neuentwicklungen in allen Werkstoffklassen und neuartige Materialkombinationen, wie sie in den Hochtechnologien gefordert werden, dem sich auch die metallographischen Untersuchungsmethoden anpassen mussten.

Die Vielfalt der Werksoffe und ihrer Anwendungen hat zu einer schwer überschaubaren Fülle neuer Rezepturen geführt, die oft die älteren Methoden verdrängt haben. So ist die Beschreibung der dem Ätzen vorausgehenden metallographischen Präparation werkstoffspezifisch erweitert worden. Auf die Wiedergabe sehr spezieller, risikoreicher und komplizierter Rezepte wurde verzichtet zugunsten einfacher und sicherer Rezepte, die sich auch in weniger gut ausgerüsteten Laboratorien durchführen lassen.

Darüber hinaus wurden die Adresslisten von Bezugsquellen für metallographische Geräte, Hilfs- und Zusatzmittel aktualisiert.

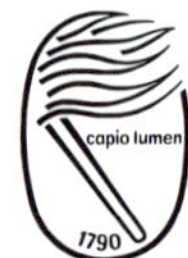

Gebrüder Borntraeger

Auslieferung: E. Schweizerbart'sche Verlagsbuchhandlung (Nägele u. Obermiller), Johannesstr. 3A, 70176 Stuttgart, Tel. +49 (711) 351 456-0 Fax +49 (711) 351 456-99
http://www.borntraeger-cramer.de mail@schweizerbart.de

Materialkundlich-Technische Reihe

Die Korrosionsschutzwirkung oxidischer Deckschichten unter thermisch-chemisch-mechanischer Werkstoffbeanspruchung
(Materialkundlich-Technische Reihe, Band **10**)
Michael Schütze. 1991. 208 Seiten, 107 Abbildungen, 12 Tabellen, 15 x 21 cm,
ISBN 978-3-443-23011-1, brosch., 35.00 €

Gefüge und Bruch
Berichte über Fortschritte in der Werkstoffprüfung. Internationale Werkstoffprüftagung am 31.5.-2.6.1989 in Leoben (Veranstalter: Inst. für Metallkunde und Werkstoffprüfung der Montanuniversität Leoben)
(Materialkundlich-Technische Reihe, Band **9**)
K. L. Maurer; M. Pohl (Hrsg.). 1990. X, 559 Seiten, 15 x 21 cm,
ISBN 978-3-443-23010-4, brosch., 49.00 €

Lebensdauerprognose hochfester metallischer Werkstoffe im Bereich hoher Temperaturen
(Materialkundlich-Technische Reihe, Band **8**)
Robert Danzer. 1988. V , 340 Seiten, 92 Abbildungen, 6 Tabellen, 15 x 21 cm,
ISBN 978-3-443-23009-8, brosch., 30.00 €

Umwandlungsplastizität und ihre Berücksichtigung bei der Berechnung von Eigenspannungen
(Materialkundlich-Technische Reihe, Band **7**)
Werner Mitter. 1987. 276 Seiten, 3 Tabellen, 37 Abb., 15 x 21 cm,
ISBN 978-3-443-23008-1, brosch., 25.00 €

Binäre und ternäre Carbid- und Nitridsysteme der Übergangsmetalle
(Materialkundlich-Technische Reihe, Band **6**)
Helmut Holleck. 1984. XII, 295 Seiten, 309 Abbildungen, 29 Tabellen, 15 x 21 cm,
ISBN 978-3-443-23007-4, brosch., 50.00 €

Verformungsmechanismen, Textur und Anisotropie in Zirkonium und Zircaloy
(Materialkundlich-Technische Reihe, Band **5**)
Erich Tenckhoff. 1980. VI, 79 Seiten, 36 Abbildungen, 8 Tabellen, 15 x 21 cm,
ISBN 978-3-443-23006-7, brosch., 20.00 €

Metallographisches, Keramographisches, Plastographisches Ätzen
(Materialkundlich-Technische Reihe, Band **1**)
Günter Petzow. 2015. 7. leicht korrigierte Auflage, XI, 298 Seiten, 23 Abbildungen, 15 x 21 cm,
ISBN 978-3-443-23019-7, brosch., 29.80 €

Gebrüder Borntraeger
Auslieferung: E. Schweizerbart'sche Verlagsbuchhandlung (Nägele u. Obermiller), Johannesstr. 3A, 70176 Stuttgart, Tel. +49 (711) 351 456-0 Fax +49 (711) 351 456-99
http://www.borntraeger-cramer.de mail@schweizerbart.de